农产品深加工系列丛书③

农产品深加工技术2000例

——专利信息精选

（上册）

王　琪　崔建伟　编

金盾出版社

内 容 提 要

本书由河北省科技专利事务所专利法律事务高级代理人王琪、中国科学院石家庄农业现代化研究所高级工程师崔建伟编。全书分上、中、下三册，书中汇集的是作者从1985～1997年在国家申请的50余万件专利文献中精选的2000例有关农产品深加工的专利信息，目的是指导农民怎样使用专利，开拓农村经济市场，为农产品加工增值提供门路。上册内容包括谷物、豆类、薯芋类加工技术500余例，适合乡镇企业人员和广大农民阅读参考。

图书在版编目(CIP)数据

农产品深加工技术2000例：专利信息精选　上册/王琪等编. —北京：金盾出版社，1999.10
（农产品深加工系列丛书）
ISBN 978-7-5082-0767-4

Ⅰ. 农…　Ⅱ. 王…　Ⅲ. 农产品-加工-专利-中国-汇编
Ⅳ. S37

金盾出版社出版、总发行
北京太平路5号（地铁万寿路站往南）
邮政编码：100036　电话：68214039　83219215
传真：68276683　网址：www.jdcbs.cn
封面印刷：北京金盾印刷厂
正文印刷：国防工业出版社印刷厂
装订：大亚装订厂
各地新华书店经销

开本：787×1092 1/32　印张：10　字数：285千字
2010年2月第1版第10次印刷
印数：71001—77000册　定价：14.00元

前　言

随着网络信息时代的到来，大量科技信息通过计算机网络或电子出版物向社会广为传播，专利信息又以最及时、最详细和最可靠的特点位居各类技术信息榜首。但是，对于我国绝大多数乡镇企业和农民来说，却不完全了解这类信息的基本知识，而急切盼望获得科技信息和脱贫手段的恰恰正是这一群体。我们在日常工作中常常听到他们发自内心的声音："要是有这样的书就好了！"基于上述情况，我们着手从1985～1997年在中国申请的50余万件专利文献中，以专题形式精选出涉及农产品深加工的专利信息2000例编辑出版，以满足广大农民朋友的需要。

我们选编的这本书中，除了专利文摘以外，还包括专利申请号、公告号、申请日、发明名称、申请人、通信地址、邮政编码、发明人、法律状态、法律变更事项等内容。提供这些信息是为了让读者可以方便地查找专利说明书原文或查找专利技术的申请人或发明人，直接洽谈技术转让或合作，以减少到处寻找项目所花费的资金和劳动。

这里特别提醒读者应注意有关专利"法律状态"和"法律变更事项"，这两项内容提示读者该专利申请是否还有专利权。据我们粗略统计，自1985年以来已失效的专利不在少数，专利失效并不意味着技术失去价值，这是一批巨大的社会公共财富，也有人称之为一座有待开发的金山。经过一段时间后，书中部分信息的法律状态可能还会发生变化。读者需要了解最新的法律状态，可以从中国专利局的专利公报上查阅或者从互联网上查询，也可以拨打我们的专利咨询电话：0311－5816968。

由于专利分类检索的数据有部分交叉覆盖，在我们选编的信息中难免有少量信息的重复，请读者谅解。

王　琪　崔建伟

1999年6月

怎样阅读专利文献

改革开放的八面来风使“专利”在广大读者面前已不再陌生，而能否从技术和法律意义上真正理解专利文献的内涵并且灵活运用，这是非常重要的。这里我们仅以中国专利数据库给出的专利信息内容为例，介绍专利文献的基本结构和阅读专利文献应注意的几个问题。

专利文献一般指专利局公开的专利申请文本和公告的审定文本，这两种文本的区别要从我国的专利审查制度谈起。我国专利有三种保护形式，即发明、实用新型和外观设计，统称为发明创造。三种专利的保护内容、保护期限、审查形式等不尽相同。发明专利采取延迟审查制，即一件发明专利的申请，自申请日起满 18 个月时公布其申请文本，申请公布后给予申请人某种临时保护，这种文本称为公开说明书。当发明专利经过实质审查之后，也许原申请文件经过了某些修改才得到批准，此时专利局将审定的文本再次公布，称之为公告文本，它的保护内容才是准确可靠的。我国的实用新型和外观设计不实行实质审查制度，采用初步审查和登记制结合的形式，审查周期比较短，授权后即可在专利公报上公告，因而只有一种文本。本书中选编的农产品加工方面的内容大多为发明专利申请的公开文本，也有极少数涉及加工设备的实用新型专利申请公告文本。

专利文献的内容包括著录项目、说明书摘要、权利要求书、说明书、说明书附图几部分，以下分别说明上述主要内容法律上的意义。

1. 著录项目

著录项目是指在专利说明书扉页上给出的有关该专利情报信息，比较重要的著录项目主要有申请号、申请日、申请人、发明人、发明名称、法律状态、法律变更事项等。

(1)申请号

专利申请号由 8 位数字组成，前 2 位为年，如 95 年递交申请，申请号的前 2 位为 95；第 3 位给出的信息为发明创造类型，如发明专利为 1，实用新型为 2，外观设计为 3；第 4 至第 8 位为序号。还可以在第 8 位后加小数点显示校位码。

专利授权后，专利申请号称为专利号，数字不变。应该注意的是市场上有些产品在专利尚未授权或已经失效后标注专利号标志是不对的，未授权的专利申请，只能标注专利申请号，而一旦专利失效，就不应再标注申请号或专利号误导消费者。

(2)申请日

申请日的确定：申请日是指专利局收到符合法律规定的专利申请文件的日子，也是专利局受理专利申请的标志。根据专利法第28条的规定，如果专利申请文件是直接递交的，以专利局收到专利申请文件之日为申请日；如果专利申请文件是邮寄的，以寄出的邮戳日为申请日。

申请日的意义：申请日对专利申请有重要意义，第一，申请日是审查判断发明创造的新颖性和创造性的时间界限；第二，申请日是专利侵权诉讼中关键的时间界限；第三，对于同一发明创造有两个以上申请人分别提出申请的，申请日是判断谁是最先申请人的依据；第四，申请日是要求优先权的根据。

(3)公告号

公告号是专利申请在专利公报上刊登时的编号，由7位数字组成。第一位为1表示发明专利申请，第一位为2表示实用新型专利申请，第一位为3表示外观设计专利申请。

(4)申请人

专利申请人是专利保护的主体，包括法人和个人。专利申请人在专利申请授权后称为专利权人。专利权人对自己的专利有垄断权和处置权，即有权禁止他人为生产经营目的制造、使用、销售其专利产品及使用其专利方法等；也有权许可他人实施其专利，以获得技术使用费用；还有权将自己的专利申请转让他人。专利文献的著录项目一般给出申请人的地址，需要使用或转让其专利可以直接与申请人联系。

(5)发明人

我国专利法实施细则第十一条规定，发明人或设计人是指对发明创造的实质性特点作出创造性贡献的人。因而需要了解一项专利技术的详细情况，最好找专利的发明人联系。

(6)法律状态

法律状态是指专利申请在录入专利文献数据库时所处的法律状态。专利并不是一经申请就能得到，而是还要经过一系列的审查程序。在审查过程中也许申请人主动放弃了专利申请，也许被专利局驳回了专利申请，法律状态可能会发生变化。由于我们选择的项目绝大部分为发明专利，法律状态可以分为三种：第一种是不稳定状态，包括“公开”、“实质审查”，即处于等待审查或审查正在进行中；第二种是相对稳定状态，即审查之后的“授权”状态，有些可能把专利维持到“届满”，有些可能因未按时缴纳年费而“终止”，个别的可能被“撤销”或宣告“无效”；第三种是稳定状态，包括公布后“视为撤回”、审查过程中“视为撤回”、审查过程中被“驳回”、授权过程中“视为放弃专利权”，以及由第二种状态变化而来的几种情况，到此结案，不会再有变化。如果某一项专利申请在“法律状态”栏目注明：公开/公告或实审，就意味着尚未得到批准；如果在“法律变更事项”一栏注明了视撤日或撤回日，就意味着这一专利申请已经不再受到法律保护，任何人都可以使用而不必承担侵权责任。

(7)法律变更事项

当法律状态发生变化时，在“法律变更事项”栏目中显示其发生变化的日期。常见的法律变更事项及原因包括：

撤回——专利申请人在提出申请后改变了主意，主动向专利局提出撤回请求。

视为撤回——专利申请人未按照法定期限或专利局指定期限缴纳费用或作出答复时专利局作出的决定。

放弃——专利授权后专利权人提出书面声明，主动放弃权利。

视为放弃——收到授权通知后专利申请人未按时办理专利登记费手续，专利局作出的决定。

驳回——因专利申请不符合条件未能通过审查，专利局作出的决定。

届满——专利权期满终止。发明专利权的期限为20年；实用新型和外观设计专利权为10年。

终止——在专利保护期限内，专利权人没有按照规定缴纳年费而被终止。

无效——专利权被授予后，社会公众认为不符合专利法有关规定而向专利局提出无效请求，经审查理由成立，已经授予的专利权将被无效或被进一步限制(部分无效)。被无效的专利视为自始即不存在。

2. 专利文摘

本书选编的专利文摘，以最简略的形式概括了专利申请的主题、具体技术、解决方案及效果，可以起到快速传递信息的作用。根据文摘内容再确定是否需要查找说明书原文，可以节省大量检索阅读专利说明书的时间和费用。

3. 权利要求

权利要求是专利申请文献的核心，主要作用是用来表达专利申请人对该发明或实用新型所要求的保护范围。授权后的权利要求被用来确定专利权的保护范围，是专利纠纷调解和诉讼时判断侵权的最重要的法律依据。专利持有者为了尽可能有效地保护其权利，使用了法律特有的既严谨又繁琐的风格和形式。

权利要求按其所保护的范围，可分为产品权利要求和方法权利要求。实用新型专利由于不保护方法，只有产品权利要求。权利要求按其表达形式，又可分为独立权利要求和从属权利要求。独立权利要求从整体上反映发明或者实用新型的技术方案，记载能够完成发明创造的必要技术特征，其限定的保护范围是最宽的；从属权利要求记载发明创造的附加技术特征，对独立权利要求作进一步限定。通常独立权利要求包括前序部分和特征部分。前序部分写明发明创造要求保护的主题名称以及最接近现有技术共有的必要技术特征；特征部分记载发明创造区别于现有技术的技术特征。两部分结合限定了发明创造的保护范围。

4. 说明书

专利说明书的作用是作为一项技术文件向社会充分公开发明创造的技术内容，使该领域的技术人员能够实施，从而对社会的科学技术发展作出贡献。作为这种社会贡献的交换，申请人可以取得专利权。

专利说明书一般由发明名称、所属技术领域、背景技术、发明目的、采用的技术方案、发明效果、实施方式或附图等项内容组成。专利说明书的特点是内容广泛详尽，报道速度快。查阅专利文献的经验告诉我们，几乎没有一个技术课题在专利文献中查找不到，并且公布的内容要比其他文献早很长时间。缺点是内容繁琐，作为法律文件的格式从技术角度看显得重复、啰嗦。因此，读者在阅读专利说明书时要善于抓住重点。

由于篇幅限制，加之专利的权利往往很难懂，本书没有编入专利申请文献的权利要求和说明书的全文。但为了方便读者今后查阅和理解，在此也做了些知识性介绍。

以上介绍的只是一般专利知识。在企业技术引进、产品开发、产业结构调整过程中，如何利用已经失效和尚未授权的专利技术，以最小的代价和最快的速度占领行业前沿阵地；如何分析权利要求含义，合理利用已经公开又无法律保护的技术方案，以避免盲目引进、立项，陷入别人的技术领地造成不必要的投资损失，应该请有经验的专利代理人帮助您分析决策。

目　录

一、谷物加工技术

(一)小麦加工技术

1. 鸡汁素肠罐头的生产方法

申请号：89100251　　公告号：1034118　　申请日：1989.01.23

申请人：牛瑞华

通信地址：(453100) 河南省卫辉市卫辉罐头厂（原河南省汲县后河罐头厂）

发明人：牛瑞华

法律状态：授　权　　法律变更事项：因费用终止日：1995.03.15

文摘：本发明为鸡汁素肠罐头的生产方法。它的生产方法分为3步：第一步，制取圆形空心素肠。用手工或机械在小麦面粉中加水提取清水面筋，并把面筋卷绕在一定直径和长度的棒料上，其面筋厚度为3～4毫米，卷绕好后立即下水锅，升温水煮数分钟，捞出后立即用冷水浸泡，再捞出，抽（推）出棒料，便成圆形空心肠子状，然后用切刀截成25～30毫米的节（段）；第二步，把肥胖活鸡屠宰后，切成小块下锅，加水，并配入少量花椒、八角、茴香、丁香、橘皮、食盐进行水煮，待鸡肉煮熟，香料（调料）煮透后，把鸡肉、香料渣捞出，用酱油酱色，把汤汁调至棕红色，再煮沸2分钟，然后加入少量味精；第三步，把上述已调制好的圆形空心素肠与辣椒油混合、调匀、装瓶，再灌入鸡汁汤，然后真空排气、封口、消毒处理即制成。

这种食品罐头中含有植物蛋白多、肉质纤维含量高，营养丰富，对人体有减肥壮力作用，是一种色、香、味、形较好的食品。

2. 纯麦精的生产方法

申请号：89107139　　公告号：1054353　　申请日：1989.09.19

申请人：何永吉、王　源、丁　宁

通信地址：(100026) 北京市朝阳区农光南路29楼1301号

发明人：丁　宁、何永吉、王　源

法律状态：实　审　　法律变更事项：视撤日：1993.10.13

文摘：这是一种纯麦精的生产方法。该方法包括将小麦胚芽放入反应釜中用4倍于小麦胚芽重量的水浸泡2～3小时，然后磨浆，并在过滤掉渣子后用氢氧化钠溶液调整pH为7.0～8.0，在40～50℃条件下连续搅拌90～100分钟，同时加入食品级蛋白酶和食品级脂肪酶，保持温度为40～50℃，用氢氧化钠溶液稳定pH 7.0～8.0，酶解1.5小时后，加热升温至120℃灭活杀菌，然后降温至50～60℃，精滤，真空浓缩，均质，喷雾干燥成粉。这种麦精具有小麦胚芽所含全部营养物质，并且速溶，易被人体吸收。

3. 低温风干制活性小麦谷朊(蛋白质)粉的工艺

申请号：90102355　　公告号：1055861　　申请日：1990.04.27

申请人：张玉成

通信地址：(121000) 辽宁省锦州市凌河区安乐里230-8号

发明人：张玉成

法律状态：公开/公告　　法律变更事项：视撤日：1993.05.19

文摘：这是一种低温风干制活性小麦谷朊(蛋白质)粉的工艺。它是将面粉加水揉和成湿面团，待湿面团熟化后用水洗出湿谷蛋白，再制成湿谷蛋白条，经低温风干粉碎后成活性小麦谷蛋白粉。它解决了现有技术中制取小麦谷蛋白粉工艺复杂，生产成本高及对蛋白质有所破坏，会发生热变性的问题。其优点是工艺简单，易于掌握，同时避免了对蛋白质的破坏及加热干燥过程引起的热变性，遇水后会恢复湿谷蛋白质的弹性，膨胀性和延伸性，色泽也纯正。

4. 营养棋子豆的生产方法

申请号：91100686　　公告号：1053532　　申请日：1991.01.31

申请人：西安市华宝炊事机具公司食品厂

通信地址：(710054) 陕西省西安市环城南路副27号

发明人：徐　杨

法律状态：公开/公告　　法律变更事项：视撤日：1994.02.16

文摘：本发明是用面粉等原料加工制成棋子形状的现成方便食品。

其生产方法是由6道工序组成：①选料：主料为精制的特粉，副料是由13种原料组成，其中芝麻、核桃仁、花椒、大茴、生姜经过挑选、清洗、烘干后，再分别放入磨粉机中制成粉末状待用；②合成：按下述配方比例，将各原料和适量的水投入揉面机中，经混合揉成具有可塑性的团块状。14种的原料配方如下：主料：精制面粉70%～80%；副料：菜油7%～10%，芝麻6%～9%，核桃仁1%～2%，香精0.5%～0.8%，花椒0.1%～0.3%，大茴香0.2%～0.4%，生姜1%～1.5%，味精0.2%～0.4%，钙粉0.8%～1%，小苏打0.4%～0.7%，食盐1%～3%，大豆粉1%～3%，碳酸氢铵0.3%～0.6%；③压片：将揉成的面团经压片机反复压制，制成厚为8毫米的面带；④成型：将制成的面带经过成型机切成棋子形状，即8毫米×8毫米×8毫米的小立方体面豆；⑤过油：将成型的面豆倒入盛有棕榈油的电炸锅中，炸成金黄色的成熟的食品，捞出控干待用。其过油油温为180～200℃，油炸时间为7～9分钟；⑥包装：将成熟的棋子豆用电子秤按规定的重量称重，经包装机包装封口。检验合格之后装箱入库。用本发明的方法生产的食品具有食用方便，便于携带的特点，尤其适于儿童食用。

5. 三合士生产方法

申请号：91103985　　公告号：1067561　　申请日：1991.06.09

申请人：许子岱

通信地址：(350002) 福建省福州市福州大学西禅南村3-303

发明人：许子岱

法律状态：公开/公告　　法律变更事项：视撤日：1995.04.26

文摘：本发明是一种三合士生产方法。它是一种利用机械设备加工制作的地方传统风味食品的新方法。这种食品的传统命名为三合士，是由面粉、花生和糖为主要原料油炸制成的。它是利用油炸面(包括油炸碎面)作原料，研磨(或粉碎)成粉状食品原料(如小麦面粉、大米面粉)加水搅拌、造型(条形、块形、颗粒形均可)、蒸煮、油炸(也可省去蒸煮工序)后再研磨还原成粉状，制成加油的粉状熟食品。本发明所需要解决的问题是用什么方法把油加入粉状食品中，并且使含油的粉状食品为粉状熟食品。

利用本发明可以工业化大批量生产三合士，特别是可以利用油炸面生产线或者油炸面的碎面来生产三合士，为油炸面厂家开发新品种，提高经济效益开辟了新的途径。

6. 一种保健食品的加工方法

申请号：92106299　　公告号：1082350　　申请日：1992.07.07

申请人：尹金凤

通信地址：(110015) 辽宁省沈阳市沈河区五爱街中科院沈阳应用生态研究所

发明人：尹金凤

法律状态：公开/公告　　法律变更事项：视撤日：1995.10.04

文摘：本发明是一种保健食品的加工方法。它的加工方法是：首先用粮食或含碳水化合物多的老成植物体作原料取碳，将面粉制熟，然后按下述成分及重量百分比均匀掺和：碳粉 20～40，熟面粉 40～50，糖 13～17，全脂奶粉 3～7。其优点是保健治病，特别适合中老年人食用，生产方法简单，造价低，容易普及。

7. 粉粒状婴幼儿食品及其制作方法

申请号：92113257　　公告号：1086966　　申请日：1992.11.20

申请人：胡建平

通信地址：(100005) 北京市外交部街 33 号 3 楼 332 室

发明人：胡建平

法律状态：公开/公告　　法律变更事项：视撤日：1995.12.27

文摘：本发明系一种粉粒状婴幼儿食品及其制作方法。它的制作方法是：以小麦粉为主要原料，以水、酵母为必用辅料，以粉状大豆制品、乳品、禽蛋、油脂、糖、果菜、维生素、矿物质为选择性使用的辅料；按照“将主辅原料混合→发酵→送入微波设备中烘制成发糕→切片或切成条、碎状→干燥至水分含量6%以下→粉碎→筛分→选择性混合营养辅料→分装”的方法进行制作，即可得相同或不同粒度的成品。其具有良好的吸水润胀性。

8. 蒸面包

申请号：93107271　　公告号：1095218　　申请日：1993.06.15

申请人：杨显平

通信地址：(644625) 四川省宜宾豆坝电厂招待所

发明人：杨显平

法律状态：实　审　　法律变更事项：驳回日：1998.10.21

文摘：本发明是一种蒸面包。该蒸面包是利用天然植物、葛花水、土豆、鸡蛋、白糖、米酒、大米、面粉、水等多种原料发酵而成。在制作蒸面包时应注意以下几点：①发酵要注意吃水量，一般连白糖、鸡蛋等辅料在内，0.5千克面粉吃水0.3千克左右，水少面团不光洁，不易发透；水多，则影响成型和美观。②发大酵，要揣上劲，不然面包不松，不光洁。③生坯放入暖房中，适可而止。④放入蒸汽锅中，除特定蒸汽外，一般保持十足的蒸汽。这种面包，特定蒸汽一般20～25分钟，一般蒸汽至少30分钟。该面包表面洁白，里面组织排列整齐，呈纤维状。

9. 月苋草油保健食品

申请号：93112031　　公告号：1096641　　申请日：1993.06.23

申请人：丹东食品厂

通信地址：(118000) 辽宁省丹东市振兴区山上街346号

发明人：姜振玉、李满林、慕芳春

法律状态：公开/公告　　法律变更事项：视撤日：1998.08.12

文摘：本发明是一种月苋草油保健食品。这种月苋草油保健食品是由小麦粉30～42千克，食用植物油2.5～4千克，月苋草油4～4.5千克，核桃仁3～3.5千克，芝麻3～3.5千克，白糖粉15千克等混合搭配加工制成。以月苋草油为有效成分的保健食品，具有调节人体血液中脂类代谢、降血脂、防止动脉粥样硬化、抗心律不齐和减肥等多种药理作用。并克服了直接服用月苋草油或其胶丸的不良作用，有效成分得到充分吸收利用，无副作用。

10. 绿色石烹翡翠饼及其制作方法

申请号：93116660　　公告号：1099573　　申请日：1993.08.31

申请人：胡军民

通信地址：（711700）陕西省富平县站北街1号金鸡罐头厂

发明人：胡军民

法律状态：实　审　　法律变更事项：驳回日：1998.07.15

文摘：本发明是一种绿色石烹翡翠饼及其制作方法。它是以发酵的面粉混合调味料及辅料（即粉碎的蔬菜、水果、瓜类、花卉、杂粮、干果等原料中的任1种）为原材料制成。其制法是在传送带上铺设1层热鹅卵石，将半成品饼放在热鹅卵石上，上部再压1层热鹅卵石，经过烘烤箱，即制成风味独特、保存期限长的成品饼。它适于进行大批量生产。

11. 一种增智食品及其制备方法

申请号：93117905　　公告号：1100600　　申请日：1993.09.25

申请人：赵广文

通信地址：（100071）北京市丰台北大街北里甲6号

发明人：赵广文

法律状态：公开/公告　　法律变更事项：视撤日：1997.02.12

文摘：这是一种增智食品。它是由基料、主料和调料组成。其中基料为精面粉；主料为芡实、酸枣仁、龙眼肉、远志、薏苡仁、山药、香蕈和莲子；调料为蜂蜜水。精面粉占78.1%～81.6%（重量百分比），芡实占2.3%～4.2%，酸枣仁占2.8%～4.2%，龙眼肉占2.4%～3.8%，远志占1.1%～1.7%，薏苡仁占2.2%～2.7%，山药占2.1%～3.5%，香蕈占1.5%～2.0%，莲子占1.5%～2.0%，蜂蜜水适量。

该增智食品，主要由一些独特的纯天然植物及制剂制成。它集饱腹与益智于一身，特别适用于脑力劳动、中小学生和儿童作早点及加餐时食用。常食可壮体、增智、明目、聪耳、强记，特别是在考试和复习期，对防止失眠健忘和镇静安神方面亦具有功效，实为健脑益智俱佳食品。

12. 制作两层或两层以上千层肉饼的方法

申请号：93119476　　公告号：1086095　　申请日：1993.11.01

申请人：韩广茂

通信地址：(062452) 河北省河间市行别营乡双树村

发明人：韩广茂

法律状态：公开/公告　　法律变更事项：视撤日：1997.06.04

文摘：本发明是一种制作两层或两层以上千层肉饼的方法。其制作的方法是：将揉和好的湿面擀成一长方形的薄层，然后在这薄层面上边均匀地铺上1层肉馅经折叠而成。在其长方形湿面层上铺肉馅时，在首端留出1块空白处，折叠的大小按留的空白处大小进行，折叠后上下两头切边封口，形成密封的、两层肉馅或两层以上肉馅的一个独立整体，再经擀平擀薄而制得成品。它改变了传统的单层饼制作方法，而发明了一种制作多层肉饼的美厨技术。

13. 速食水饺及生产工艺

申请号：94100659　　公告号：1105530　　申请日：1994.01.22

申请人：陈　宏

通信地址：(100039) 北京市海淀区田村腐乳厂宿舍楼 1-4-12

发明人：陈　宏

法律状态：实　审　　法律变更事项：驳回日：1998.07.15

文摘：本发明是一种速食水饺及其生产工艺。它的生产制作工艺是：首先将面粉加水→和面→包馅→水饺；包成水饺后，将其置于复合材料袋中，经真空（小于－0.06 兆帕）包装后，进行高温高压（0.05兆帕、110℃）一次性熟化及灭菌，时间 15 分钟以上；而后，压力为 0.07 兆帕，温度 115℃，20 分钟后即为成品。这样制作的速食水饺，更具方便性和易保存性。食用时只须热水浸泡后即可食用。复水快，不易腐败。由于无菌包装，常温下保存期可长达1年。

14. 一种绿色面皮包馅的速食品(翡翠方便饺子)

申请号：94101985　　公告号：1095226　　申请日：1994.02.18

申请人：夏建红

通信地址：(810007)青海省西宁市大众街树林巷41号楼111室

发明人：夏建红

法律状态：公开/公告　　法律变更事项：视撤日：1997.11.19

文摘：本发明是一种绿色面皮包馅的速食品(翡翠方便饺子)。该翡翠方便饺子的制作方法是：饺子皮有很多小孔，由面粉、绿菜汁、水制成；馅料可用各类肉、鱼、菜绞碎，加各种调料炒熟制成。

翡翠方便饺子皮富含维生素和叶绿素呈绿色，并有直径为0.2～3.5毫米、间距为1～10毫米的小孔呈网状。翡翠方便饺子规格为直径25～45毫米。翡翠方便饺子(各类鱼馅)配方如下：鱼馅500克，盐8～15克，味精3～5克，姜粉15～20克，胡椒15～20克，蚝油45～50克，香油20～25克，鱼骨粉50～60克，黄酒20～25克，鱼头骨汤40～80克。这种饺子营养丰富、口味多样、小巧碧绿、食用很方便。用70℃以上开水浸泡方便饺子时，水、蒸汽通过网状饺子皮的小孔，稀释并把热量传递到饺馅，不影响口味，5分钟即可食用。

15. 碗载方便臊子面

申请号：94107000　　公告号：1114150　　申请日：1994.06.02

申请人：李　伟

通信地址：(722405)陕西省岐山县蔡家坡西岐风味食品厂

发明人：李　伟

法律状态：实　审

文摘：本发明是一种碗载方便臊子面。它是由碗体、碗盖、方便面组成。这种碗载方面臊子面将具有地方风味的陕西岐山臊子面采用碗装式，并配以经科学配制的臊子肉，风味蔬菜，酸辣香3种佐料包，解决了人们可方便地食用正宗的岐山臊子面。食用起来既方便、省时，又美味可口，特别适应人们高效率、快节奏、高质量生活的工作要求。

16. 带填料的面包快餐食品

申请号：94115500　　公告号：1105532　　申请日：1994.08.31

申请人：刘晓雷

通信地址：(100081)北京市学院南路76号家属1号楼西门407

发明人：刘晓雷

法律状态：实　审　　法律变更事项：视撤日：1998.02.11

文摘：本发明系一种带填料的面包快餐食品。它包含中空面包外壳和各种填料。中空面包外壳所用原料为面粉、鸡蛋、糖、酵母、盐或其他制作面包的常用辅料，还可掺入干果、椰丝、蔬菜；中空面包外壳为一系列口大底小的各种空心面包或面食，有中空圆锥状、中空椭圆锥状、中空棱锥状等。填料包括快餐菜(可为中式菜、西式菜、清真菜中的任1种)、中国小吃、生蔬菜、水果、海鲜品、炒饭、面条或东方传统食品中的任1种或两种以上，还可包括各类熟肉食，如火腿、香肠等。该快餐食品营养均衡、口味多种，适合各类人员食用。

17. 含天然色素的营养面食品

申请号：94119142　　公告号：1125522　　申请日：1994.12.29

申请人：梁春涛

通信地址：(071051)河北省保定市东风中路公汽宿舍

发明人：梁春涛

法律状态：公开/公告　　法律变更事项：视撤日：1998.05.13

文摘：本发明是一种含天然色素的营养面食品。它是以有色蔬菜汁揉入面粉中，使面粉着色；以榨汁后的蔬菜、果肉、纤维素、辅料及调味品加工成馅；然后将着色面粉做皮，包馅而制作成含天然色素的带馅面食品，如包子、饺子等系列食品。这种食品含有比一般带馅面食品更为丰富的维生素及营养成分，具有能刺激人们食欲的不同色彩的外观，是一种富有营养的色、香、味俱佳的食品。

18. 膨胀面及其制备方法

申请号：95100492　　公告号：1130478　　申请日：1995.03.06

申请人：陈振广

通信地址：(456483) 河南省滑县小铺乡陈庄村

发明人：陈振广、陈省善、陈福善、陈行善

法律状态：实　审

文摘：本发明是一种膨胀面及其制备方法。它是由作物粉加辅料构成。其成分重量百分比为：作物粉 50%～90%，辅料 10%～50%。且作物粉经过炒制，炒熟后的作物粉与辅料混合在一起即为成品。该膨胀面加水调制后，具有膨胀系数大、冲调性能好、简便易食、营养丰富等优点。

19. 速冻汤包

申请号：92106821　　公告号：1074810　　申请日：1995.01.29

申请人：武汉市江汉区四季美汤包馆

通信地址：(430014) 湖北省武汉市汉口中山大道 989 号

发明人：陈　新、徐家莹、余文珍

法律状态：实　审　　法律变更事项：驳回日：1998.05.20

文摘：本发明是一种速冻汤包的制作方法。它是由汤包面皮包入特制肉馅捏制而成。其制作步骤是：①去净猪肉皮上的毛和肥膘，洗净后下锅煮至半熟捞出，经绞肉机绞碎后放回锅里并加入两倍的水，用文火熬成糊状，快起锅时加入适量的料酒、盐、酱油、生姜等味料搅匀，摊晾后放入冷冻室使之结成皮冻；②将猪肉洗净放入绞肉机绞碎，加入味精、胡椒、白糖、姜、盐、酱油、料酒等味料及水，将其搅成稀泥状，将皮冻绞碎倒入，再将花色馅芯拌入即制成肉馅；③将子面、烫面、酵母面团并适量的碱合成汤包面团，截成约 25 克 1 个的节子，然后擀成边薄中厚的圆面皮，在面皮中央放上肉馅，顺边皮捏成中间有一个小口、微露肉馅的包子，即制得汤包；④将制得的汤包置入－25℃的冷冻室中急冻 1 小时，速冻汤包便完成了。该成品易于保存，食用方便，并且色、香、味不变。

20. 一种面食品的改良剂

申请号：95101291　　公告号：1110515　　申请日：1995.02.07

申请人：张文奇

通信地址：(100009)北京市东城区北锣鼓巷58号

发明人：张文奇

法律状态：公开/公告

文摘：本发明是一种面食品的改良剂。它的成分组成是(重量百分比)：沙蒿粉42%～48%，海藻酸钠4%～8%，食用淀粉或面粉48%～52%。这种面食品改良剂可增加各种粉状食品的筋力，也可作为水果、食品、罐头、肉、粉肠的增稠剂和稳定剂，也可作为冰淇淋的乳化剂，是品质纯正的绿色食品添加剂。

21. 方便型牛、羊肉泡馍食品及其制作工艺

申请号：95102979　　公告号：1132034　　申请日：1995.03.31

申请人：关伟立

通信地址：(710068)陕西省西安市陵园路38号西安体育学院

发明人：关伟立、彭爱林、关宇峰、邹德馨、关静石

法律状态：公开/公告

文摘：本发明是一种便于携带及快速食用的方便型牛、羊肉泡馍食品及其制作工艺。其制作工艺包括：①制馍工序——将3份(重量，下同)面粉、0.5份“面头”(发酵面引)和3份水混合成面团，待面团稍发酵后再加入15份面粉、0.5～1份鸡蛋、0.05～0.1份碱面、3份水及0.1份食盐，混合成面团；将混合后的面团制成约1厘米厚的饼，将饼烘烤成熟后送入碎馍机上碎成小块；对碎馍块进行紫外线照射消毒后，在无菌条件下真空分装成袋。②牛、羊肉片及汤料制作工序——取八角、花椒各0.2份，小茴香0.15份，桂皮、生姜各0.1份，草果、良姜、肉寇、沙仁、丁香、草寇、桂丁各0.05份以及陈皮0.02份，混合后放入一个扎紧口的小调料布袋内，将调料袋入锅，并在锅内加20～30份水，10～15

份新鲜牛、羊肉以及10～15份新鲜牛、羊腿骨，浸泡1小时后再向锅内加入60～80份水，用旺火或大蒸汽将锅烧开后改用文火或小蒸汽慢慢沸煮，待肉煮至8～9成熟时将其捞出，进一步炖煮待肉汤熬至粘稠时取出骨头和调料布袋，在锅内加入1～2份食盐并将肉汤再熬煮约5分钟，然后将肉汤置入低压真空浓缩锅内进行低压真空浓缩，最后将浓缩过的汤料在无菌条件下真空分装成袋，同时将切成厚约1～3毫米、3～5厘米见方薄片的牛、羊肉片经紫外线消毒后真空分装成袋。③干配菜制作工序——将制熟并经干燥过的细粉丝、蒜苗、香菜、黄花、黑木耳等辅料混合并在无菌条件下真空分装成袋。④组合工序——将碎馍饼袋、汤料袋、肉片袋、干缩菜袋配装在1个一次性食品袋或一次性食品容器内。食用时将各主配料一齐置入容器内煮制或用沸水闷浸片刻即可，其味道仍保留了传统"牛、羊肉泡馍"的特有风味。

22. 香芋方便面及其制作工艺

申请号：95106061　　公告号：1117811　　申请日：1995.05.31

申请人：余新河

通信地址：(362000)福建省泉州市鲤城区江南镇成功(泉州)制药有限公司

发明人：余新河

法律状态：公开/公告

文摘：本发明是一种快餐类食品香芋方便面及其制作工艺。芋头为一种食用块茎，其中的优良品种香芋可用来制作方便面原料。先将香芋洗净、去皮、粉碎、磨浆，然后将浆料加入小麦精粉、添加剂(盐、碱等)及动植物油脂(猪油、棕榈油等)和成面团，经多次压延成片，切条，高温蒸汽蒸熟，成型，油炸，冷却干燥，包装。香芋方便面香味独特，口感滑爽、筋道，不断条。

23. 纯天然减肥健肠粉的提取工艺

申请号：95106301　　公告号：1121394　　申请日：1995.06.09

申请人：程炳钦

通信地址：(300060) 天津市南开区鞍山西道玉泉路云松里1号

发明人：程炳钦

法律状态：实　审

文摘：本发明是一种保健食品的制作工艺，即纯天然减肥健肠粉提取工艺。其制作过程分为3步：第一步，将小麦清洗后经40～50℃鼓风干燥，再经1%醋酸浸泡15～30分钟后，再次以40～50℃鼓风干燥；对干燥后的小麦用粉碎机或面粉机粉碎，用120～140目过筛分离出面粉和麦麸；第二步，将分离出的麦麸用1%醋酸浸泡2～3小时，再用0.4摩尔/升氢氧化钠中和(用石蕊试纸测试)，再用120目筛过滤除去水分，在40～50℃下充分干燥后用粉碎机粉碎；用120～140目过筛得W和A(其中W为筛中物，A为筛出物)；将W用60～80目过筛得W1和A1，用80～100目对A1过筛得W2和A2；对W1做40～50℃充分干燥后进行粉碎，用60～80目过筛得W3和A3；对W3作40～50℃充分干燥后再粉碎，再用60～80目过筛得W4和A4；将A3与A4混合后用120～140目过筛得W5和A5，用80～100目对W5过筛得W6和A6；第三步，将A2和A6混合后，倒入静电分离桶漏斗进行分离得到W7和A7；用粉碎机对A7粉碎后经120～140目过筛得A8和A9；其中A2、A6、A7、A8、A9均为减肥健肠粉。

24. 油炸牛肉方便面及其制法

申请号：95107086　　公告号：1122200　　申请日：1995.07.05

申请人：余新河

通信地址：(362000) 福建省泉州市鲤城区江南镇成功(泉州)制药有限公司

发明人：余新河

法律状态：公开/公告

文摘：本发明是一种快餐类食品油炸牛肉方便面及其制作工艺。油炸方便面按常规的方便面制作工艺制作，其小麦粉用牛肉汁澄清液和面调制，外加的调味辅料中含有精制的牛肉干细丝或牛肉松及咖喱粉(或五香粉、麻辣粉等)、白胡椒粉、味精、盐与动植物油脂等配制而成。这种面条和汤料均具有厚重的牛肉面风味。

25. 微波炉用速冻面食的生产工艺及其熟化冷却设备

申请号：95110948　　公告号：1110520　　申请日：1995.02.22

申请人：范春海

通信地址：(226001) 江苏省南通市传染病医院高金华转

发明人：范春海

法律状态：实　审

文摘：本发明是一种微波炉用速冻面食的生产工艺及其熟化冷却设备。其生产工艺包括下列步骤：①将做好的生面食进行熟化处理，熟化至2/3度至全熟度；②将经熟化处理的面食进行冷却，然后放入速冻室速冻；③将速冻后的面食按量分装成盒。上述的熟化冷却设备包括顺序连接的蒸汽煮锅、水冷却容器、风冷输送道及装在它们上面的输送带，吊篮连接在输送带上。本发明生产工艺简单，产品食用方便，生产设备简单，易于控制。

26. 碾馔及其制作方法

申请号：95118996　　公告号：1152412　　申请日：1995.12.21

申请人：蒋林成

通信地址：(454300) 河南省修武县王屯乡后南孟村142号

发明人：蒋林成

法律状态：公开/公告

文摘：本发明是一种作为食品的碾馔及其制作方法。上述的碾馔是以麦子为主要原料。其制作方法包括：干麦的去皮、软化、熟化及成型，软化的要求是使麦子的含水量为干麦重量的25%～55%。本发明能够用成熟后的干麦制作碾馔，而不受季节的限制；使碾馔成为一种能够全年加工和食用的食品。这种碾馔具有天然鲜麦碾馔风味，味鲜可口，制作方法简易可行，成本低。

27. 原粮小麦皮处理方法

申请号：96116060　　公告号：1151837　　申请日：1996.11.13

申请人：马春生

通信地址：(266071) 山东省青岛市宁夏路127号甲2号楼604室

发明人：马春生

法律状态：公开/公告

文摘：本发明是一种原粮小麦皮处理方法。它用于处理原粮小麦皮。其处理方法由下列3个步骤组成：第一步，用酸、糖水溶液滴湿小麦粒。将除杂清理干净后的原粮小麦用由柠檬酸、酒石酸和乳酸中1～2种酸按重量比0.15%～5%，蔗糖、葡萄糖、麦芽糖和果糖中1～2种糖15%～50%和水48%～80%相混合配制成的酸糖水溶液润湿；第二步，热风快速干燥。将上述原料比例配制成的食料润湿至麦皮充分吸水而其胚乳尚未吸水的小麦粒在60～165℃的条件下进行热风干燥10秒至5分钟；第三步，立即快速冷却。对第二步处理过的食料进行加热干燥后的小麦粒立即吹入低于周围空气温度的冷风进行快速冷却。该处理方法所需设备少，工艺简单，流程短，易于操作；被处理后的小麦能保持原有的全部营养成分；还可去掉麦皮所含的不良味道，使之变香，口感更好；经处理后的原粮小麦易于储存和再加工，利用率高，用途广泛。

28. 植物蛋白火腿肠及其生产方法

申请号：93120577　　公告号：1093242　　申请日：1993.12.09

申请人：牛瑞华

通信地址：(453100) 河南省卫辉市卫辉罐头厂

发明人：李景臣、牛瑞华、任永臣

法律状态：公开/公告　　法律变更事项：视撤日：1997.04.09

文摘：本发明是一种植物蛋白火腿肠及其生产方法。它是在小麦面粉中加水，提取蛋白质(生面筋)、淀粉和蛋白粉，把一部分生面筋经加工水煮制成动物肠状或条块状；把另一部分生面筋经烘干制成粉末状(活性面筋粉)即小麦蛋白粉,同时把动物类肉斩拌成糜糊状(或小块),然后再按照一定比例加入淀粉、香辛料、熟面筋;再把蛋白粉边搅拌边加入,待蛋白粉加完、搅拌均匀后,灌入肠衣内,经扎口、灭菌处理而制成。其成分中主要原料是从小麦面粉中提取的,经加工而制成的熟面筋、淀粉、蛋白粉、动物类肉。该火腿肠的成分(原料、辅料)为:熟面筋48千克,淀粉18千克,动物类肉18.5千克,精盐2.2千克,味精0.5千克,白砂糖0.5千克,小麦蛋白粉2千克,白胡椒粉0.2千克,玉果粉0.1千克,冰(水)10千克。该火腿肠的横向截面中,呈现出塑料肠衣,外形似肠状或条块状(截面)的熟面筋,并含有一定水分、淀粉、动物类肉、蛋白粉等混合填充料。该火腿肠含植物蛋白高、纤维多、脂肪低,成本仅为肉类火腿肠的60%。

29. 富硒麦芽的生产方法

申请号:85107995　　公告号:1011162　　申请日:1985.11.04

申请人:北京市食品工业研究所

通信地址:(100075)北京市永外安乐林54号

发明人:肖　平

法律状态:授　权

文摘:本发明是用生物强化法使麦芽含有丰富的硒。它的生产方法主要是采取将麦类籽实、豆类籽实用含有一定浓度的亚硒酸钠溶液培养后发芽,形成硒麦芽,可将硒麦芽粉作为食品添加剂或药用,以满足人体对硒的需求量。它既是一种含有丰富的人体所需微量元素——硒的麦芽的生产方法,又是一种新型含有机硒的产品——硒麦芽的生产方法。应用这种方法不但能得到含有机硒丰富的麦芽,且生产工艺简单,易于推广普及,成本低廉。

30. 带馅麻花

申请号:93229485　　申请日:1993.10.18

申请人:许艳华、韩永顺、孔庆堂、王延超

通信地址:(110014)辽宁省沈阳市沈河区文艺路春河巷11-1号

发明人：韩永顺、孔庆堂、王延超、许艳华

法律状态：授　权　　法律变更事项：因费用终止日：1995.12.06

文摘：本发明是带馅麻花。它是属于一种食用麻花的改进技术。它是由1根以上鲜条形带馅面食品拧成“麻花”状，用食用油炸制成。上述所说的鲜条形带馅面食品是由条形鲜空心面和条形馅组成，条形馅充填在条形鲜空心面内。该鲜条形带馅面食品是用专用的条馅成型机器制成。

31. 三七饼干及其配制方法

申请号：94102397　　公告号：1109273　　申请日：1994.03.26

申请人：姚益群、王淑华

通信地址：(650093) 云南省昆明市环城北路38号昆明工学院环化系

发明人：王淑华、姚益群

法律状态：公开/公告　　法律变更事项：视撤日：1998.05.13

文摘：本发明是一种三七饼干。它以面粉为基料，其特征在于饼干中含有三七粉和微量食品绿色素，少量糖分。配制工艺按普通饼干的冷压加热方法加工，制作过程中加入三七粉和微量食品绿色素，并减少糖含量。

本三七饼干外观新奇，口感好，滋补身体，尤其适合中老年体弱者、糖尿病患者及妇女经期食用。

（二）大米加工技术

32. 锅巴的生产方法

申请号：87106199　　公告号：1017592　　申请日：1987.09.05

申请人：孙秀爱

通信地址：(710068) 陕西省西安市第四十中学

发明人：李照森、孙秀爱

法律状态：授　权

文摘：本发明是一种锅巴的生产方法。它由以下8道工序构成：①淘米；②蒸米：水和米的比例为1∶8，蒸汽压力101.3～202.7千帕，时间为25分钟；③拌米：淀粉和蒸米比例为1∶8，拌米温度15～20℃；④压片：压成1～1.5毫米的米带；⑤切片；⑥油炸：油温240℃，时间6分钟；⑦喷调料；⑧包装。这种锅巴的生产方法能使锅巴进行工业化生产，并且用本发明制作的锅巴具有特别的风味。

33. 使淀粉肉质化的方法

申请号：88100118　　公告号：1034222　　申请日：1988.01.15

申请人：广东省农业科学院经济作物研究所、广州市广东罐头厂

通信地址：(510640) 广东省广州市石牌五山

发明人：何容开、张毕辉

法律状态：授　权　　法律变更事项：因费用终止：1998.03.11

文摘：本发明是一种使淀粉肉质化的方法。它属于微生物技术领域中的担子菌类的培养方法及其应用。它是一项提高农作物营养成分的微生物技术，能使农作物淀粉转化为人体容易吸收的营养成分。本发明的技术特征是应用属担子菌的肉质化菌株1号使农作物如大米、马铃薯、香薯、豆渣、香蕉中的淀粉转化为蛋白质、16种氨基酸、维生素B_1、维生素B_2、维生素C、纤维素、可溶性糖的肉质化食品。肉质化菌株1号的发酵培养是用淀粉、大豆粉、蔗糖、葡萄糖为主要培养介质而培养成的。本产品需经卫生检疫合格后再供食用，具有香菇风味，口感脆滑，有肉质感，并可制成罐头食品。

34. 多种米制品加工工艺

申请号：89100863　　公告号：1044751　　申请日：1989.02.14

申请人：广西南宁市饮食公司加工厂

通信地址：(530021) 广西壮族自治区南宁市西关路1号

发明人：方承志、雷国雄、凌次权、罗锦成、蒙肇荣

法律状态：实　审

文摘：本发明是一种可以加工多种米制品的生产工艺。它是以普

通大米为原料，经过预处理，浸泡，沥干水，粉碎，加水混合，糊化蒸煮，轧成条状粉片，冷却，成型，干燥等生产工艺程序，而制得通心粉、螺壳粉、桂花粉等多种米制品。该生产工艺不复杂，设备投资少，能机械化大规模连续生产，效率高，食用方便省时，为盛产大米地区的食品增加了花色品种。

35. 一种锅巴的生产工艺方法

申请号：89107956　　公告号：1050814　　申请日：1989.10.13

申请人：刘黎明

通信地址：(710068) 陕西省西安市小南门外陵园路 19 号 2-3-101

发明人：姜喜转刘黎明、刘明周、刘启明、张树森

法律状态：公开/公告　　法律变更事项：视撤日：1993.03.10

文摘：本发明是一种现成方便食品——锅巴的生产工艺方法。它包括主配料、压片、切片、过油、上副料、包装。其生产方法是：①配料前将大米磨成粉面；②主配料中，米粉与水的比例为 10：1，同时在搅拌中加入 3.8%的酵母粉或发酵剂，以及少量大蒜油和香料；③压片和切片后，进行烘烤，温度是 100～120℃，保温时间是 1～2 分钟；④过油的油温在 190～210℃，时间为 4 分钟。

这种生产工艺，主要采用传统的锅巴制作方法与传统的糕点制作方法相结合，以少量的设备和简单的工艺来达到大规模工业机械化生产和工业自动化生产。其用途是：锅巴片可供小吃、下酒或烹制各种锅巴菜肴。

36. 高蛋白方便米粉生产新工艺

申请号：89109724　　公告号：1052999　　申请日：1989.12.29

申请人：尹智学

通信地址：(132012) 吉林省吉林市船营区军民路毛纺织厂 5 号楼 5-84 号

发明人：尹智学

法律状态：公开/公告　　法律变更事项：视撤日：1993.05.05

文摘：本发明属高蛋白方便米粉生产方法。它是采用多元化新原料取代传统米粉生产以大米为原料的生产方法。它是采用新的原料结构，以玉米为主要原料配以大米、小麦、大豆、花生等高蛋白辅料经浸泡，粉碎，过罗，沉淀处理即为生产原料或采用上述原料的高品粉经混合加水，总含水量80%，经机械高温处理成型。本食品的生产方法和传统的米粉有本质上的区别，主要是传统米粉以大米为原料，经浸泡、打浆、过罗、沉淀后用水浴法加工成型；而它是以玉米为主料，填加适量大米、面粉、大豆经多用机高温、高压处理成型。它改变了传统米粉的原料结构，用玉米取代大米，为玉米深加工开创了有效途径。该生产方法的关键是生产工艺和原料配比。

37. 一种油炸片状米制食品的改进生产方法

申请号：90104275　　公告号：1057167　　申请日：1990.06.12

申请人：孙秀爱

通信地址：(710000) 陕西省西安市第四十中学

发明人：孙秀爱

法律状态：授　权　　法律变更事项：因费用终止日：1997.07.30

文摘：本发明是一种主要含米类的油炸食品改进方法。它包括原料处理，拌料，熟化，拌米，成形，油炸，调味工序；其拌料是指将调味料，特别是食糖或蜂蜜、食油直接混入所述的原料中；上述的拌米是指将熟化的原料直接拌入膨松剂，然后成形；上述的油炸是指在不同油温下煎炸至少2次。通过本发明制成一种含多种营养成分的香酥可口、独具风格的食品。

38. 香糕的生产方法

申请号：90108349　　公告号：1060581　　申请日：1990.10.05

申请人：娄志平

通信地址：(312400) 浙江省嵊县乡镇花木经营总公司

发明人：娄志平

法律状态：公开/公告　　法律变更事项：视撤日：1993.09.15

文摘：本发明是一种香糕的生产方法。其生产方法是：①将大米淘洗后磨成粉；②在上述步骤中掺入糯米，掺量为3%～10%；③加入菜汁；④加入果子汁；⑤加入调味料，搅拌均匀，湿度为轻轻握之成团，装入模具中，压实；连同模具一起蒸煮10～20分钟；⑥将成型熟料倒出模具，烤干；⑦包装。

用本方法所制得食品营养丰富，成本低，并可根据所选用的菜、果子和调味料做成各种风味、携带、食用方便。

39. 营养年糕的制作方法

申请号：90108878　　公告号：1060949　　申请日：1990.10.29

申请人：娄志平

通信地址：(312400) 浙江省嵊县工业贸易花木公司

发明人：娄志平

法律状态：公开/公告　　法律变更事项：视撤日：1993.10.13

文摘：本发明是一种营养年糕的制作方法。它的制作方法是由以下步骤组成：①用大米去砂石，淘洗；②用水浸泡3天左右；③滤干水后，粉碎；④蒸煮；⑤成型。它是在普通大米中掺入3%～20%的糯米，浸泡，粉碎后，按比例加入辅料，再蒸煮成型。该年糕的制作方法克服了历来制作年糕对大米选择性强的弱点，使各个地区均可以利用本地原料制作，并且本发明的多品种年糕的制作方法，增加了这一食品的营养价值。

40. 方便年糕的制作方法

申请号：91100231　　公告号：1053000　　申请日：1991.01.11

申请人：慈溪市粮食制品一厂

通信地址：(315302) 浙江省慈溪市白沙镇

发明人：李海蒙、徐迪畴

法律状态：公开/公告　　法律变更事项：视撤日：1994.02.16

文摘：本发明是方便年糕的制作方法。它的制作方法是：将传统工艺生产的年糕切成 2～4 毫米厚的片状，加以淀粉搅拌，然后投入油温为 230～260℃的植物油油锅中恒温油炸 15～25 秒钟至金黄色捞起，放在离心机上甩油、冷却，再与预先配制成的佐料一起包装。食用时以 90℃以上开水浸泡 3～5 分钟即成为软、糯的食用年糕。该制作方法使普通年糕成为四季皆宜的适销产品，是外出公务或旅游者喜爱的快餐食品。

41. 速冻元宵的生产方法

申请号：91101302　　公告号：1064392　　申请日：1991.03.01

申请人：贾岭达

通信地址：(450000) 河南省郑州市彭公祠街 115 号附 1 号

发明人：贾岭达

法律状态：实　审　　法律变更事项：视撤日：1995.08.23

文摘：本发明是一种人们日常食用的速冻元宵生产方法。它的生产方法是：选料→制心和制皮→包裹成品→速冻→包装→储存→销售。其"制心"是指将原配料混合均匀后进行粉碎，制成心子，立即速冻；"制皮"是指将糯米浸泡漂洗后，磨成米面浆，甩干脱水成湿面团，再称量分割成小面团，压制成皮并将心用皮包裹成球形后进行速冻，包装存放。这种速冻元宵的生产方法，改变了元宵的传统生产方法，该方法生产的速冻元宵长期保存不变质，易大量工业化生产及外运远销，不受季节限制。

42. 新型方便米饭的生产技术

申请号：91106196　　公告号：1069173　　申请日：1991.08.03

申请人：王润蛟

通信地址：(110023) 辽宁省沈阳市铁西区浑河四小区 7 号楼 312 号

发明人：王润蛟

法律状态：公开/公告　　法律变更事项：视撤日：1994.07.27

文摘：本发明是一种新型方便米饭的生产技术。它是由大米淘洗后的沥干时间，蒸饭时的加水量，加入新型方便米饭添加剂，蒸饭的时间与温度，饭粒的离散扒松加工，烘烤脱水的温度与风速，控制含水量的密封包装组成。其具体生产方法是：①大米淘洗后要把水沥干，沥干的时间为15～35分钟；②蒸饭时的加水量为米水比1：1.46～1.76；③将新型方便米饭添加剂应用于新型方便米饭的生产工艺中；④蒸饭的时间为5～20分钟，温度105～120℃；⑤蒸煮后的饭粒进行离散扒松加工，使饭粒松散开；⑥将蒸煮后或蒸煮后又进行离散扒松加工的米饭烘烤脱水，温度在60～120℃之间，风速在2.5米/秒以上；⑦烘烤后的饭粒含水量在5%～8%时密封包装。本发明将设计者研制成功的方便米饭添加剂等技术应用于以大米为原料生产方便米饭的生产工艺中，不但使生产出的方便米饭外观白亮，还增加了米饭的粘弹度和香味。与传统的米饭相比，不但极易保藏又可长期存放，并且食用时十分简单方便。为在没有火源和其他热源环境中生活的人们，提供了口感好，味道香的米饭。

43. 速食风味粥的制作方法

申请号：92102857　　公告号：1077602　　申请日：1992.04.16

申请人：深圳远航食品实业有限公司

通信地址：(518001)广东省深圳市宝安路松园南13栋105室

发明人：田长城

法律状态：公开/公告　　法律变更事项：视撤日：1995.08.02

文摘：本发明是一种速食风味粥的制作方法。其制作方法是：将糯性谷物原料米用水浸洗除杂后，用文火焙炒20～30分钟，使水分含量为5%～10%，将原料米放入4～10倍沸水(100～140℃)中煮20～40分钟，沥干后，迅速放入干燥设备中干燥，其温度为80～120℃，时间为10～20分钟，使其水分含量为5%～8%，与加工整理配制的果仁、果蔬脯、蜜饯类或肉禽水产类汤料中的1种或多种及淀粉按一定组分共混，进行定量真空包装。这种速食风味粥食用时，可用80℃以上开水冲泡并搅拌5分钟后即可食用，其色、香、味、形均与一般家煮的同类风味粥相似。本发明所采用的工艺和设备简单易行、经济实用，适于在广大城乡中、小型食品加工企业推广应用。

44. 便携速食鲜米粉的配制

申请号：92103521　　公告号：1077855　　申请日：1992.04.29

申请人：秦南极

通信地址：(541000) 广西壮族自治区桂林市榕城路8号

发明人：秦南极

法律状态：实　审　　法律变更事项：视撤日：1997.06.18

文摘：本发明是一种便携速食鲜米粉的配制工艺。其配制方法是：将在磨好的鲜米粉表面上均匀拌涂食用植物油，灭菌后真空包装，并另配以封装着的调味佐料和封装着的菜肴。这种便携速食鲜米粉的保质期最少可在两个月以上，食用方便。

45. 方便米饭

申请号：92103703　　公告号：1078355　　申请日：1992.05.14

申请人：申　湖

通信地址：(132508) 吉林省蛟河煤矿铁南40-3号

发明人：申　湖　　法律状态：实　审

文摘：本发明提供了一种米类食品的成熟及加工工艺。它是通过蒸煮、分离、脱水、抛光、检测、检装、封袋等过程对米类粮食进行加工制作；其中所述的蒸煮过程，可以采用食用佐料添加剂。该制作工艺的特点是米饭制熟后的分离和脱水。在米饭蒸煮过程中可添加其他食品与食用佐料。

46. 一种大米锅巴的制作方法

申请号：92108292　　公告号：1071313　　申请日：1992.09.22

申请人：徐吉富

通信地址：(611731) 四川省成都市郫县安靖乡佛字食品厂

发明人：徐吉富

法律状态：授　权　　法律变更事项：因费用终止：1997.11.05

文摘：本发明是一种大米锅巴的制作方法。其制作方法包括：将米和水以1：1的比例置于容器中加热煮沸，待米粒呈刚过芯状时将容器置于常温下密闭放置8～12分钟，使容器中的水分完全被米粒吸收，然后将容器内的米粒取出以2～3颗米粒层厚均匀摊在平底锅内，加盖密闭放置在160～180℃的火上加热9～11分钟，使米粒蒸发水分、收紧成型并与锅底自然脱离，形成半成品的锅巴坯，再将该半成品的锅巴坯放在烘烤炉中烘干，即得成品锅巴。掌握制作大米锅巴的要领主要是用好各种锅巴菜肴的原料。

47. 方便米饭生产技术

申请号：92112182　　公告号：1075610　　申请日：1992.10.22

申请人：郝焕宝

通信地址：(076271) 河北省万全县郭磊庄镇新民街4排3号

发明人：郝焕宝

法律状态：公开/公告　　法律变更事项：视撤日：1995.06.14

文摘：本发明提供了一种方便食品生产技术。它的生产方法是：将大米经水洗、浸泡、蒸煮、调整水分、干燥等工艺流程加工后而制成一种新型方便米饭。该方便米饭的生产特点是不用化学添加剂，而是用物理法制成，并配有多种蔬菜、肉类、海鲜等各种风味佐料。用本生产技术生产，产品成本低，市场价格低适用于学校、部队、旅行生活、野外作业食用，也可作为家庭日常食品。

48. 生产速食甜糟食品的方法

申请号：92112265　　公告号：1085394　　申请日：1992.10.13

申请人：张光晔

通信地址：(355009) 福建省福安市甘棠大留福安市佳尔宝蛋品厂

发明人：张光晔

法律状态：公开/公告　　法律变更事项：视撤日：1996.02.07

文摘：本发明属于一种生产速食甜糟食品的工艺方法。其工艺流程包括:备料;将糯米原料加水浸泡后蒸煮熟透;冷却后接种酒曲发酵;添加配料(蛋品、食糖、果干)并搅拌混合均匀后制成甜糟半成品。其特征在于所述的工艺流程中还包括将甜糟半成品磨碎、脱水造粒、烘干和成品包装步骤。它能够形成工业化批量生产干性甜糟类系列食品,不仅便于长期保存、运输,而且是一种即食食品,食用十分方便,克服了现有湿性甜糟食品不能形成工业化生产,只能随做随吃,不便保存的缺点。在口感方面,这种速食甜糟食品保持和改善了原有风味,香甜可口,营养丰富,便于推广和普及。

49. 多味保健糯米蛋糕的制作方法

申请号:92113462　　公告号:1074584　　申请日:1992.11.19

申请人:叶海林

通信地址:(317500)浙江省温岭县城关蓝田新村9-8号

发明人:叶海林

法律状态:公开/公告　　法律变更事项:视撤日:1995.04.19

文摘:本发明是一种多味保健糯米蛋糕的制作方法。其用料配比为:糯米粉(干细粉)1千克,禽蛋1千克,白砂糖0.6～0.8千克,蜂蜜0.1～0.3千克,桂花0.025千克,黑芝麻0.05千克,无核葡萄干0.10～0.15千克,香肠适量。它的制作工艺流程是:用优质糯米磨成干细粉,将黑芝麻炒熟备用,将禽蛋去壳后放入打蛋机搅拌12分钟,加白砂糖继续搅拌8分钟,并在拌糖过程中加入蜂蜜,然后加糯米粉搅拌均匀,同时放入桂花和葡萄干,将搅拌均匀成稠浆状的蛋糕湿粉倒入铺有湿纱布的蒸笼摊平,其厚度以不超过2厘米为宜,在湿粉上撒上黑芝麻,再以香肠切成的片或丝点缀成各种图案,最后以旺火蒸30～40分钟,即可出笼冷却,切块成型,以备出售食用。

50. 快餐米粉及其生产工艺

申请号:93100463　　公告号:1088747　　申请日:1993.01.01

申请人:李积元

通信地址:(434532)湖北省荆门市长江葛洲坝水泥厂

发明人：李积元

法律状态：公开/公告　　法律变更事项：视撤日：1996.04.03

文摘：本发明是一种食用的快餐米粉及生产工艺。这种快餐米粉，在加工过程中，将大米粉碎预先用酵母进行发酵，然后经粉丝机制成米粉。其操作方法是将大米粉碎，加入了酵母粉和植物油，其配料比（重量比）为：大米碎粉100千克，酵母粉0.01～0.5千克，植物油0.5～3千克。该米粉食用时只需开水浸泡8分钟，加入配料即可食用，且口感较软而适中，适合于做快餐食品。

51. 高水分熟米粉保鲜法

申请号：93102746　　公告号：1092253　　申请日：1993.03.19

申请人：徐学兵

通信地址：(450052)河南省郑州市郑州粮食学院油脂系

发明人：徐学兵

法律状态：公开/公告　　法律变更事项：视撤日：1998.07.15

文摘：本发明是一种高水分熟米粉的保鲜方法。其制作方法是：不改变传统加工工艺，在磨浆热处理成型阶段加入支链淀粉、变性淀粉、乳化剂、强化剂、防腐剂和品质改良剂。热处理米粉一般要过水冷却，冷却水采用含有保鲜剂、乳化剂等的溶液，出水后沥水切段包装。装袋、脱气、充氮，然后在包装袋内再放入准备好的内装保鲜袋和调料袋，最后封口，即成能保持传统鲜米粉风味的方便米粉。米粉的传统加工一般是最后脱水干燥，然后存放和销售，再次食用必须经沸水煮，给食用带来不便，而且也达不到鲜米粉的风味，脱水过程和煮沸过程都浪费大量能量。本发明在传统米粉加工基础上，适当调整工艺路线，改进投料配方，加入保鲜剂和品质改良剂，并改进包装方法，使鲜米粉（含水量30%～40%）可存放2个月不变质，风味、口感保持率在85%以上。本发明的产品可直接以沸水浸泡3～5分钟，拌入调料即可食用。

52. 一种婴儿米粉的配方及制备方法

申请号：93103468　　公告号：1093238　　申请日：1993.04.06

申请人：余伟秀

通信地址：(528403)广东省中山市石岐华柏路9号中山市农业局

发明人：余伟秀

法律状态：公开/公告　　法律变更事项：视撤日：1997.05.21

文摘：本发明是一种婴儿米粉的配方及制备方法。它包括选料、粉碎、过筛、混合、包装等过程，其选用的原料由下列成分组成：①稻米；②小米。用上述配方制成的婴儿米粉，营养成分全面，能满足婴儿对食品营养的要求，健脾除湿，兼有保健功效。

53. 营养醪及其制取工艺

申请号：93105180　　公告号：1082343　　申请日：1993.04.28

申请人：蔡　新、徐耀华

通信地址：(330008)江西省南昌市象山北路73号

发明人：蔡　新、徐耀华

法律状态：公开/公告　　法律变更事项：视撤日：1998.05.20

文摘：本发明是一种营养醪及其制取工艺。这种营养醪采用80%糙糯米与20%熟糯米经双缸发酵，用401酵母、矿化水作酿造水勾对，红外线催陈，灌装，再经巴氏消毒后，重复紫外线照射。其主要技术数据为：总糖(克/100毫升)22～23，酒度(20℃V%)2.6～3.2，总酸(克/100毫升)0.45～0.50，固形物20%，蛋白质1.35%～1.90%，氨基酸(以N计)0.019%～0.026%，细菌总数(个/毫升)小于10，大肠菌群(个/100毫升)大于3，保鲜期1年。其保鲜工艺取得营养价值高于传统甜酒酿的营养醪。特别是蛋白质与氨基酸高于一般甜酒酿，具有酒香浓郁，口感细腻，甜酸适度，风味独特，回味无穷，质量稳定，保存期长等诸多优点。

54. 磁化干制米饭的制备方法

申请号：93107526　　公告号：1096925　　申请日：1993.06.30

申请人：北京市秀普科技实业公司

通信地址：(100101)北京市朝阳区北辰东路8号汇宾大厦A0610

室

发明人：陈　旭、刘　健、章效军

法律状态：公开/公告　　法律变更事项：视撤日：1997.06.04

文摘：本发明是一种磁化干制米饭的制作方法。它的制备方法包括对大米和蔬菜处理两部分。第一部分：对大米处理包括清理、淘洗，在常温磁化水中磁化浸泡，磁化水与大米的重量比为1～5：1；浸泡时间为5～15小时，常温磁化水是将常温水在200～800高斯磁场中磁化1～8小时，大米浸泡后在蒸饭锅内蒸熟，蒸汽压力为0.08～0.10兆帕，温度控制在90～100℃，时间为15～30分钟；调湿是将蒸好的大米迅速倾入调湿池中，水量为米饭体积3～5倍，对池中的大米不停地搅拌，调湿时间为15～30分钟；调湿后将大米捞出，投到输料网带上，进入热风干燥箱干燥，米层厚度为1～2厘米，干燥温度维持在80～140℃，干燥时间为30～50分钟，将干燥好的大米装袋。第二部分：对蔬菜的处理包括清洗、去皮、切丝、浸烫、干燥和装袋，其中浸烫是在沸水中进行；马铃薯浸烫时间为3～8分钟，胡萝卜浸烫时间为1～6分钟。其特点是用大米为原料，经过清理、淘洗，在磁化水中浸泡、蒸煮、调湿、干燥，制得干燥大米，配以干燥蔬菜和各种调味料，封装入袋，即制成本发明所述的磁化干制米饭。

55. 醉八宝粥罐装食品及其生产工艺

申请号：93107907　　公告号：1096926　　申请日：1993.06.30

申请人：陈锦权、兰　珍、叶艾芊

通信地址：(350001)福建省福州市乌山路29号(新牌116号)

发明人：陈锦权、兰　珍、叶艾芊

法律状态：公开/公告　　法律变更事项：视撤日：1996.11.20

文摘：本发明是一种醉八宝粥罐装食品及其生产工艺。它按传统的酿制技术制作酒酿，并采用现有的制罐技术进行装罐、封口、杀菌、冷却，制得醉八宝粥罐头。其制作要求是：将制得的酒酿加热至95℃，杀灭酵母菌后，加入调料、稳定剂和乳化剂，混合均匀，并加热至85℃左右即可装罐。其特点是将传统酒酿酿造技术与现有的罐装食品的生产技术结合在一起，使本产品既保持中国传统酒酿的特色和食用习惯，又使得酒酿具有价格低廉、食用方便、保存期长的特点。

56. 中式即食快餐和它的制备方法

申请号：93108421　　公告号：1081070　　申请日：1993.07.09

申请人：华裔（上海）有限公司

通信地址：（200040）上海市北京西路1804号

发明人：林开中

法律状态：授　权

文摘：本发明是一种中式即食快餐和它的制备方法。它将精选的大米和肉类、海鲜、水果、调味料按中国不同的风味进行熟化和调味处理，然后用冻干或真空干燥或两者的结合进行干燥处理，使食物的含水量低于3%，再将它们按不同的风味和用餐量组合包装在防潮的套餐盒内，或放在密封的防潮包装内。

本发明的中式即食快餐无需冷藏，可在常温下长期保存，食用时只要将套餐中的米饭、套菜和汤料分别加热水复水几分钟，就能恢复食品新鲜的色、香、味，即可食用。

57. 磁处理营养保健速食米

申请号：93110108　　公告号：1091253　　申请日：1993.02.19

申请人：张玉昌

通信地址：（114005）辽宁省鞍山市铁东区山南街12号虹光磁钢厂

发明人：张玉昌

法律状态：公开/公告　　法律变更事项：视撤日：1997.07.16

文摘：本发明是一种磁处理营养保健速食米的制作工艺。它是以米和各种营养、保健添加剂粉末为原料，经粉碎筛分、配料混合、成型造粒、定型熟化、颗粒磁处理、脱水干燥等工艺步骤制作而成的。其成分配方可根据需要进行调整，有选择地制作出不同口味、不同营养、不同疗效的各种速食米。制作工艺中，配料混合、定型熟化、颗粒磁处理3个步骤均包含有磁处理过程。这种速食米含有人体所需的多种营养、保健成分,并且通过制作过程中的系列磁处理,使其所含营养、保健成分更充分地被人体吸收。通过调整配料成分和比例,可以制作系列磁处理营养保健速食米,其中包括药膳速食米。

58. 温肾益精养生粥

申请号:93110503　　公告号:1088749　　申请日:1993.01.01

申请人:黄泰年

通信地址:(210029)江苏省南京市凤凰西街263号1幢404室

发明人:黄泰年、谢　卫

法律状态:公开/公告　　法律变更事项:视撤日:1996.05.29

文摘:本发明温肾益精养生粥是一种采用枸杞子、菊花或银耳、米类、水为原料的天然中药与粮食加工成的保健营养粥。其按一定配比加工而成;原料采取以下配比(重量):A组:枸杞子3.5%～5.5%,菊花0.5%～1.5%,米类12%～25%,水70%～85%;B组:枸杞子3.5%～5.5%,银耳0.8%～1.2%,米类12%～25%,水70%～85%。

这种温肾益精养生粥男女老幼均适用,对于中老年可保健、抗衰老;对于病体虚弱、妇女产后复健及有脾肾虚衰者更为对症。本产品性味平和,易于消化,不偏寒,不偏热,平补抗老,久服延年,常服还有减肥作用。

59. 米粉丝制作工艺

申请号:93111487　　公告号:1085049　　申请日:1993.06.29

申请人:瞿显来

通信地址:(418000)湖南省怀化市饮食服务公司

发明人:瞿显来

法律状态:实　审

文摘:本发明是对传统米粉丝制作工艺的改进。米粉丝制作工艺包括大米浸泡、粉碎、搅拌、机械热压、晾晒等步骤。其制作工艺为:必须将大米浸泡13～18小时,大米浸泡液pH值5～6,然后沥干水分,粉碎，将粉末按照100千克大米粉末配30千克水的比例配以净水，充分搅拌，揉和，和好后粉团送入立式压榨机，不装出粉板，并将出口封住，待机器形成压力后，将粉放出，重新喂入进料口搅和，如此反复15～30分钟，机器升温，出口处粉团熟到八成时，装上出粉板，喂入新料，保持连续挤出直径为1～2毫米的粉丝，挤出的粉丝保温3～6小时，晒干，即成产品。工艺简单，无需特殊设备和辅助原料，出粉率高，每100千克大米出粉300～350千克，且粉丝色白透明，细长柔软，不酸不碎，味良好，耐存放。

60. 一种酒酿食品的生产方法

申请号：93111737　　公告号：1099937　　申请日：1993.09.07

申请人：陈金会

通信地址：(244000) 安徽省铜陵市商业村27x8号

发明人：陈金会

法律状态：公开/公告　　法律变更事项：视撤日：1997.01.22

文摘：本发明是一种酒酿食品的生产方法。它采用如下生产工艺：将米浸泡、清洗→蒸饭→淋饭→加曲→发酵→包装→杀菌→成品酒酿。其特点是原料米的浸泡、清洗时间为1～3天；将蒸熟后的米饭用水冷却至28±3℃；发酵温度控制在29±5℃，在用糖度计测试糖度达2～3(糯米为4～5)时即可取出；包装是用灌装机械或人工将酒酿装入容器内并加以密封，采用加热的办法杀菌。上述的杀菌是指将酒酿置于不低于60℃的条件下存放时间不少于30分钟即可。这种酒酿食品，便于长期保存，长途运输。

61. 强身营养快餐米粉

申请号：93115531　　公告号：1101229　　申请日：1993.10.08

申请人：彭子生

通信地址：(413413) 湖南省桃江县金光山乡株树山村

发明人：彭子生

法律状态：公开/公告　　法律变更事项：视撤日：1997.07.16

文摘：这是一种强身营养快餐米粉。它是由浸吸有薄荷、桑皮、地茶、淡竹叶、枇杷叶、甘草煎制出的浓液的糙米和甜叶菊等组成。其组成的比例为100：1；煎制的薄荷、桑皮、地茶、淡竹叶、枇杷叶和甘草的组成比例依次为3：2：2：1：2：2；其生产工艺流程为：原料准备→配料→煎制→过滤→浸制→蒸制→烘干→磨粉→混合→计量包装。这种强身营养快餐米粉能抵抗和预防气候变化而引起的多种疾病的发生，又具治疗效果，是一种老少皆宜、食用方便的食品，用开水浸泡搅拌均匀后即可食用，且口感好，易消化，营养容易吸收。

62. 软罐头配菜五谷饭配制法

申请号：93117940　　公告号：1101236　　申请日：1993.10.04

申请人：刘新方

通信地址：（100039）北京市石景山区鲁谷村74号院1号楼342号

发明人：刘新方

法律状态：实　审　　法律变更事项：视撤日：1996.12.18

文摘：本发明是一种方便食品的制作方法。它将米饭、肉和菜分别包装在一个软罐头复合塑料袋中。这种食品无防腐剂，饭菜兼备，佐以滋补中药。货架时间(保质期)为1年。

63. 减肥粥

申请号：93118378　　公告号：1100896　　申请日：1993.09.29

申请人：钟以林

通信地址：（530001）广西壮族自治区南宁市广西中医学院

发明人：闭清艳、钟以林

法律状态：公开/公告　　法律变更事项：视撤日：1997.09.24

文摘：本发明介绍一种减肥粥。这种减肥粥的配方(重量比)是：瘦猪肉30%，米10%，玉竹40%，氨基酸液5%，党参15%。它的生产工艺为：将瘦猪肉、米、玉竹、党参洗净；把肉、玉竹、党参切成碎片；加水10倍，与米同煮一个半小时；配入氨基酸，装罐，封口；在水温100℃下消毒半小时,即得成品。

本发明利用减肥粥高营养、低热量的特点,配方以补气养阴类食物为主,动物蛋白的含量较高,故减肥人群使用具有减肥快的效果,8 天为一个疗程,无饥饿感,无乏力等不良反应,可让人们在愉快的食疗之中,达到减肥的目的。

64. 大自然糙米粉及其加工工艺

申请号:94100068　　公告号:1090979　　申请日:1994.01.08

申请人:颜志忠、王伟文

通信地址:(518003) 广东省深圳市文锦中路 8 号 2 楼

发明人:王伟文、颜志忠

法律状态:公开/公告

文摘:本发明是一种保健食品及其加工工艺。它的制作方法是:以糙米和麦芽糊精或甜菊糖、蔗糖、葡萄糖、奶粉、椰粉、黄豆蛋白、食盐、薏米等添加物为原料,根据不同的品味添加不同的添加物和重量比,并采取净化处理、粉碎、爆发、混合调味、研磨、集粉、筛选、计量和包装等工艺,加工制作出糙米粉系列食品。由于糙米自身包含有丰富维生素、植物性脂肪、淀粉以及各种矿物质等营养成分,它具有防止痴呆症、高血压、糖尿病的发生和解毒作用。所以,它对增强人体体质有较好的保健作用,同时具有味香可口的特点。

65. 健儿糕

申请号:94101823　　公告号:1094581　　申请日:1994.02.22

申请人:刘家良

通信地址:(343100) 江西省吉安县城关 105 国道 1941 公里处吉安县园艺场

发明人:刘家良

法律状态:实　审　　法律变更事项:视撤日:1997.06.18

文摘:本发明是一种用于儿童健脑益智、调节人体机能的健儿糕。它是由以下组分(重量百分比)组成:中药粉末 25%～30%,骨粉 5%～

8%，白糖20%～25%，炒糯米40%～45%，芝麻0.5%～1%，调味剂、色素、防腐剂适量。在100份(重量)中药粉末中，含党参4～15份，土炒白术6～25份，炒内金3～15份，茯苓7～22份，水仙子4～20份，使君子3～14份，草决明7～25份。这种儿童保健食品的健儿糕具有健脾消食，驱虫去积，补脑益智的功效，对能食不长，口干心烦，夜眠不安等有疗效，且香甜可口，无明显药味。

66. 多维营养米饭增味调料

申请号：94105485　　公告号：1113704　　申请日：1994.05.29

申请人：陈　朴

通信地址：(150070) 黑龙江省哈尔滨市道里区城乡路280号

发明人：陈　朴

法律状态：实　审

文摘：这是一种为解决米饭风味改善和主食营养强化问题而发明的多维营养米饭增味调料。其组成的成分是：糖类、谷氨酸钠类、环糊精类、氯化钠、维生素类、矿物质类、其他营养物质。本发明涉及一种可对米饭增味和营养强化的调料，与人们的生活密切相关。本发明为多种富含营养的物质，通过科学的方法调制而成。本多维营养米饭增味调料，可使陈米气味消除，粘性适度，使米饭口感、风味变好。同时它还是一种低成本，高效率且使用方便的主食营养强化剂。

67. 一种稻米预熟技术及产品

申请号：94106332　　公告号：1113118　　申请日：1994.06.10

申请人：吉林农业大学农业开发服务部

通信地址：(130118) 吉林省长春市吉林农业大学

发明人：陈连铭、崔　凯、雷籽耘、凌凤楼、马景勇、杨　福、邬信康

法律状态：公开/公告

文摘：本发明是一种稻米预熟的干法处理技术。它是将稻米粒通过于频率为6～140兆赫、场强为200～500伏特/厘米可调的高频电磁场中进行预熟处理。本发明采用高频电磁场处理稻米籽粒的方法，是为

了使预熟米加工成速溶米粉、快餐米和快食米粉条。该项技术可连续立体处理，占地少，劳动强度低，无环境污染，且产品兼有脱水和杀菌效果，可广泛用于食品行业。

68. 果粒型糯米饮料的生产方法

申请号：94108306　　公告号：1114543　　申请日：1994.07.08

申请人：赵旭阳

通信地址：（467300）河南省鲁山县南门大街29号

发明人：赵旭阳

法律状态：公开/公告　　法律变更事项：视撤日：1998.02.18

文摘：本发明是一种关于利用糯米为主要原料，生产果粒型饮料的方法。其制作方法是：①使用糯米为原料，清洗去杂后，按比例分开，将定量糯米经焙炒、粉碎、加净化水、高温蒸煮后加入淀粉酶、糖化酶，使其充分糖化，待冷却至30℃时加入培养成熟的酵母、乳酸菌、母发酵剂，分开发酵4～6小时。发酵温度28～30℃，成熟后充分混合，保持温度28～30℃继续发酵2～4小时制成工作发酵剂；②将糯米经浸泡、蒸煮、冷却、淋水、加曲发酵得来的甜酒酿和工作发酵剂、加水、糖、混合发酵12小时，保持温度28～30℃。即可制成营养丰富、外形美观的果粒型糯米饮料。

69. 一种多宝快餐药粥的生产方法

申请号：94110108　　公告号：1108487　　申请日：1994.03.12

申请人：陈顺志

通信地址：（121001）辽宁省锦州市锦州医学院

发明人：陈顺志、吴佩杰、吴孝岩、周文志

法律状态：公开/公告　　法律变更事项：视撤日：1997.09.24

文摘：这是一种多宝快餐药粥的生产方法。它以山药、薏仁、鸡肉为原料，以糯米、粳米及其膨化物为载体，以糖分、香料、调味品等为添加剂，以活性钙或维生素等为强化剂，经过预处理、浸渍、熬煮、冷冻、配料、混匀、包装的工艺过程制成粉状、晶状、片状或颗粒固体快餐药粥的方法。本发明解决了药粥熬煮、食用不便的缺点，制成快餐方便药粥。用冷水、温水、热水、矿泉水、米汤、小米粥或大米粥调制即成粘稠状药粥，并保持其效用不变。本食品不含防腐剂，保存期长，食用方便。

70. 爆发多彩造型粥(米饭)和装置

申请号：94110434　　公告号：1106225　　申请日：1994.02.01

申请人：张联懋

通信地址：(250031) 山东省济南市工人新村北村 16 楼 2 门 501

发明人：张联懋

法律状态：公开/公告　　法律变更事项：视撤日：1997.05.21

文摘：本发明是一种爆发多彩造型粥(米饭)和装置。它包括粥(米饭)原料配制技术、粥(米饭)烹制技术、粥(米饭)造型技术、粥(米饭)保存技术、粥(米饭)组合包装技术和装置使用技术、装置承压锅制作使用技术、装置缓冲器制作使用技术、装置保温容器制作使用技术，其中粥(米饭)原料配制技术为：选取 1 种或数种颜色一致或近似的米谷类、果菜类、杂粮类、畜肉类等和食品添加剂为主辅原料加定量水。爆发多彩造型粥(米饭)，是采用压力喷发技术烹制，可促使原料中的淀粉溶出且不易老化，也提高了粥的悬浮性，其营养损失少，减量少，节能，有利于人们消化吸收且口感好。采用分格分层造型工艺，其颜色丰富多彩，界线分明，食用可享受到多口味，多色泽，有粥有菜有饭的效果，满足现代人们的快速方便进餐要求。

71. 大米软化加香生产方法

申请号：94111075　　公告号：1115213　　申请日：1994.07.16

申请人：武汉食品工业学院

通信地址：(430022) 湖北省武汉市汉口顺道街 97 号

发明人：李庆龙、曹中正、柯惠玲、熊四清、余四季、徐群英

法律状态：公开/公告

文摘：本发明提供了一种大米软化加香生产方法。其生产方法是：将碾米机碾制的大米，经抛光机串联 2 次抛光，去石机去石，分级筛筛

分，用数种不同粘度的大米进行配米软化，再将选定的食用香精按1：5 000的比例溶于植物油，由喷涂设备喷涂在大米表面、混匀，即制得免淘洗香味大米。

72. 一种南烛乌米粉的加工方法

申请号：94111285　　公告号：1110096　　申请日：1994.04.04

申请人：韩绍南

通信地址：(210042) 江苏省南京市锁金四村 27 幢 105 室

发明人：韩绍南

法律状态：公开/公告　　法律变更事项：视撤日：1997.09.24

文摘：本发明是一种南烛乌米粉的加工方法。其加工方法由下列步骤构成：①将洗净的南烛树叶加水打成叶浆后去渣；②将叶浆加温至 40～50℃后加入糯米，浸渍至米粒成深蓝色晶莹个体；③将叶浆降温至 25～30℃，继续浸泡，直至液面不断冒出气泡；④滤出糯米，将其在沸水中浸烫 30 秒～1 分钟取出，晒干后炒熟，磨粉过筛；⑤加入适量的黑芝麻粉、蔗糖、熟化淀粉，搅拌均匀即成。

本发明之方法简便易行，采用该方法加工的南烛乌米粉不仅营养丰富，而且食用方便。

73. 营养米

申请号：94111481　　公告号：1111951　　申请日：1994.10.18

申请人：陆　恒

通信地址：(221005) 江苏省徐州市淮海东路 149 号

发明人：陆　恒

法律状态：公开/公告

文摘：本发明是一种天然多味营养米。它是由粳米、籼米及香米配制而成。其组分重量比是：45％的粳米，35％的籼米，15％的粳糯米，4.8％的香粳米，0.19％的赖氨酸和 0.01％的增天然香添加剂。该营养米的营养成分结构合理、价值高，提高了粳(籼)米的经济价值，可作为人们的日常主食。

74. 鱼蛋白婴儿营养米粉

申请号：94112244　　公告号：1115608　　申请日：1994.07.29

申请人：浙江省玉环县海生食品有限公司

通信地址：(317602) 浙江省玉环县坎门镇黄门路 192 号

发明人：陈高文、徐关寿、金诗琴

法律状态：公开/公告　　法律变更事项：视撤日：1997.11.19

文摘：本发明是一种鱼蛋白婴儿营养米粉。它是由米粉、鱼蛋白粉、奶粉、糖、食油和添加微量元素与维生素作为强化剂而组成。各组分的重量组成为：米粉 60%～75%，鱼蛋白粉 2%～8%，奶粉 8%～20%，糖 8%～18%，食油 1%～6%，强化剂 0.5%～4%等工艺配制加工而制成。本发明选用鱼蛋白为营养米粉蛋白质的来源之一，鱼蛋白具有氨基酸组成比值合理，含有丰富的微量元素，是良好健脑食物。它有助于婴幼儿体能、智能的协同生长。

75. 一种含有酒酿的甜食罐头

申请号：94112254　　公告号：1104043　　申请日：1994.08.05

申请人：杨　旭

通信地址：(201418) 上海市奉贤县新院

发明人：杨　旭

法律状态：公开/公告

文摘：这是一种含酒酿的甜食罐头。其主要成分为酒酿，它与其他多种原料的组成和配比如下：糯米 5%～30%，花式豆类 0～3%，杏仁 0～1%，花生 0～5%，糯玉米 0～2%，枣 0～5%，莲心 0～5%，葡萄干 0～1%，糯高粱 0～1%，薏米 0～3%，青梅干 0～1%，血糯 0～8%，香糯米 0～3%，银杏仁 0～1%，椰丝 0～1%，蔗糖 5%～15%，或蛋白糖 0.01%～0.1%，柠檬酸 0～0.5%，优质黄酒 2%～20%，水 70%～90%，食用香精适量。酒酿是我国人民喜爱的传统食品，但是它难以存贮，难以维持其佳味，更不便于携带。本发明提供一种含酒酿的甜食罐头，使之能贮存 1 年以上，为旅游者提供了新的享受，也为我国广大人民能随时享用这种美味食品而提供了方便。

76. 营养强化米

申请号：94112539　　公告号：1123619　　申请日：1994.09.28

申请人：黑龙江省阿城市精洁米加工厂

通信地址：(150300) 黑龙江省阿城市河东街阿城市精洁米加工厂

发明人：袁志诚、徐晓曦、朱献华、王长青、杭德君

法律状态：授　权

文摘：本发明是一种营养强化米食品。它包括大米，每1000克大米含有乳酸钙6～16克，亚硒酸钠0.2～0.5毫克及乳酸锰、碘化钠、乳酸亚铁、葡萄糖酸锌中的1种或它们之间的混合物。在上述成分的协同作用下，起到强化效果，补充人体所必需的微量元素。通过食用营养强化米可解决人体因微量元素不平衡而导致各种疾病的问题。

77. 药物醪糟

申请号：95106241　　公告号：1136930　　申请日：1995.05.27

申请人：林仲康

通信地址：(635100) 四川省大竹县华林新产品开发研究所

发明人：林仲康

法律状态：公开/公告　　法律变更事项：视撤日：1998.10.14

文摘：本发明是一种系列药物醪糟。在其传统醪糟的制作过程中，在经典的配方及工艺基础上，将糯米蒸熟的前后或发酵糖化前后的各个阶段加入至少1种或1种以上具有各种不同功效的药物，成为含有多种对身体有有益成分的保健或疗病作用的系列药物醪糟。这种系列药物醪糟主要是加入对人体有益的纯天然中药而配制成。它具有补益健身、养颜补脑、健脾益胃等等功效的保健或疗病作用。

78. 一种速食油茶

申请号：95108379　　公告号：1140024　　申请日：1995.07.07

申请人：刘瑞英

通信地址：(541001)广西壮族自治区桂林市桂北铁路水电领工区

发明人：刘瑞英

法律状态：实　审

文摘：本发明是一种速食油茶，其中有茶油、茶叶、姜、香葱、食盐和佐食酥果。其配方是(以重量百分比计，总重量为100%)：茶油1%～1.5%，茶叶碎末7%～9%，膨化粳米30%～45%，食盐7%～8.5%，佐食酥果10%～16%，姜末7%～9%，香葱5%～7%，香菇5%～7%，罗汉果5%～7%。其中的茶叶碎末，是指将茶叶烤干后粉碎呈碎末状；膨化粳米，是指将蒸熟了的糯米饭烘烤干成散粒状粳米，再经膨化机膨化而制成；香葱，是指将新鲜的香葱洗净、切细，再经消毒、脱水制得；姜末、香菇和罗汉果，都是分别经洗净、灭菌消毒，烤干后粉碎呈碎末状。所有备料分别通过包装机按比例装于包装容器内封装为成品。这种茶配制品，便于保管、运输、携带，并保持传统特殊风味，用热开水冲泡即可食用的速食油茶。

79. 一种米饭添加剂

申请号：95110615　　公告号：1126554　　申请日：1995.01.09

申请人：湖南省常德高等专科学校

通信地址：(415003)湖南省常德市武陵区东郊

发明人：胡良成、王文龙、宋光泉

法律状态：公开/公告　　法律变更事项：视撤日：1998.05.13

文摘：这是一种米饭添加剂。它的制作方法包括清洗、混合、包装等加工工序。该米饭添加剂主要原料是由白芝麻、全脂奶粉、大豆、藕淀粉、柠檬酸、矿质元素钙、铁、锌、维生素B_1组成。它采用天然原料加适量有机酸经科学研制而成，在蒸煮低价普通米饭时，只需加入少量的添加剂既能提高米饭的食用价值，又能满足人体对食物营养的需要，弥补米饭中营养成分的不足，使蒸煮成的米饭更加色泽光亮、风味悠长、香性浓郁、口感良好、营养丰富、保健作用更强，从而满足了消费者对米饭的更高要求。

80. 粽子肠

申请号：95111265　　公告号：1130486　　申请日：1995.03.07

申请人：成都希望食品有限公司

通信地址：(611439) 四川省新津县希望大道

发明人：蒋　帆

法律状态：实　审

文摘：本发明是一种粽子肠，它采用糯米及其辅料进行制作。该粽子采用普通火腿肠包装方式。其所用的原料的重量配比如下：糯米50～60，精猪肉18～20，肥膘9～11，冰晶9～11，淀粉1～2，食盐1～1.5，白糖1～1.5，食用明胶0.2～0.5，味精0.05～0.1，胡椒0.05～0.1，大豆分离蛋白1～2，鲜生姜0.25～0.5，食用天然色素适量。本发明采用普通火腿肠包装方式，生产工艺简单，成本低，可利用现有的火腿肠灌装设备。本产品彻底改变了传统粽子的包装食用方式，只需剥开外皮即可食用，食用十分方便卫生，粽子味道独特，包装新颖，经济实惠；一年四季均可食用，是一种集传统风味和现代食品特点为一体的新型“饭菜合一”的快餐食品。

81. 乳酸生态龙血液及其制备方法

申请号：95111296　　公告号：1132035　　申请日：1995.03.31

申请人：陈启忠、齐茂良

通信地址：(611230) 四川省崇州市崇阳镇大北街30号

发明人：陈启忠、齐茂良

法律状态：实　审

文摘：本发明提供了一种药食两用营养液及其制备方法。它的制备方法是：将糊化处理后的糯米，加入红曲霉菌后，再加入德氏乳杆菌进行乳酸前期发酵，得到固体乳酸；利用这种固体乳酸来获取乳酸生态龙血液。在制作过程中，将主原料地龙加到固体乳酸中，在25～30℃温度之间和密闭的条件下，让地龙与乳酸一起进行乳酸中期厌氧发酵

25～34天后，再开启发酵罐，并注入与罐内发酵物等量的冷开水，接着又将罐密封，再在室温下对罐内的发酵物进行乳酸后期厌氧发酵6～7天。最后滤出的滤液，便是成品。

该制取方法简单可靠，其产品无毒，无副作用，它能调节人体平衡，促进人体各功能良性循环，起到抗病、抗衰、防病、滋补、延年益寿的作用。

82. 以蚂蚁中药提取物为添加成分的保健食品及制作方法

申请号：95113995　　公告号：1151845　　申请日：1995.12.13

申请人：孙邦庆

通信地址：(164300) 黑龙江省黑河市中央街361号蚁巢公司

发明人：孙邦庆

法律状态：公开/公告

文摘：本发明是一种以蚂蚁中药提取物为添加成分的保健食品及制作方法。它是以食品基料为主要原料，加入大枣并将拟黑多刺蚁、大枣、山楂、陈皮加水提取过滤液，与粳米粉组成添加成分，加入食品基料组成保健食品。其添加成分的配比为：拟黑多刺蚁15%～25%，大枣8%～12%，山楂8%～12%，陈皮8%～12%，其余为粳米；添加成分与食品基料的配比为：添加成分10%～30%，其余为食品基料。此食品含有蚂蚁、中药提取物的添加成分，人们在饮食中即可获得对人体有益的营养，具有保健、防疾病的效果。

83. 江米肉汁糕及其制备方法

申请号：95118197　　公告号：1133683　　申请日：1995.12.14

申请人：刘如圣

通信地址：(238131) 安徽省含山县海口乡玉潭电站

发明人：刘如圣

法律状态：公开/公告

文摘：本发明是一种江米肉汁糕及其制备方法。它包含江米、鲜肉、绿豆、松仁、杏仁、榛仁、腰果、核桃仁、黑芝麻、红酱油、白糖、味精、盐和白酒。

按本发明所制得的食品具有鲜美油润、清香浓郁而不腻嘴、风味独特、营养丰富、老幼皆宜等特点。

84. 牛奶汤圆

申请号：96115074　　公告号：1156003　　申请日：1996.01.30

申请人：郭宗挥

通信地址：(110024) 辽宁省沈阳市于洪区青海路107号

发明人：郭宗挥

法律状态：公开/公告

文摘：本发明是一种牛奶汤圆。它是以糯米粉、牛奶等为原料，其汤圆中包有馅料。汤圆皮的组成成分中包括糯米粉及牛奶，糯米粉与牛奶之比为1∶0.6～0.98，制成汤圆。

这种汤圆具有营养丰富、口感细腻、糍糯绵软、伴有奶香、味甜、不浑汤、呈奶白色等特点。具有补中益气的功用，还可辅以黑米，则具有生肌润肤、滋阴益肾、明目活血、暖肝等功效。

85. 彩色元宵(汤圆)粉

申请号：96117431　　公告号：1135848　　申请日：1996.02.01

申请人：柴　来

通信地址：(611230) 四川省崇州市大东街12号附4号

发明人：柴　来

法律状态：公开/公告

文摘：本发明为彩色元宵(汤圆)粉。其成分和用量(重量百分比)如下：白色糯米粉75%～90%，带自然色彩的豆类或薯类或谷类粉10%～25%；或者为白色糯米粉10%～20%，黑香糯米粉80%～90%。

86. 学生早餐

申请号：96104703　　公告号：1162403　　申请日：1996.04.18

申请人：吉林大学中和应用技术研究所

通信地址：(130023) 吉林省长春市解放大路83号吉林大学校部楼106室

发明人：丛　岩

法律状态：公开/公告

文摘：本发明是采用多种粮食生产米粉(麦片)的新技术。它是以米粉(麦片)为原料,其米粉(麦片)的生产新工艺是:谷物→破碎颗粒→混合配料→熟化及脱腥→制粉或压片→成品。这项新技术的技术特点是：①采用新熟化工艺,克服了现有产品生产中熟化后的"回生"问题；②简化生产工艺,取消加水调糊,省去水分蒸发所需的大量热能和设备,设备投资和生产成本大幅度降低；③采用我国自产的多种粮食为原料,营养全面合理,克服了现有产品仅用一两种粮食的局限；④本熟化工艺同时可对蛋白质含量较高的大豆进行脱腥及熟化处理,产品蛋白质含量高。

87. 快餐糕及制作方法

申请号：96107811　　公告号：1139526　　申请日：1996.05.21

申请人：赵　洪

通信地址：(152400) 黑龙江省庆安县丰收供销社

发明人：赵　洪

法律状态：公开/公告

文摘：这是一种快餐糕及其制作方法。其各种成分的重量比为：①主料:糯米粉6～10,大米粉2～3；②辅料:山楂浆(脯、糕)或水果浆(浓缩汁、糕)1～2.5；③配料:白沙糖0.2～3,花生粉或豆粉0.1～1.5,苏打粉或泡打粉为以上原料组合后的重量的20%。它主要用糯米粉和大米粉为原料,配以山楂、果汁等有益人身健康的原料制作而成,可以制成各种不同形状和各种风味,适应于各种不同口味的人食用。

本发明产品外形美观,入口清爽,风味别致,是人们外出旅游、宴会、餐厅的理想食品。并且增加了快餐食品的品种。

88. 生产脱水米饭的方法

申请号：85100147　　公告号：1002081　　申请日：1985.04.01

申请人：袁炳东

通信地址：(412000) 湖南省株洲市中南林学院林工系

发明人：袁炳东

法律状态：授　权　　法律变更事项：因费用终止日：1990.08.15

文摘：这是一种生产脱水方便米饭的方法。它是用水或用具有调味或有营养强化作用的含水液体浸润膨化米，然后干燥脱水，制成后用开水冲泡，即具有良好食感的米饭。

89. 速食米片的制法

申请号：90104046　　公告号：1056990　　申请日：1990.06.01

申请人：长春市工程食品研究所

通信地址：(130031) 吉林省长春市吉林大路42号

发明人：关晓晶、冷艺学、李健东、宋启文、童明鑫、王宝林、朱鸿明

法律状态：授　权　　法律变更事项：因费用终止日：1998.08.05

文摘：本发明是一种以谷物粉为主料的天然工程速食米片的制法。其在所用的原料中还加有全脂膨化大豆粉、蔬菜汁或麦饭石等强化辅料。其制法是：首先将组成速食米片制品的主料谷物粉的一种或多种与所加入的全脂膨化大豆粉、蔬菜汁或麦饭石等强化辅料混合，并加以适量的调料搅拌均匀，然后用油脂和淡盐水喷雾，随之送入挤压机内，将其从挤压机出口处所设的模具的孔内挤出、使之膨化，膨化后再经辊轧装置进行辊轨，压实成为片状制品，最后切断、烘干，即为成品。本发明不采用以往的水浸、蒸煮或碱酸处理方法，而是直接采用混合搅拌，挤压膨化以及辊轧成型工艺方法，即可制得具有纯天然属性的，且风味、食感俱佳，营养价值高的速食制品。制作这种速食米片，加工方法科学、简单，生产时间短，同时还可加工多样化的速食制品。

90. 一种方便米饭的生产方法

申请号：90109322　　公告号：1061514　　申请日：1990.11.23

申请人：刘少芝

通信地址：(100020) 北京市朝外北河沿太平巷9号

发明人：刘少芝

法律状态：实　审　　法律变更事项：视撤日：1995.06.14

文摘：本发明是一种方便米饭的生产方法。其原料为70%～80%稻米，8%～12%青豆，4%～10%绿豆，3%～4%辅料（其中棕榈油2‰～5‰）。工艺流程为：经原料检验→洗选→破碎→膨化→混合→包装。这样生产出来的方便米饭氨基酸含量接近联合国粮食及农业组织和世界卫生组织(FAO/WHO)所推荐的人体营养模式。它革除了传统的蒸煮工艺，用85℃以上水冲浸即可食用。

91. 嘉乐米松的生产方法

申请号：90109391　　公告号：1050816　　申请日：1990.11.26

申请人：郭安朝

通信地址：(710021) 陕西省西安市未央区谭家乡元乐村

发明人：郭安朝

法律状态：实　审

文摘：这是一种嘉乐米松的生产方法。其主要配料有大米、玉米、麦子、糖粉、精盐、植物油、五香粉等。其工艺方法为：选料→主料粉碎→主副料按比例配料并混合→经膨化机膨化成熟→喷雾化水→表面上1层糖粉或调料→成型为条状、片状或者块状→进入烤箱烘烤→包装→检验包装入库。按上述方法生产，其原料配方为两组，各组重量比为：1组：主料：大米47%～52%，玉米37%～45%；副料：糖粉6%～10%，精盐0.5%～1.5%；2组：主料：麦子50%～55%，大米40%～45%；副料：植物油2%～3%，精盐1%～3%，五香粉1%～2%，味精0.1%～0.3%。按本方法生产的小食品不仅形美色艳，而且酥脆香甜、口感好，还延长了食品的保存期。整个生产方法可实现工业化的生产。

92. 炒米花制作工艺

申请号：92107137　　公告号：1084021　　申请日：1992.09.17

申请人：颜荣庆

通信地址：(410076) 湖南省长沙市赤岭路长沙交通学院

发明人：颜荣庆

法律状态：公开/公告　　法律变更事项：视撤日：1996.07.10

文摘：本发明是炒米花制作工艺系的一种膨化谷物的制作方法。它以糯米为原料，工艺流程为：选料→淘米→清凉水 6～10 小时浸泡→蒸笼内蒸煮成熟→晾晒→手工磨粒→复晒→储存→焙干→砂石拌油炒制→过筛去砂等工序而获得纯净膨化饭粒，即炒米花。这种产品色呈金黄，其味香甜，质地精细，口感松脆，且易于储存，可直接食用或开水冲服，又是炒米糕的上等原料。

93. 八仙珍珠方便饭及其制作方法

申请号：93101938　　公告号：1078609　　申请日：1993.02.17

申请人：张　进

通信地址：(114001) 辽宁省鞍山市铁东区体育巷 5 甲-6 号

发明人：张　进

法律状态：公开/公告　　法律变更事项：视撤日：1998.07.15

文摘：本发明是一种八仙珍珠方便饭。它是以天然谷物大米、小米、玉米、绿豆、赤小豆、小麦、黄豆、芝麻和绿茶为主要成分。其配方(重量百分数)为：大米 50%～90%，小米 1%～10%，玉米 1%～10%，绿豆 1%～10%，赤小豆 1%～10%，小麦 1%～15%，黄豆 1%～10%，芝麻 1%～10%，绿茶 0.1%～5%。它是经合理配方、拣选、淘洗、干燥、磨碎、混合、湿润、膨化、切割成大米粒状食品，不用加热煮熟处理，只需用温开水冲泡一下即可食用。其营养丰富，健身防病，食用方便。

94. 一种香酥营养米的制作方法

申请号：93104375　　公告号：1093538　　申请日：1993.04.13

申请人：权志义

通信地址：（710016）陕西省西安市红庙坡北边马乎沱路西安新颖食品厂

发明人：权志义

法律状态：公开/公告　　法律变更事项：视撤日：1997.07.16

文摘：本发明是一种以大米为主要原料制作香酥营养米的方法。它是由以下制作工序组成：①配料：选择优质大米并淘洗干净，加入调味料及营养添加剂；②蒸熟：将配料后的大米在蒸笼上蒸熟；③烘干：将蒸熟后的大米烘干至米粒刚刚开始不能互相粘连为止；④过油：将米粒放入170～180℃的植物油中，至其刚刚浮出油面时捞出；⑤冷却：使过油后的米粒冷却至常温；⑥密封包装：将冷却后的米粒装入包装袋或容器内密封即可。它解决了现有食品加工方法所制作的食品不能保持大米的颗粒形状、香味不足、不能干吃以及水煮后易成为粥状的缺点。使用该方法制作的香酥营养米，弥补了天然大米的营养缺陷，保持了大米的颗粒形状，比较酥脆，适于干吃，水泡后还可作为"炒米饭"食用。

95. 油炸快餐米和油炸快餐米的加工方法

申请号：93110588　　公告号：1077351　　申请日：1993.03.02

申请人：赵博光

通信地址：（210037）江苏省南京市龙蟠路南京林业大学1村18幢303室

发明人：刘秀华、赵博光

法律状态：公开/公告　　法律变更事项：视撤日：1995.11.22

文摘：本发明是一种油炸快餐米及其加工方法。它是将大米、碎玉米、高粱米、小米、豆类等颗粒状原料浸泡至含水率为70%～90%左右，然后放入食用油中炸至含水率小于或等于8%。采用本方法制成的快餐米，消费者可在食用时将快餐米放入适量的沸水中保温浸泡若干分钟后即可食用，也可在食用时按照个人的口味加入各种不同调料或直接购买所需口味的系列快餐米产品。本产品还可直接干食。

96. 膨化米粉

申请号：94110116　　公告号：1096170　　申请日：1994.03.15

申请人：马福田

通信地址：(117215) 辽宁省桓仁县六道河乡东老台村

发明人：马福田

法律状态：公开/公告　　法律变更事项：视撤日：1998.05.20

文摘：这是一种膨化米粉。它是将选用的大米、小米、高粱米、黑米、薏米、糯米、绿豆、小麦仁、大麦仁、荞麦仁全部制成免淘洗米，分别放入膨化机膨化，再经粉碎机粉碎成粉状或颗粒状。或与人参、糖配制，或与奶粉、糖配制，或与大枣、糖配制。配制后产品制粥和食用非常方便，用开水或温水调糊即可食用，口感好，营养丰富，非常适用于病患者、老人、儿童，更适用于健康人。

97. 蒸煮袋方便米饭及生产工艺

申请号：94111531　　公告号：1121478　　申请日：1994.12.15

申请人：南通富仔实业公司

通信地址：(226001) 江苏省南通市人民西路 56-1 号

发明人：黄怡峰、叶桐封

法律状态：公开/公告

文摘：本发明是一种蒸煮袋方便米饭及生产工艺。其制作工艺包括大米筛洗、浸渍、装袋，在大米中加 18%～30%的水；真空封口；蒸煮杀菌，并施以水气反压 30～40 分钟；冷却包装入库等工序。方便米饭特点是耐温、无毒、高强度塑料真空内包装袋，袋中装有经煮熟、杀菌、原颗粒状米饭。饭中还可加有菜肴。同时适口性好，保持了大米饭原有风味，保存、携带及食用均十分方便。

98. 保鲜年糕的生产方法

申请号：93121195　　公告号：1104035　　申请日：1993.12.20

申请人：云南省蒙自县年糕厂

通信地址：（661100）云南省蒙自县环城北路18号

发明人：陈启武、李定清、刘素芬、谭承德、吴慧予

法律状态：实　审

文摘：本发明是一种保鲜年糕的生产方法。它是由纯糯米经粉碎加精糖配料、混合搅拌、加辅料、擦油装碗、高温蒸熟、冷却等工序组成。其生产方法是：严格控制年糕的配料比，年糕采用聚乙烯蒸煮袋抽真空包装，封口的袋装年糕置于蒸箱内高温灭菌，使年糕的保鲜期从3～5天提高到40～60天。这种年糕具有便于食用、携带、陈列、销售、储存、运输等优点，可增加生产量、提高经济效益。

99. 一种新型食疗粥及其制备方法

申请号：95101004　　公告号：1124103　　申请日：1995.01.03

申请人：石福增

通信地址：（100005）北京市东城区东堂子胡同29号

发明人：石福增

法律状态：公开/公告

文摘：本发明是一种新型食疗粥及其制备方法。它是由大米、小米、黑米、黄米、江米、香米、高粱米、玉米楂、大麦米、薏仁米，以及红小豆、黑小豆、绿豆、黄豆、黑豆、黑芸豆、白芸豆、红芸豆、黄芸豆、花芸豆、核桃仁、杏仁、白瓜子仁、芝麻仁和特制红果脯、小枣、青梅、瓜条、桂元、莲子、百合、葡萄干、栗子、花生米等组成。这种新型食疗粥好看好吃，谷味香浓，清爽不腻，老少皆宜，并有多项保健作用，对老年糖尿病有辅助疗效。

100. 一种营养食品

申请号：94106072　　公告号：1113701　　申请日：1994.06.03

申请人：广东海鹰食品有限公司李明星

通信地址：（510401）广东省广州市机场东

发明人：李明星

法律状态：公开/公告

文摘：本发明是一种营养食品。它主要有以下成分(重量百分比)组成：大米 20%～35%，小米 20%～30%，小麦 10%～30%，黄豆 20%～30%，并将大米、小米、小麦、黄豆经选料→清洗→风(烘)干→精选→粗加工(去核、去皮)→预煮→调配→装罐→杀菌→包装等工艺过程加工而成。该营养食品含有多种营养成分，营养成分均衡，可以作为日常的主食食用。

101. 一种保健粥的制作方法

申请号：92112145　　公告号：1073079　　申请日：1992.09.25

申请人：王超英

通信地址：(056003) 河北省邯郸市药用动物技术开发有限公司

发明人：王超英

法律状态：授　权　　法律变更事项：因费用终止日：1996.11.06

文摘：本发明是一种开胃、健体、益智粥的制作方法。其配方包括小麦、黑豆、玉米 3 种粮食和土元、石菖蒲、茯苓、菊花、何首乌、熟地等 6 味中药。其制作方法为：土元去内脏烘干，菊花烘干，石菖蒲、何首乌、熟地烘焦，茯苓用黄土炒成褐黄色，黑豆炒熟发出香味，小麦、玉米，炒熟备用，将上述备料合在一起，用石磨粉碎成面粉，过罗、分袋包装，即完成了该制作。食用该保健粥时，取 3～5 匙，用开水冲调成糊状即可。常食本粥能强筋益智、增强记忆和免疫功能，特别有益于儿童和青少年。

102. 有色米粉及其制作方法

申请号：94108688　　公告号：1104863　　申请日：1994.09.13

申请人：苏桂东

通信地址：(530001) 广西壮族自治区南宁市邕武路 14 号高峰林场机关

发明人：苏桂东

法律状态：实　审

文摘：这是一种有色米粉及其制作方法。其制作方法是：使米粉中加入含有从具有药用功能的无毒植物中提取的天然色素和有效药用成分。将大米染色后再磨浆制粉。该有色米粉口感好，色泽鲜艳，具清热、去湿、提神、健脾等多种作用，是米粉制品中一种新的营养保健品种。

103. 湘莲麻豆糊

申请号：94113137　　公告号：1123103　　申请日：1994.11.19

申请人：彭湘清

通信地址：(415922)湖南省汉寿县西港镇偏坡街164号

发明人：彭湘清

法律状态：实　审

文摘：本发明是一种湘莲麻豆糊。它是由膨化或炒熟的优质大米、白糖、炒熟的带芯湘莲、附皮花生、黑黄豆、黑芝麻或白芝麻及天然香料磨制成粉末状按一定比例配制而成。其制法简单、生产成本低，配方科学，营养保健价值高，具有滋补强身之功能；携带方便、冲调容易、保鲜期长，适宜于中、老年人、儿童、病人长期食用。

104. 一种直接用天然原料制作液体食品的方法

申请号：91104669　　公告号：1068256　　申请日：1991.07.06

申请人：浙江医科大学

通信地址：(310006)浙江省杭州市延安路157号

发明人：翁幼敏、赵杭丽、朱寿民

法律状态：授　权

文摘：这是一种直接用天然原料制作液体食品的方法。它采用的主要天然原料是大米粉(总蛋白6.2%～7.2%，总糖72%～80%)和脱腥脱脂大豆粉(总蛋白40%～50%，总糖30%～40%)，大米粉和脱腥脱脂大豆粉按2～4：1重量比混合均匀，按该混合粉重量计，加入乳类0.8%～4%和禽蛋1%～10%或不加乳类、禽蛋，加水调制成35%～50%的浆液，将该浆液升温至45～55℃，调节pH为7.0，按300～400国际单位/克蛋白质的量加入食用级中性蛋白酶，保持蛋白质水解2～3小时，至蛋白质水解度(DH)达10%～12%时停止蛋白质水解，将该水解液升温至100℃蒸煮25～40分钟，然后降温至70～90℃，调节pH为6.0～7.0，按5～10国际单位/克淀粉的量加入食用级淀粉酶，保持淀粉水解25～50分钟，至葡萄糖值(DE)达15%～20%时用加热方法杀酶，中止酶反应，然后冷却、过滤，在滤液中按5～10克/升滤液的量加入活性炭，该滤液在剧烈搅拌下经活性炭吸附处理1.5～2.5小时后过滤去除活性炭，滤液送至真空浓缩设备进行浓缩，去除其中1/8～1/4的水分得到水解原液，按该水解原液重量计，将0%～2.2%油脂与等量的甘油酯类乳化剂加热融化后，按0～1.5国际单位/毫升原液的量加入维生素A混合均匀，在搅拌下倒入加热至80℃左右的水解原液中，在充分混合后冷却，取250毫升水，其中加入食用级营养强化剂硫酸亚铁、硫酸锌、乳酸钙、L-蛋氨酸、维生素B_1、维生素B_2、维生素C，搅拌使其溶解，然后倒入原液中，该强化剂的用量为每升原液含铁、钙和维生素B_1、维生素B_2、维生素C为每日膳食需要量的1/3～2/3，按原液体积计，L-蛋氨酸添加量为100～200毫克/升，锌添加量为5～15毫克/升；按原液重量计，依次在原液中分别加入调味剂蔗糖0%～3%，柠檬酸0%～2%，果汁5%～20%或肉汁0.5%～1.5%，稳定剂羧甲基纤维素或卡拉胶0.2%～0.5%，香精0.01%～0.05%和防腐剂苯甲酸钠或山梨酸钾0.01%～0.02%，加水至固形物含量为20%～30%，搅拌均匀，此时在140℃下杀菌3～4秒钟，即得液体食品，并将成品用于罐装。

这种用天然原料制造的液体食品，具有原料易得、成本低、营养丰富、应用范围广等优点。它适用于手术病人和消化道疾病患者作为营养支持的无渣饮食，具有较大实施价值。

105. 人参膨化食品的制作方法

申请号：92106106　　公告号：1066567　　申请日：1992.03.27

申请人：付殿江

通信地址：(110041)辽宁省沈阳市大东区吉祥四路137号

发明人：付殿江

法律状态：授　权

文摘：本发明提供的是一种以人参粉、粮食和糖经膨化制成小食品的方法。其制作方法是：将人参去掉参颅和参脖，然后制成粉状或颗粒状的人参原料；将粮食经去除灰尘、砂子和其他杂物制成净化粮食，最后将5%～40%的人参原料、55%～85%的净化粮食与5%～30%的糖经均匀搅拌后制成混合料，再将混合料用膨化机膨化后制作出香酥的人参果。本方法生产工艺简单，其产品成本低，口感好，有利于消化和吸收，并能促进人体健康。

(三)黑米加工技术

106. 利用紫(黑)米制作营养粉丝的方法

申请号：88106397　　公告号：1032099　　申请日：1988.08.28

申请人：广东农科院农业生物技术研究所

通信地址：(510630)广东省广州市五山

发明人：曹静江、周　林、赖来展、刘毅敏、阮雪薇、韦戴兴、肖绚莹

法律状态：授　权　　法律变更事项：因费用终止日：1995.10.18

文摘：本发明是一种粮食深加工技术，特别是紫(黑)米粉丝制作技术。它将黑米经干磨法或水磨法磨成米粉后经压滤、蒸煮、出丝、造型和晒干工艺制成。本发明是可以利用紫(黑)米糙米(包括某些珍稀稻米品种如红米或香米糙米)通过冷水快速冲洗，浸泡8～15小时，加入少量滑润增韧料及充分利用浸泡紫(黑)米的米水进行磨浆，再压滤、蒸煮、出丝、造型、晒干工艺制成。

107. 三珍羹的生产方法

申请号：90100642　　公告号：1053882　　申请日：1990.02.08

申请人：西安市制糖厂

通信地址：(710082)陕西省西安市西关人民西村55号

发明人：陈　诚、韩满良、李华亭、徐保国

法律状态：实　审　　法律变更事项：视撤日：1993.12.29

文摘：本发明是一种方便、保健食品——三珍羹的生产方法。其配料包括黑米、莲子、大枣、白糖，三珍羹的配方是由主料和副料组成。主料是：黑米粉62%～70%，红枣粉5%～8%，莲子粉5%～8%；副料是：冰糖粉5%～8%，白糖粉12%～20%。其主要工艺是：筛选→清洗→去核→切丝→烘干→膨化→粉碎和混合→包装等。它生产的目的是使这种具有滋补美食和药膳的天然保健食品食用大众化，适合于工业大规模生产。这种食品携带、食用方便，是一种不加任何添加剂的天然保健食品。

108. 黑米芝麻酥的生产方法

申请号：90106859　　公告号：1059084　　申请日：1990.08.21

申请人：王安民

通信地址：(710302) 陕西省户县胶囊厂

发明人：王安民

法律状态：公开/公告　　法律变更事项：视撤日：1993.08.18

文摘：本发明是一种黑米芝麻酥的生产方法。它包括冲洗去杂、成型、油炸、喷撒调味料及包装工序。先将黑米、大米、小米、玉米糁原料浸入由蔗糖、麦芽、蜂蜜配制成的糖化液内进行糖化浸泡处理，然后捞出冷却至20～30℃，再加入粉状的黑芝麻、黄豆、花生、绿豆及土豆泥辅料进行搅拌后在80～90℃的温度下焖蒸40～60分钟，待冷却后再将粉状的中药加入拌匀、成型、油炸至熟。该产品对于人体具有滋阴补肾、健腰益肝和明目、乌发的药用价值和营养保健作用。

109. 黑米快餐粥的制作方法

申请号：90109602　　公告号：1051848　　申请日：1990.11.24

申请人：陕西省秦洋食品饮料有限公司

通信地址：(723300) 陕西省洋县城关镇

发明人：翟映雪、许　峰、张佛民

法律状态：实　审　　法律变更事项：视撤日：1996.09.25

文摘：这种黑米快餐粥的制作方法是将黑米粉、白糖粉、糊精、羧甲基纤维素钠按一定配方混合，加入适量的粘合剂搅拌均匀，经制粒、整粒过程，制作出褐红色的颗粒状的制品，即为黑米快餐粥。其配方及工艺流程是：①配方：黑米粉（60%～90%），干白糖粉（10%～40%），糊精（微量），羧甲基纤维素钠（微量），粘合剂（为以上原料总量的5%～10%）；②工艺流程：按配方将黑米粉、干白糖粉、糊精、羧甲基纤维素钠称重配料→搅拌均匀→加入粘合剂→搅拌→制粒→烘干→整粒（筛去细粉，去掉大颗粒）→包装→检验→出厂。黑米快餐粥营养丰富，含有多量蛋白质、脂肪、维生素等。还含有人体必须的8种氨基酸。这种制品用开水冲食时，崩解快，不分层，不结块，具有浓香的黑米粥味。

110. 一种制作黑米原浆的工艺方法

申请号：92105717　　公告号：1081069　　申请日：1992.07.11

申请人：大连黑米商务会社

通信地址：（116021）辽宁省大连市沙河口区鞍山路85号

发明人：刚　扬

法律状态：公开/公告　　法律变更事项：视撤日：1995.09.27

文摘：本发明是一种制作黑米原浆的工艺方法。它的制作方法是：将脱谷壳后的黑米以通用的碾米机制取含有黑色素和粗纤维素的黑皮外层粉末，将所制得的黑皮外层粉末浸泡于含乙醇60%～83%的食用酒精和水中；它们配比组成的重量百分比是：黑皮外层粉末20%～31%，含乙醇60%～83%的食用酒精41%～52%，其余为水；并在常温下经60～72小时浸泡处理后，用食品滤布过滤获取黑米原浆溶液；然后将黑米原浆溶液施以真空蒸馏及油水分离浓缩制成黑米原浆。由于它制作简易，成本低廉，并富含人体必需的赖氨酸等多种氨基酸和锌、铁、锰、硒、磷元素，可用它来配制具有高级营养的黑米系列饮料、饼干、糖、医药用口服液等。

111. 绞股蓝黑米养生宝

申请号：93105264　　公告号：1080482　　申请日：1993.04.30

申请人：陕西省城固县工贸实业公司

通信地址：(723200)陕西省城固县工商联

发明人：张升信

法律状态：公开/公告　　法律变更事项：视撤日：1997.02.12

文摘：这种绞股蓝黑米养生宝是将绞股蓝粉、黑米粉、熟化的黑芝麻、黑大豆、核桃仁、花生米混合辅料粉以及奶油、香料按一定比例充分混合均匀制成的具有营养保健功效的方便食品。其配比组成和制作方法是：①绞股蓝黑米养生宝的配比组分是：主料：绞股蓝粉(80目)5%～10%，黑米粉(100目)60%～80%，白糖粉(80目)10%～20%，奶油0.05%～0.15%，香精0.01%～0.05%；辅料(80目)5%～10%，辅料组分中黑芝麻、黑大豆、核桃仁、花生米按3：2：2：2的比例混合。②制作方法：按配比组分先将主料中的黑米膨化、粉碎过筛与其他主料混合均匀后再加入熟化、粉碎、过筛的辅料，搅拌混匀。绞股蓝黑米养生宝特点之一是集营养与保健为一体，形成祛病强身、滋补养生、养容健体、抗老防衰的方便食品；特点之二是食用方便，食用时只需向粉剂中冲入适量的开水，即可达到粘、甜、香、醇的独特风味。

112. 黑糯米饮料及其生产方法

申请号：93110554　　公告号：1089454　　申请日：1993.01.14

申请人：盐城名特优农副产品开发公司

通信地址：(224002)江苏省盐城市通榆中路9号

发明人：顾根宝、何顺椹、朱佩君

法律状态：实　审　　法律变更事项：视撤日：1997.05.21

文摘：本发明是一种以黑糯米为原料的碳酸饮料及其生产方法。其配方为：①黑糯米皮及胚芽原液配料(重量份)为：黑糯米皮及胚芽混合物1份，饮用水30～40份；②黑糯米碳酸饮料配方(以每瓶500毫升计)：黑糯米皮及胚芽原液80～100毫升，甜味剂50～60克，酸味剂0.2～0.5升，防腐剂0.2～0.5克，稳定剂1.2～1.6克(浓度2% 60～80毫升)，碳酸水加至500毫升。它以富含天然色素和营养价值及药用功能的黑糯米皮及胚芽的混合物为主要原料，添加甜味剂、酸味剂等辅料，经煮沸、过滤混合、静置、均质、调制碳酸水等工序制成营养丰富，色泽独特，美味可口的黑糯米碳酸饮料。本发明为“黑色食品工程”增添了一枝奇葩，比目前已开发的黑米粥和黑糯米酒更具有发展前途。

113. 一种黑米粥罐头及加工方法

申请号：93110685　　公告号：1094239　　申请日：1993.04.23

申请人：周金桂

通信地址：(415600) 湖南省安乡县房产开发公司

发明人：周金桂

法律状态：公开/公告　　法律变更事项：视撤日：1996.09.11

文摘：本发明是一种黑米粥罐头及加工方法。其制作加工方法是：①以黑米为主料，制作纯黑米粥，也可以配一种或数种辅料。主辅料重量之比为7∶3，可根据消费习惯适当调整。洗净后的黑米加水2倍浸泡12～24小时，再加水6倍，经蒸煮，黑米煮成粘稠粥状即成黑米粥。配辅料时，将辅料加水2倍浸泡，再加水3倍蒸煮，煮至烂熟为止。将黑米粥、辅料、风味调料调拌，制成系列黑米粥；②黑米粥制成后，装入易拉罐内，封罐、灭菌，即成黑米粥系列罐头。此罐头以黑米为主料，选用莲子、花生仁等为辅料，另加风味调料调拌而成。

该黑米粥系列罐头具有补血、补气双重食补功效，对恢复期的病人，老、幼、体弱者及孕妇有明显滋补作用。本品可保存24个月，易于保存携带，便于食用。

114. 一种天然黑米原汁保健饮料及加工方法

申请号：93115521　　公告号：1088761　　申请日：1993.09.23

申请人：周金桂

通信地址：(536000) 广西壮族自治区北海市中山东路374号

发明人：周金桂

法律状态：实　审　　法律变更事项：视撤日：1998.05.20

文摘：本发明是一种天然黑米原汁保健饮料及加工方法。其制作加工方法如下：①以黑米为原料，洗净后用冷水或纯净饮料水浸泡24小时左右，水的用量以淹没黑米为准。吸水后米的重量约增加30%。②

提取色素：第一，浸泡出的红色水溶液从容器中排放出来，留置备用；第二，加入浓度为98%的食用乙醇（乙醇与干米重量比为3∶1），将容器密封浸泡4小时控制温度在60℃左右并搅拌几次；第三，排放乙醇浸泡液，用留置的红色水溶液淋洗黑米上残留的乙醇2次，将乙醇浸泡液和红色水溶液同倒入另一密封容器内；第四，真空泵减压浓缩，温度控制在60℃左右，真空度53.3千帕左右，将乙醇提出，可重复使用。容器内剩下深紫红色的黑米色素浓缩液，留置备用。③将黑米捞起、蒸熟，将黑米饭用开水或纯净饮料水淋冷至30℃，沥干，拌入1‰～5‰的根酶，拌匀后放入容器内糖化，保持温度在30～32℃，约56小时，淀粉逐渐被糖化为液体。④待液体糖度达到40°时停止糖化，加入30℃左右冷开水或纯净饮料水约150%（以干米重量计算）。先将淋冷黑米饭的水加入，然后补足水量。加入万分之一的复合酵母（以干米重量计算），搅拌均匀，保持温度30～32℃发酵，约9小时。⑤用离心或压榨的方法提取原汁液体，倒入黑米色素浓缩液。用柠檬酸调节液体的pH值，使pH小于7，加入适量的水和砂糖，将液体调对至浅粉红色、鲜红色或紫红色（颜色因pH不同而不同），甜度为16°～20°，搅拌均匀即成饮料。⑥将饮料加温至95℃以上，使其停止继续发酵，计量装听，封罐，灭菌，即成保健饮料成品。黑米是历代皇家贡米，富含白米所缺少的天然黑色素、补血铁质，维生素C等。此饮料汁保持了黑米的天然成分，富含多种氨基酸，香味浓郁独特，不含任何人工合成成分，是黑米的原汁原色原味，集营养、滋补保健、美容三重功效于一体。

115. 黑米醪糟及其配制工艺

申请号：93118606　　公告号：1086967　　申请日：1993.10.08

申请人：王　龙

通信地址：（713700）陕西省咸阳市泾阳县北极宫南段文庙巷10号

发明人：王　龙

法律状态：公开/公告　　法律变更事项：视撤日：1997.02.12

文摘：本发明是一种黑米醪糟及其配制工艺。它是由黑米、酒曲和水组成。其配制工艺流程是:选料除杂→浸泡处理→清洗处理→笼蒸处理→加曲发酵→稀释处理→灭菌处理7道工序配制而成。按本发明制作的黑米醪糟不仅具有食用价值,而且还具有滋阴补肾、健脾养肝、增乳补血等保健作用。

116. 一种黑奶粉及其制备方法

申请号:94103390　　公告号:1110085　　申请日:1994.04.05

申请人:王忠臣、陈吉泰、郑文龙

通信地址:(101301)北京市顺义县牛栏山镇黑珍珠饮料公司

发明人:陈吉泰、王忠臣、郑文龙

法律状态:公开/公告　　法律变更事项:1998.05.13

文摘:本发明为一种黑奶粉及其制备方法。本黑奶粉主要含有黑米、泰国香米、黑芝麻、可可粉、磷脂和奶粉。其中各组分的重量含量如下:黑米50%～75%,泰国香米2%～10%,黑芝麻1%～5%,奶粉2%～10%,可可粉10%～15%,磷脂1%～10%。制备时只要将黑米烘干,与泰国香米、黑芝麻一起膨化,粉碎,再与奶粉、可可粉、磷脂混合烘干即可得。本黑奶粉含有多种维生素和微量元素,特别是含有的微量元素硒具有防癌、治癌等功效,对克山病、心脏病等也有防治作用。

117. 保健黑米粥及其制备方法

申请号:94105494　　公告号:1113700　　申请日:1994.06.06

申请人:吴伟平

通信地址:(515041)广东省汕头市菊园31幢102

发明人:吴伟平

法律状态:公开/公告

文摘:本发明是一种保健黑米粥及其制备方法。该保健黑米粥是用主原料黑米与糖及滋补性中药组方的有效成分混合蒸煮而成的粘稠状粥。保健黑米粥既具有营养、食用特性,又具有保健功效,是一种有药用疗效、能增强人体机能、提高人体免疫力的新一代保健食品。

118. 紫糯米封缸酒的生产工艺及配方

申请号：88100474　　公告号：1034576　　申请日：1988.01.25

申请人：墨江哈尼族自治县酒厂

通信地址：(410304) 云南省墨江哈尼族自治县玖联镇

发明人：李忠富、任胜琼、杨桂兰、杨志生、杨忠信

法律状态：实　审　　法律变更事项：视撤日：1993.01.20

文摘：本发明是一种黄酒类新品种料酒——紫糯米封缸酒的生产工艺和配方。它的主要原料为云南特产之紫糯米。主要生产流程是：原料→浸渍→蒸煮→冷却→糖化发酵→压榨→澄清→过滤→勾对→灭菌→封缸陈化→调配→装瓶→灭菌→成品。所制得的产品酒度低，酒味醇和，营养丰富，具有保健作用，常饮对人体有益。

119. 黑银珠元宵(汤圆)及其制作工艺

申请号：94112668　　公告号：1124102　　申请日：1994.12.06

申请人：孙林昌

通信地址：(150010) 黑龙江省哈尔滨市道里区民安街 115 号

发明人：孙林昌

法律状态：公开/公告

文摘：本发明是一种黑银珠元宵(汤圆)食品及其制作工艺。它由馅和外皮构成。元宵(汤圆)外表呈黑色，所说的外表皮由黑粘米(黑糯米、贡米、紫米或黑糜子)加工成粉，或由其他颜色的糯米粉加黑色素添加剂制作。具体制作方法是：将黑色粘米用水清洗后浸泡 8 小时左右捞出，把水沥净，并对其进行粉碎，使之磨成粉或白色糯米粉加黑色素添加剂，便可作元宵(汤圆)的外表皮。其馅由白糖、精面粉、芝麻、花生米、青丝、葡萄干、水果、香油构成。将上述配料搅拌冷制切成小方块，将黑米粉和冷制的小方块馅用适量的水悬晃 3 次，然后冷冻，即为成品。这种外表呈黑颜色的元宵含有人体所必需的黑色素，是人们理想的黑色食品。

120. 黑糯米食品

申请号：95100327　　公告号：1127079　　申请日：1995.01.16

申请人：唐世海

通信地址：（550025）贵州省贵阳市花溪镇1号

发明人：唐世海

法律状态：公开/公告

文摘：这是一种黑糯米食品。它是以黑糯米、大米、玉米、棕榈油、蔗糖、水为主要原料，将原料粉碎搅拌均匀，经过高温挤压膨化切断成型，用高级植物油炸后，再用黑芝麻、五香粉、精盐、甜蜜素加工成的粉状配料喷洒，从而制成黑糯米食品。

121. 高营养黑米粉

申请号：95106829　　公告号：1137354　　申请日：1995.06.07

申请人：梁　炎

通信地址：（530031）广西壮族自治区南宁市石柱岭1路15号

发明人：梁　炎

法律状态：实　审

文摘：本发明是一种高营养黑米粉食品。它是以黑米为原料，经浸泡、洗米、磨浆或粉碎，高温蒸熟后，加入黑米量2%～5%的淀粉，10%～20%的面粉，0.3%～0.8%的食盐，搅拌，压粒成型，高温再蒸5～10分钟，送至米粉自熟成型机两次成型，保温2～5小时，干燥，即得成品。可根据需要做成直条米粉或波纹块状快餐米粉。该米粉保留了黑米所具有的多种营养成分，还有其独特的口感风味，经常食用，可滋阴补肾，健脾护肝，明目活血，护肤养颜，是一种新型的黑色食品。

122. 发酵型黑米饮料的生产方法

申请号：96117494　　公告号：1136901　　申请日：1996.03.22

申请人：何光华

通信地址：(400025) 重庆市江北区头塘正街 32-1 号

发明人：何光华、蔡志勇

法律状态：公开/公告

文摘：本发明是一种发酵型黑米饮料的生产方法。它以黑米为原料，经筛选、淘洗、浸泡、蒸熟、淋水降温、沥干、糖化。其具体生产方法是：①糖化后滤汁，加水稀释，降低糖度到 3°～4°；②按干黑米用量的 0.2%～1.5%重量接种乳酸菌，保温 15～30℃，持续 18～36 小时；③加与干黑米等量的水，调节 pH 值不低于 4，继续发酵 4～8 小时；④挤压或过滤得汁；⑤加温至 121℃，灭菌 10～15 分钟；⑥急冷，过滤，即得具有醪糟香气(与甜酒香同，但不含乙醇)、色泽紫黑晶莹、透亮、口味酸甜适度的发酵型饮料——黑米香液。

123. 黑米香香的生产工艺方法

申请号：93111931　　公告号：1098600　　申请日：1993.08.13

申请人：四川省蒲江米花糖实业总公司

通信地址：(611363) 四川省蒲江蒲圹路老五店工业区

发明人：陈贵良、王开旭

法律状态：实　审　　法律变更事项：视撤日：1998.10.21

文摘：本发明是一种黑米香香的生产工艺方法。它选用优质黑米，经过阴制、膨化、拌和、成型等工序，生产出黑米香香。其生产工艺方法简单，1 次成型，所需设备少，生产出的黑米香香酥脆爽口、不粘牙，保持原材料质地和香味，含糖量少，有益于人体健康，是营养保健理想食品，保存期长。

124. 一种黑米保健饮料

申请号：93112092　　公告号：1097569　　申请日：1993.07.23

申请人：沈阳有色冶金机械总厂工贸公司

通信地址：(110026) 辽宁省沈阳市铁西区肇工北街 11 巷 4 号

发明人：王泓炜、魏宝军、吴春尧、夏晓军、徐海鹏

法律状态：公开/公告　　法律变更事项：视撤日：1996.12.11

文摘：这是一种黑米保健饮料。它是由黑米、薏米为主要原料，同时加入五味子、枸杞子、红枣等原料，适当加入砂糖、蜂蜜和精盐，按一定比例混合，经过煮、过滤等工艺过程生产而成。其中黑米、薏米、五味子、枸杞子、红枣的重量比为40～60：8～12：2～4：8～12：20～30。它不但具有生津止渴的功效，还具有营养价值高、口感好的特点，长期饮用对人体某些疾病也有一定辅助疗效。

125. 三黑芝麻糕及其生产方法

申请号：95113003　　公告号：1123099　　申请日：1995.09.21

申请人：张勇强

通信地址：(612560)四川省乐山市仁寿县东街79号

发明人：张勇强

法律状态：公开/公告

文摘：本发明是一种三黑芝麻糕及其生产方法。该三黑芝麻糕中的各组分配比(重量百分比)如下：黑芝麻粉10%～20%，黑米粉1%～10%，黑豆粉1%～10%，核桃仁10%～20%，搅砂糖40%～60%，熟面粉5%～10%，糕粉5%～10%，蜂蜜5%～10%，油脂2%～4%。它的生产工艺简单，生产出的三黑芝麻糕营养丰富，色鲜味美，柔熟细嫩，香甜化渣，食用方便，是老少皆宜的保健食品。

126. 长寿人参黑米八宝粥

申请号：94116285　　公告号：1105821　　申请日：1994.09.24

申请人：吴振耀

通信地址：(723000)陕西省汉中市汉中路44号汉中福利工贸公司

发明人：吴振耀

法律状态：公开/公告　　法律变更事项：视撤日：1998.02.18

文摘：本发明是一种经蒸煮及高温灭菌并含有人参等中药成分的长寿人参黑米八宝粥。长寿人参黑米八宝粥的制作方法是：①选取黑米50～150克的若干倍量，并经浸洗、除杂；②选取人参、大枣、枸杞子、大蒜、洋葱、核桃仁、花豆、花生仁各30～55克的若干倍量；③取蜂蜜、白糖、大肉各20～40克的若干倍量；④将①中的黑米加3～6倍的水蒸煮1.5～2.5小时；⑤将②、③中的各种物料混合均匀后蒸45～75分钟；⑥将经④、⑤步骤处理过的黑米以及其他各种物料混合均匀后，即得长寿人参黑米八宝粥。长期食用长寿人参黑米八宝粥，能增加人体活力，促进新陈代谢，减少疾病，延年益寿。

（四）玉米加工技术

127. 一种提高粉丝耐煮性的方法

申请号：88108741　　公告号：1043609　　申请日：1988.12.27

申请人：北京市食品研究所

通信地址：（100027）北京市东城东总布胡同弘通巷3号

发明人：丛小甫、李　非

法律状态：准备审定公告　　法律变更事项：视撤日：1993.07.21

文摘：本发明是一种提高粉丝耐煮性的方法。其制作过程是：①从褐藻酸钠、琼脂、卡拉胶、果胶等凝胶性高分子化合物中任选1种，将其配制成百分浓度为0.8%～5%的水溶液，搅拌均匀静置4～7小时；②用上述水溶液与淀粉混合搅拌均匀，水溶液与淀粉的重量比为1∶2；③将上述的混合物送入粉丝机，经粉丝机糊化成型后，制成初级粉丝制品，并将其置阴凉处4～6小时；④将粉丝进行凝胶化处理，任选1种溶解性好的，对人体无害的2价金属盐配成百分比浓度为1%～5%的水溶液，将粉丝放入此溶液中浸泡，浸泡4～6小时后，即可将粉丝捞出用清水洗净，经风干后便成为成品粉丝。上述反应也可以用pH值小于4.5的可食用酸溶液代替2价金属盐溶液浸泡粉丝，浸泡4～6小时后，将其捞出。用清水洗净、风干后，即成为成品粉丝。它利用在粉丝中添加食品添加剂生成不可逆的、热稳定性良好的凝胶，提高了粉丝的耐煮性。使用本发明生产玉米及薯类粉丝，粉丝质量可达到豆类粉丝的各项性能指标。本发明亦可应用于米线的生产，用该方法制作可提高米线的耐煮性。

128. 方便玉米粥的制作方法

申请号：89102572　　公告号：1046447　　申请日：1989.04.20

申请人：长春市宽城区食品研究所

通信地址：(130012) 吉林省长春市南昌路2号

发明人：陈林群、高忠喜、金云泽

法律状态：公开/公告　　法律变更事项：视撤日：1992.08.26

文摘：本发明是用玉米加工成方便玉米粥的制作方法。其制作步骤是：①以玉米为原料，将玉米去除杂质，脱壳去胚，制成玉米糁；②将制成的玉米糁调整水分，使其水分含量为20%～30%，再将玉米糁经粉碎制成48目的粗粉；③将粉碎的48目玉米粗粉放入挤压机中挤压蒸煮成条状，并用高速切粒机将挤出的条状物切成3毫米长，切断后用热风将水分调整到13%，即制成产品。这种方便玉米粥仅用热开水冲调3～5分钟即成味美可口的玉米粥状食品，具有加工简单，不破坏玉米的营养成分，缩短了加工过程，降低了生产成本，是日常生活及旅行佳品。

129. 玉米快餐粉生产方法

申请号：89105712　　公告号：1046839　　申请日：1989.05.01

申请人：张炳林

通信地址：(413403) 湖南省桃江县栗山河乡毛羊坪村

发明人：张炳林

法律状态：公开/公告　　法律变更事项：视撤日：1992.09.23

文摘：这是一种玉米快餐粉生产方法。它是将玉米去皮后，进行热处理、磨粉、掺入添加剂拌料、进机出粉丝、时效处理、搓散、计量成型、烘干。其工艺流程为：玉米去皮→热处理(温度80～100℃，时间3～7分钟)→磨粉→掺入添加剂拌料→进机出粉丝→时效处理(150～210分钟)→搓散→计量成型→烘干(温度40～65℃)→包装。这种生产方法制作工艺简单可靠，不烧煤，不磨浆，能耗低。用本方法生产的粉丝，不改变玉米的营养成分，开水浸泡几分钟后加入佐料即可食用。

130. 改善即食玉米粥风味的工艺方法

申请号：90110027　　公告号：1062644　　申请日：1990.12.28

申请人：长春市粮食科学研究设计所

通信地址：(130051)吉林省长春市铁北二路47号

发明人：刘宝华、王怀玉、王　莉、张林秀

法律状态：公开/公告　　法律变更事项：视撤日：1994.04.20

文摘：这是一种改善即食玉米粥风味的工艺方法。其包括挤压膨化前的工艺处理和膨化挤压粉碎工序。在挤压膨化工序前先用碳酸氢钠水溶液或用碳酸钠水溶液喷洒玉米楂，水溶液配比为：碳酸氢钠或碳酸钠占被喷洒玉米楂总量的0.3%～0.7%，喷洒后的玉米楂含水量在18%～22%，放置2小时以上，再经膨化、粉碎即成方便米粥。

131. 生物脱臭精制玉米糊生产工艺

申请号：91100521　　公告号：1053531　　申请日：1991.01.26

申请人：长春市食品工程应用研究所

通信地址：(130041)吉林省长春市长春大街134号

发明人：杨云芬、张砚海

法律状态：实　审　　法律变更事项：视撤日：1993.12.15

文摘：本发明属于玉米深加工的一种方法。它的生产方法是：①原料玉米经除杂脱皮，去脐；②在温度95±5℃水中灭菌5～10分钟；③在温度37±5℃，pH 6.5±0.2条件下发酵48～72小时，脱水；④粗粉碎后，加入15%水，再经超细研磨机研磨，脱水得脱臭精制玉米糊。该玉米糊可作为饼干、糕点、面包等食品添加剂，既增加纤维素成分，又无臭味，口感好。

132. 玉米晶丝制作工艺方法

申请号：91102184　　公告号：1065383　　申请日：1991.04.04

申请人：浙江省老龄康乐总社淳安康乐食品厂

通信地址：(311700) 浙江省淳安县新安大街188号

发明人：郑国海

法律状态：公开/公告　　法律变更事项：视撤日：1995.02.15

文摘：这是一种以玉米为原料的玉米晶丝制作工艺方法。该制作方法由筛选→浸泡→打浆→过滤→沉淀→取晶→配方→压榨→成型→烘干→包装等工序组成。用玉米晶丝制作的工艺方法，采用高山生长期长的优质玉米为原料，生产的玉米晶丝不仅含有人体所必需的各种微量元素和氨基酸，而且适口性好，对患有冠心病、动脉硬化、心脑血管病等具有良好的食疗作用。

133. 甜玉米乳饮料加工方法

申请号：92107165　　公告号：1080494　　申请日：1992.09.27

申请人：湖南省石门县罐头厂

通信地址：(415300) 湖南省石门县城西

发明人：刘景忠、刘　琦、唐植英、易文浩、钟　桦

法律状态：公开/公告　　法律变更事项：视撤日：1996.09.04

文摘：甜玉米乳饮料加工方法，其原料成分为甜玉米汁、糖、乳(脱脂乳或脱脂乳粉)或者不加乳，加工时采用甜玉米破碎打浆→滤汁→加热煮沸→浆渣分离→调配→均质→罐装→杀菌→保温的工艺。

该甜玉米乳饮料香味浓郁，风味独特，营养丰富，富含果糖、蛋白质、脂肪及丰富的维生素E、谷维素等，必将受到国内外市场的广泛青睐。

134. 囫囵玉米粥及其加工方法

申请号：93102730　　公告号：1092611　　申请日：1993.03.18

申请人：张振生

通信地址：(102400) 北京市房山区城关镇南沿里1号房山区第一医院

发明人：王淑珍、张长贵、张振生

法律状态：公开/公告　　法律变更事项：视撤日：1998.05.20

文摘：本发明为囫囵玉米粥及加工方法。该粥的成分为囫囵玉米、紫芸豆、花生米、栗子及蔗糖。它的制作方法是：先将去皮玉米加入适量的紫芸豆、花生米、粟子及少量蔗糖等辅料和水装入罐头瓶内或易拉罐内封口，尔后经高温高压处理，使其达到消毒。蒸熟玉米并使其中部分支链淀粉转化成直链淀粉，以求达到口感香甜之目的，从而使食物更为合理，更适合人们的口味，有利于提高身体素质。做到既满足人体的合理营养之需，又是非常方便的快餐食品，是玉米深加工的有效途径。

135. 鲜嫩玉米乳粉

申请号：94100144　　公告号：1105202　　申请日：1994.01.15

申请人：高晓峰

通信地址：(158322) 黑龙江省密山市 857 农场粮油加工厂

发明人：高晓峰、高晓舟

法律状态：授　权

文摘：本发明是一种鲜嫩玉米乳粉的制备方法。它包括提取鲜嫩玉米乳汁，进行匀质处理，灭菌处理，浓缩和干燥。还可在乳汁中加入如谷氨酸等调味和营养成分，所得到的玉米乳粉还可与奶粉混合。用上述制备方法制得的乳粉具有食用方便、营养丰富、鲜香可口等特点。

136. 营养玉米浆的生产方法

申请号：94113033　　公告号：1125060　　申请日：1994.12.20

申请人：田大成

通信地址：(610041) 四川省成都市武侯祠大街 4 号四川省农牧厅

发明人：田大成

法律状态：实　审

文摘：这是一种营养玉米浆的生产方法。其生产过程是：将玉米经去杂处理后浸泡 5～10 分钟，送入粉碎机粉碎后，去皮，用筛去面，留取颗粒，加添加剂 Ⅰ 浸泡 12～24 小时；再加添加剂 Ⅱ 浸泡 6～15 小时，进行过滤，加入40%～65%的水(玉米重量的)，在铰磨机内磨浆；再加添加剂 Ⅲ 自然发酵24～48 小时，在 pH 4～6.5，温度 25～35℃条件下保温一段时间，加强化剂后包装，冷藏。

本发明提供的营养玉米浆的生产方法简单，容易掌握，其生产的产品品质好，味美，口感细腻，味道清香爽口，且营养价值高，有食疗、食补的功能。

137. 青玉米原浆食品及加工方法

申请号：94115474　　公告号：1117808　　申请日：1994.08.31

申请人：刘春阳

通信地址：(150300) 黑龙江省阿城市公安局服务公司

发明人：刘春阳

法律状态：公开/公告　法律变更事项：视撤日：1998.05.13

文摘：这是一种青玉米原浆食品的加工方法。其中包括玉米精选后进行如下的制作加工：以青嫩玉米果实为主要原料，剥去外皮，精选优质果实，清洗干净后用机械制浆研磨，中间冷冻贮藏，溶解后加入天然蔬菜、面粉、食用菌、豆类、干果、果脯类、肉蛋、植物油与蔗糖，按重量比调制均质，速冻、烤制、膨化、灌制制成青玉米原浆食品。此食品原料丰富，有天然物质的清香味，并含有多种维生素，矿物质，是人体必需的8种氨基酸，以及粗纤维和抗癌因子，有利于人体的健康。

138. 南瓜玉米香粥粉

申请号：95101576　　公告号：1110518　　申请日：1995.02.24

申请人：王　华

通信地址：(236515) 安徽省界首市代桥镇界首制佳香粥厂

发明人：王　华

法律状态：公开/公告

文摘：本发明是一种以南瓜、玉米为主要原料的食品。其技术方案要点是：南瓜粉占15%～45%，玉米粉占30%～70%，小米粉、燕麦粉、红枣粉、黑芝麻粉、蔗糖共占15%～25%。经过精细加工，混和而成纯天然南瓜玉米香粥粉，用沸开水调和为糊状，即可食用。本产品香甜适宜，口感细腻，质好味佳，营养价值高，具有食补、食疗之功效。

139. 胡萝卜玉米香粥粉

申请号：95101577　　公告号：1110519　　申请日：1995.02.24

申请人：王　华

通信地址：(236515) 安徽省界首市代桥镇界首制佳香粥厂

发明人：王　华

法律状态：公开/公告

文摘：本发明是一种以胡萝卜、玉米为主要原料的食品。其技术方案的要点是：胡萝卜粉占12%～45%，玉米粉占25%～65%，燕麦粉、大枣粉、黑芝麻粉、甜味剂共占23%～30%。经过精细加工、混和而制得的纯天然胡萝卜玉米香粥粉，用沸开水调和即为糊状，即可食用。其优点是充分利用了胡萝卜及玉米等物质的营养价值，具有食补、食疗之兼用功效。

140. 高膳食纤维制品的生产工艺

申请号：95102837　　公告号：1132039　　申请日：1995.03.25

申请人：北京市营养源研究所

通信地址：(100054) 北京市右安门外东滨河路

发明人：汪锦邦、伍立居、李　平

法律状态：实　审

文摘：本发明是一种高膳食纤维制品的生产工艺。它以豆科植物及玉米种皮为原料，通过糊化、酶解法降解及洗脱除去淀粉及部分杂质后得到高含量、非可溶性膳食纤维制品。其制作方法包括以下几个步骤：①取一定量经粉碎、过筛的豆科植物种皮或玉米种皮，加入2～10倍(重量比)的水，进行糊化，温度保持在70～100℃之间；②向糊化液中加入0.2%～5%(重量百分比)的α-淀粉酶将淀粉水解，反应条件是pH 5～10，温度50～80℃，时间0.5～3小时；③淀粉水解后，经过滤、洗涤、干燥，冷却后经粉碎、过筛、包装即制得成品。该制作方法工艺简便，所提取的膳食纤维产品中，非可溶性膳食纤维含量大于或等于50%，不含糖及淀粉，所含蛋白质为结构蛋白质，不能分解产生能量，产品以颗粒形式存在，具有降脂、减肥、防糖尿病及治疗便秘等作用，可作功能性食品原料。

141. 一种玉米食品的加工方法

申请号：95105518　　公告号：1138421　　申请日：1995.06.20

申请人：毕俊英

通信地址：(100037) 北京市西城区北礼士路甲 98 号

发明人：毕俊英

法律状态：公开/公告

文摘：本发明为一种玉米食品的加工方法。其制作加工应经过以下步骤：原料预处理、粉碎磨制、热解糊化、调和配料和压制成型等。下面分别详述其过程：①原料预处理，先筛选玉米，去除杂质，然后浸泡40～60 小时；②粉碎磨制，将浸泡过的玉米粉碎，经过筛洗，沉淀，即得玉米水淀粉，然后脱水至含水量在 40%～50%；③热解糊化，将水淀粉加热进行热解糊化处理，温度控制在 65～85℃，然后冷却，得到黄色糊精；④调和配料，按比例调和水淀粉和糊精，水淀粉和糊精的比例为 4.5～10：1，混合均匀后两次脱水，使含水量控制在 40%以下；⑤压制成型，即按所需食品压制成形。这种玉米食品加工方法的优点是工艺简单，彻底解决了玉米淀粉粥样化的问题，加工出的食品光滑、爽口、细腻、口感好。

142. 玉米汁(糊)的加工方法

申请号：95118159　　公告号：1130481　　申请日：1995.11.07

申请人：储汝诚

通信地址：(650300) 云南省安宁县连然镇机关李成珠转

发明人：储汝诚

法律状态：公开/公告

文摘：本发明是一种玉米汁(糊)的加工方法。它是以干玉米为原料制备的玉米风味食品，既保持了玉米的营养成分，又为干玉米的深加工找到了一条出路。它的制作工艺过程是：将干玉米粒破碎成米粒状→

经淘洗后浸泡 2～16 小时→滤水→打浆经过滤得原浆→按原玉米重量加入 2～20 倍水→煮沸→调配→灌装灭菌即成玉米汁。

143. α-南瓜玉米粉

申请号：96112583　　公告号：1149983　　申请日：1996.09.20

申请人：黑龙江餐王保健食品有限公司

通信地址：(150036) 黑龙江省哈尔滨市香坊区中山路 65 号

发明人：鲍　丹

法律状态：公开/公告

文摘：这是一种保健食品 α-南瓜玉米粉。其所含成分由 α-玉米粉、α-南瓜粉、植脂末、盐、香兰素及天门冬氨酰苯丙氨酸甲酯组成。各成分的含量(重量)为：α-玉米粉 60％～80％，α-南瓜粉 10％～30％，植脂末 2.0％～8.0％，盐 0.3％～1.5％，香兰素 0.2％～1.5％，天门冬氨酰苯丙氨酸甲酯 0.1％～0.5％。本产品用温开水冲调食用，可作为正餐的佐餐食品或饮品食用；糖尿病患者长期食用，病情得到明显的缓解；非患者食用可起到保健作用。

144. 全天然复合髓钙多素食品及其制作方法

申请号：96115129　　公告号：1158226　　申请日：1996.02.27

申请人：宋甲祥

通信地址：(150001) 黑龙江省哈尔滨市南岗区新宣化街 32 号大远酒楼

发明人：宋甲祥

法律状态：公开/公告

文摘：本发明是一种全天然复合髓钙多素食品及其制作方法。其各成分的配比是：玉米淀粉 30％～40％，胡萝卜粉 6％～8％，核桃仁 3％～4％，牛骨髓油 3％～4％，葡萄干 3％～4％，枣粉 1.5％～2.5％，骨干粉 6％～8％，其余为富硒小麦粉。这种营养保健快餐食品采用的植物原料含有人体必需的优质蛋白、脂肪、碳水化合物、多种不饱和酸，膳食纤维，重要的有机矿物元素以及钙、磷、铁、硒、谷氨酸等 18 种氨基酸以及多种维生素，具有促进身体发育、健脑、强身等营养要素，对儿童、中老年人、孕产妇病人、体弱者、脑体力劳动者、运动员等起营养保健作用。

145. 营养型、药物型玉米、胡萝卜方便食品及其制备方法

申请号：95117998　　公告号：1128625　　申请日：1995.12.01

申请人：王　群

通信地址：(100027) 北京市东城区东中街 44 楼 6 门 403 室

发明人：王　群

法律状态：公开/公告

文摘：本发明属于营养型、药物型玉米、胡萝卜方便食品及其制备方法。它是一种经配制好的含人体必需的营养成分的营养型、药物型调料浓液浸泡，并浸透了该调料中的营养、药物成分的熟玉米、胡萝卜方便食品。它的制备方法是：将清洗干净的主要原料（玉米、胡萝卜）经连续滚压，使其变得松软后，放入调料浓液中充分浸泡，之后，再放入蒸煮(烤)箱内，蒸煮(烤)熟或油炸熟后，进行真空密封封装。即制得口味清香，甘甜，原味，且不受季节限制的营养型、药物型玉米、胡萝卜方便食品。它保持了玉米、胡萝卜的天然营养成分，还可根据不同的口味，不同需求制作的多品种玉米、胡萝卜方便绿色食品。本发明提供的方法操作简单、易行。

146. 一种脱皮爆玉米的制作方法

申请号：92111708　　公告号：1086394　　申请日：1992.11.02

申请人：彭凤英

通信地址：(416800) 湖南省龙山县新华书店

发明人：彭凤英

法律状态：公开/公告　　法律变更事项：视撤日：1996.02.07

文摘：本发明提供一种脱皮爆玉米的制作方法。它将玉米用 3%～10%的石灰水煮 30～40 分钟，滤出石灰水后，加热用冷水冲洗玉米，搅拌，分离玉米与玉米壳，并将脱皮后的玉米用清水冲洗 2～3 次后，用水

煮2～4小时，使玉米开花，趁湿加入佐料，晒干或烘干后放入150～200℃的植物油中炸20～40分钟。用这种方法制作的爆玉米，未完全爆开，且可制成多种口味、香脆且酥、容易存放。

147. 油炸玉米食品

申请号：93111644　　公告号：1098263　　申请日：1993.08.06

申请人：陈洪林

通信地址：(410205) 湖南省仪器仪表总厂光华实业公司

发明人：陈洪林

法律状态：公开/公告　　法律变更事项：视撤日：1996.12.11

文摘：本发明是一种油炸玉米食品。它采用颗粒饱满、色泽鲜亮的玉米为原料。它的制作工艺过程是：①浸泡：按水与纯碱的重量比为100：0.8～1.2的比例将玉米进行常温碱水浸泡，以碱水淹没玉米即可，直至玉米表皮胀大；②沸煮：将浸泡的玉米按湿玉米与碱水的重量比为10：18～22的比例进行水煮，沸煮时间为18～22分钟，所述含纯碱碱水浓度为0.4%～0.6%；③退皮：将沸煮后的玉米用清水过滤后进行搓揉，使表皮脱落而去除；④开花：将去皮后的玉米放入盛有清水的锅中进行沸煮，直至玉米煮成金黄色玉米花；⑤干燥、过筛：将玉米花滤干水分后进行干燥处理，直至无可见水分后过筛；⑥油炸：将过筛的玉米花放入植物油锅中进行热炸，直至玉米花浮上油面。并可在开花工艺中加入五香、盐、糖等佐料。本产品具有蓬松、脆嫩、可口的特点，色、香、味俱佳，富含各种营养成分。

148. 玉米方便食品营养速食餐深加工工艺

申请号：94115540　　公告号：1133685　　申请日：1994.09.13

申请人：冯贻培

通信地址：(100045) 北京市复兴门外三里河二区64门3号

发明人：冯贻培

法律状态：公开/公告　　法律变更事项：视撤日：1998.01.18

文摘：本发明是玉米方便食品营养速食餐深加工工艺技术。它是以玉米粒淀粉质粗粮为原料而进行的粗粮深加工，属于纯天然原料绿色食品。它通过对淀粉质玉米膨化果半成品的再次增湿和干燥烘焙，完成淀粉的水解和糊化(d 化)。最终使产品的成熟度高，成为快速溶解，复水性好的颗粒产品。从而，获得改进营养结构的有良好复水性的色、香、味、营养俱佳的速溶快餐食品。在破碎工序以前，本工艺对膨化果半成品不要作任何改变形状的加工处理(如蒸煮、混捏、挤条、压条等)。便于连续生产，便于操作维护。利用烘焙的余热和余湿，控制物料加工、热传递和质量传递过程，节约能耗，提高了产品的品质。因此，本工艺的工序联合运用为不可分解的整体。对本工艺各工序的组合方式保有权利。

149. 一种含鱼油的膨化食品

申请号：95119274　　公告号：1132042　　申请日：1995.12.03

申请人：张利民

通信地址：(071500) 河北省高阳县小王果庄乡博士庄

发明人：张利民

法律状态：公开/公告

文摘：本发明为一种含鱼油的膨化食品，属休闲食品。该食品含有鱼油、农麻油、玉米粉、调味剂，并将鱼油中加入矫味剂(农麻油)，使其均匀地包埋于膨化后的淀粉内。该产品具有纯食品的外观和色、香、味等。对于人的食欲具有诱惑力，其口感良好；能够提高机体的抗病能力，预防疾病；特别是有助于人的大脑必需的营养物质DHA 的加强和增强智力。

150. 一种速煮玉米红豆米的制作方法

申请号：92111899　　公告号：1087476　　申请日：1992.12.01

申请人：蔡　泓

通信地址：(136000) 吉林省四平市四平粮食学校

发明人：蔡　泓

法律状态：公开/公告　　法律变更事项：视撤日：1996.02.14

文摘：本发明公开了一种食品的制作方法，特别是一种速煮玉米红豆米制作方法。这种速煮玉米、红豆米制作方法中的玉米加工工艺是:投料→筛选→磁选→去石→剥皮破碎→重力分级→整形等。该玉米的加工还要再经过筛分、浸泡、蒸煮、干燥、冷却等工艺;红豆(小豆)的加工工艺是:投料→筛选→磁选→去石→精选→浸泡→蒸煮→干燥→冷却等工艺。尔后把玉米糙和红豆两种原料按比例混合、包装完成。本发明以玉米整形糙和红豆为原料,玉米和红豆的配比为85%~75%:15%~25%。该发明具有改善食品结构,提高食品的食用品质和营养价值,同时又能达到食用方便、快捷等优点。

151. 玉米豆面糕的制作方法

申请号:90106774　　公告号:1048311　　申请日:1990.08.11

申请人:王永胜、王凤山

通信地址:(100095)北京市北京分析仪器厂色谱二部

发明人:王凤英、王永胜

法律状态:公开/公告　　法律变更事项:视撤日:1993.07.28

文摘:本发明是一种用玉米面和豆面制作食品的方法。制作玉米豆面糕的方法是:使用玉米粉和大豆粉为原料,先将50%~85%的玉米粉和15%~50%的大豆粉混合均匀;把1.3~1.7倍于玉米粉和大豆粉混合粉重量的水在锅中烧开,并把混合粉均匀撒入锅中,待开水将混合粉浸透后,用搅拌器拧搅均匀;尔后用小火加热,并充分拧搅均匀;再用小火加热至熟,然后出锅,盛入容器中,即成糕状。本发明克服了现有制作玉米面食品中加入小苏打或食用碱而破坏了营养成分等不足。它有多种吃法,可作主食,也可以炸着吃,拌着吃。

(五)杂粮加工技术

152. 速溶薏苡仁精的制法

申请号:85108931　　公告号:1001109　　申请日:1985.12.01

申请人:林一中

通信地址:(350003)福建省福州市树兜省总工会宿舍208房间

发明人：林一中

法律状态：授　权　　法律变更事项：视为放弃日：1990.06.06

文摘：这是一种以薏苡仁为原料的速溶食疗饮料粉的制作方法。它以薏苡仁粉为基料，与其他可溶性混合料共混而成。其先将薏苡仁按下列工序制成薏苡仁粉，即浸泡→磨浆→过滤→除水分→烘干→膨化→碾磨，并将薏苡仁粉按30%～65%的比例与5%～20%的奶粉以及糖粉或可溶性中药共混成薏苡仁精。

153. 一种多维奶酪炒米工艺

申请号：91111115　　公告号：1072569　　申请日：1991.11.25

申请人：刘玉林

通信地址：(014010) 内蒙古自治区包头市郊区金巴图乡南圪堵村

发明人：刘玉林

法律状态：公开/公告　　法律变更事项：视撤日：1995.08.30

文摘：本发明是一种多维奶酪炒米的生产工艺。它首先用比重去皮机将糜子中的杂质剔除，然后将糜子用自来水浸泡，再用半封闭型滚筒炒锅炒制，用脱皮机将皮脱掉，将奶酪素、香精、糖或盐及多种维生素与炒米充分搅拌，最后在烘干器中烘干装袋。这种多维奶酪炒米工艺，在改进传统炒米加工工艺的基础上，采用现代化的生产办法制成的。它不仅大大提高了工作效率和延长了保鲜期，而且通过特殊工艺使炒米和奶酪两种食品融为一体而成为一种新型食品。

该食品具有色美、味香、营养丰富、鲜脆可口的特点，工艺可以采用流水线生产。

154. 一种降糖食品的制备方法

申请号：92102792　　公告号：1067157　　申请日：1992.04.25

申请人：刘颖耿

通信地址：(034000) 山西省忻州市健康西路忻州地区人民医院

发明人：刘颖耿

法律状态：授　权

文摘：这是一种降糖粉及降糖系列食品制备方法。其组分全部为纯天然营养食品。本发明的组分与含量为：燕麦粉 50～60，豆粉 20，麦麸 10，苦荞粉 10～20。各组分由如下预处理工艺制得：颗粒原料经筛选、去石、淘洗、去磁后，燕麦进行润麦、烘炒至微黄后，磨制、筛理为燕麦粉；豆类用热水浸泡蒸汽处理，剥皮磨制为豆粉；麦麸加酸处理；苦荞麦进行破碎、去皮后磨制为苦荞粉；各组分经预处理后，按比例搅和打匀即为降糖粉成品。

155. 薏米饮料的生产方法

申请号：92104462　　公告号：1079375　　申请日：1992.06.03

申请人：广州天河高新技术产业开发区百好博生物工程研究所

通信地址：(510174) 广东省广州市东风西路 142 号南油大厦 1015 室

发明人：罗　飞、张文会、张　毅

法律状态：公开/公告　　法律变更事项：视撤日：1995.08.30

文摘：本发明是一种薏米饮料的生产方法。这种薏米饮料的生产分预处理、磨浆过滤和调配 3 个步骤：在预处理步骤，用水浸泡洗净后的 1 份重量脱壳薏米在 2 份重量浓度为 3.0%～5.0%，温度为 60～80℃的氯化镁热水溶液中浸泡 2～3 小时并洗净；磨浆过滤步骤是预处理后的薏米加水磨浆。将所得的浆料加热保温，加入 0.05～0.08 份重量聚丙烯酸钠，过滤得薏米抽提液；调配步骤是在薏米抽提液中加入白砂糖，0.28～0.42 份重量海藻酸丙二醇酯，0.28～0.42 份重量羧甲基纤维素钠。其所得到的是无沉淀和分层现象的口感好、无异味的薏米饮料。

156. 荞麦保健食品

申请号：93100485　　公告号：1088748　　申请日：1993.01.01

申请人：赵广才

通信地址：(730000) 甘肃省兰州市滨河东路 202 号 402

发明人：赵广才

法律状态：公开/公告　　法律变更事项：视撤日：1996.04.03

文摘：本发明是一种具有保健作用的荞麦保健食品。它以苦荞麦粉为基料，辅以大豆蛋白粉，再添加枸杞子、人参、知母、活性钙等中草药天然成分。其配方重量百分组分为：苦荞麦面粉60%～80%，大豆蛋白粉15%～32%，枸杞子多糖0.5%～2.5%，知母皂甙0.2%～0.5%，人参多糖0.5%～1.5%，活性钙1.2%～4.3%。并将中草药用乙醇、水提取后；浓缩、烘干、制粉，与苦荞麦粉和大豆蛋白粉混合即可制成各式食品。这种荞麦保健食品进一步强化了荞麦食品对糖尿病、心、脑血管病的治疗作用，改善了单纯苦荞麦食品的口感，成本低、原料来源丰富，适于糖尿病、高血脂患者食用。

157. 一种保健食品及其制作方法

申请号：93114989　　公告号：1103262　　申请日：1993.11.27

申请人：赵忠祥

通信地址：(157011)黑龙江省牡丹江市爱民区海林公路97号

发明人：赵忠祥

法律状态：公开/公告　　法律变更事项：视撤日：1997.04.09

文摘：本发明是一种保健食品及其制作方法。其组分包括：海松子、大枣、枸杞子、莲肉、长生果、人参、芡实、薏苡仁、菰米、胡桃肉、玉竹、山药、糯米、蜂蜜、白糖。它包括下列组分(重量配比)：海松子1份，大枣1～2份，枸杞子0.5～4份，莲肉1～4份，长生果1～2份，人参0.2～1.5份，芡实1～4份，薏苡仁1～8份，菰米1.2～1.6份，胡桃肉1～3份，玉竹2～5份，山药0.5～4份，糯米4～8份，蜂蜜1～3份，白糖7～8份。这种保健食品，由于在组分中加入了药用成分，不但食用方便，还可以在经常服用中使一些疾病得到预防和治疗，尤其是老年人、儿童、病患者更为适用。

158. 苦荞系列保健食品——绿粒宝

申请号：93118680　　公告号：1101238　　申请日：1993.10.07

申请人：西北师范大学应用科技研究所

通信地址：(730070) 甘肃省兰州市十里店西北师大11楼204号

发明人：牛世全、王庆瑞、王晓东、王　漪、晏民生

法律状态：公开/公告　　法律变更事项：视撤日：1997.07.16

文摘：这是一种苦荞系列保健食品——绿粒宝。它是以苦荞为主要原料，配以山药、葛根、茯苓、甜菊总甙制成颗粒状冲剂。其成分配比如下：苦荞81%，山药10%，葛根6%，茯苓2%，甜菊总甙0.28%。这种保健食品，对控制糖尿病有显著的疗效。

159. 口服薏仁米营养保健液

申请号：93120962　　公告号：1091906　　申请日：1993.12.18

申请人：刘长生

通信地址：(666200) 云南省西双版纳州勐海县一中

发明人：刘长生

法律状态：公开/公告　　法律变更事项：视撤日：1997.05.07

文摘：本发明是一种口服薏仁米营养保健液。它是由薏仁米、黄豆、黑糯米、山地粗红米、莲子、大枣、花生、芝麻、萝卜、猪血、红糖、白糖配制而成。这种口服薏仁米营养保健液，含有丰富的植物蛋白质、维生素及人体所需的钙、铁等微量元素。

160. 天娇抗癌保健食品

申请号：94107334　　公告号：1102308　　申请日：1994.07.04

申请人：清华大学

通信地址：(100084) 北京市海淀区清华园

发明人：柴丽文、梁俊峰、张友会、郑昌学、钟厚生

法律状态：公开/公告

文摘：本发明是一种预防癌症和心脑血管疾病的保健食品及其制作方法，属于人类生活必需品技术领域。它的组成和重量配比如下：苦荞粉98%～99%，有机硒0.001%～0.01%，维生素E 0.1%～1%，β-胡萝卜素0.1%～1%。该保健食品由苦荞粉、β-胡萝卜素有机硒和维生素E组成，按一定比例于0～20℃下混合，γ-射线辐照10^2～10^4戈[瑞]灭

菌后制成。本品由天然产物组成,无任何副作用,有明显的预防癌症和心脑血管疾病发生的功效。

161. 一种疗效型降糖降脂食品及其制备方法

申请号:94119143　　公告号:1125532　　申请日:1994.12.29

申请人:王金萍、李正义

通信地址:(300060)天津市河西区体院北道3号4门301

发明人:王金萍、李正义

法律状态:公开/公告　　法律变更事项:视撤日:1998.05.13

文摘:本发明是一种纯天然药食两用疗效型降糖、降脂食品及其制备方法。该食品由苦荞麦、燕麦、绞股蓝、葡甘露聚糖、薏米、脱脂豆粉和甜菊甙制成,可制成冲剂、各种糕点、饼干或面条等。该食品经临床实践证实,有降糖、解除糖尿病多食症、软化血管、降压、减肥、净化血液、预防血栓形成、缓解冠心病、抗癌及抗衰老等功效。

162. 甜醅软包装的加工工艺

申请号:95103338　　公告号:1114152　　申请日:1995.04.11

申请人:李宏征

通信地址:(810006)青海省西宁市互助中路48号

发明人:李宏征

法律状态:公开/公告　　法律变更事项:视撤日:1998.09.02

文摘:本发明是一种用青稞酿制而成甜醅软包装的加工工艺。这种甜醅软包装的具体制作方法是:①原料处理工艺将选用粒大饱满的上等青稞,浸泡清洗,上夹层锅蒸煮至八成熟捞出,晾温后将甜酒药按比例拌入,移至30～32℃恒温室,经24～48小时发酵至中间有水渗出成甜醅;蕨麻用手工挑出其中杂物,洗净煮沸5～10分钟,晾温;另有少量配料:枸杞子,去其杂物,无菌水、蔗糖、蜜糖素;②配制和制作工艺配比范围:发酵甜醅100～120,蕨麻2～3,枸杞子2～3,蔗糖、蜜糖素与水按1:450配比;按以上配比范围称量半成品,均匀搅拌后,放入到无毒不透明、耐高温100～120℃,耐高压19.6～49.0千帕的带铝箔的或不带铝箔的蒸煮袋里，袋里的pH值控制在4.6以下，用普通封口机封口，封口的温度为180～220℃，压力为294.2千帕，时间1分钟，封口后将成品放置在杀菌锅中进行杀菌，5～10分钟后杀菌锅里的温度升至为98±2℃，90℃开始加19.6～49.0千帕的压力，保温杀菌5～15分钟后，又快速冷却至常温，同时再次加19.6～49.0千帕的压力，然后放入38±2℃的保温室保温7天时间。用本工艺制成的甜醅，味道香甜可口，食用方便，内含丰富的多元维生素，容易被人体消化吸收，且能长期保存。

163. 速溶降脂燕麦粉及其制作方法

申请号：95103875　　公告号：1134242　　申请日：1995.04.22

申请人：北京四海农村技术开发研究所

通信地址：（100081）北京市海淀区白石桥路甲30号

发明人：陆大彪、朱景福、张　盛

法律状态：实　审

文摘：本发明是一种速溶降脂燕麦粉及其制作方法。其燕麦粉采用在最佳生态条件下生长的具有降脂成分优质燕麦，至少含有6%以上的不饱和脂肪酸和至少含有2%以上可溶性纤维素具有降脂作用成分的专用燕麦，经加工而呈粉状物的可溶性降脂燕麦粉。燕麦粉也可加入蔗糖，也可加入甜叶菊糖，以适应不同人的饮用。其制作方法采用间接加热粉状物料可降低粘度，再磨细，均质、灭菌，浓缩喷雾。该方法简单，生产的产品具有降脂功能和保健作用，特别适用于高血脂患者或糖尿病患者饮用，其溶解速度快，色、香、味俱全，为人类的健康长寿提供了新的饮料食品。

164. 一种养生健身滋补食品

申请号：95106782　　公告号：1117812　　申请日：1995.06.29

申请人：王公德

通信地址：（050081）河北省石家庄市友谊南大街4号

发明人：王公德

法律状态：公开/公告

文摘：本发明公开了一种具有养生健身作用的滋补食品。该食品由下述重量配比的原料组成：黑芝麻13～25份，莲子8～18份，赤黍米17～33份，鲜藕12～20份，山芋10～20份，蔗糖9～15份。将上述各组分分别焙炙、干燥、粉碎后混合即为成品。食用时可用开水冲开即可。本食品的各个组分使用后可产生良好的协调作用，可使五脏得以充养，津液充盛，神气乃生，具有补而不燥的特点。

165. 一种荞麦保健速食品

申请号：95109205　　公告号：1141132　　申请日：1995.07.22

申请人：纪宏城

通信地址：(300122) 天津市红桥区咸阳路2号天津商学院

发明人：纪宏城

法律状态：公开/公告

文摘：本发明是一种荞麦食品。该食品的配料为荞麦、胡麻和枸杞子。将筛选后的荞麦、胡麻烘干、磨粉，将筛选后的枸杞子杀菌、均质，处理后的荞麦、胡麻、枸杞子经配料、搅拌→膨化→挤压成型→冷却→包装工序制得成品。其配料重量百分比为：荞麦85%～95%，胡麻2%～5%，枸杞2%～5%。本发明组分少，制作工序简单，便于实施，且营养丰富，保健疗效佳，是理想的绿色食品。

166. 保健面

申请号：95112770　　公告号：1150892　　申请日：1995.11.17

申请人：王忠记

通信地址：(223228) 江苏省淮安市溪河镇食品站

发明人：王忠记

法律状态：公开/公告

文摘：本发明保健面是一种采用纯天然农副产品、畜产品、滋补品制成的康复保健食品。该保健面含有荞麦面粉、黄豆粉、山药粉、猪胰脏粉、蚕蛹粉、黑芝麻粉、人参粉等。其成分范围的重量百分比为：荞麦面粉50%～60%，黄豆粉12%～20%，山药粉8%～15%，猪胰脏粉8%～15%，蚕蛹粉4%～8%，人参粉0.5%～0.4%，黑芝麻粉4%～8%。

167. 八宝花生羹及其制作方法

申请号：95115524　　公告号：1128112　　申请日：1995.08.25

申请人：幸洪发

通信地址：(550001) 贵州省贵阳市合群路115号42号

发明人：幸洪发

法律状态：公开/公告

文摘：这是一种八宝花生羹及其制作方法。它是用花生、莲子、桂圆、薏仁米、白云豆、银杏(白果)、银耳、百合、蜂蜜、甘蔗糖制作而成。与现有技术相比，本发明的配方科学，原料容易取得。其制作的食品具有较高的营养价值，制作工艺简单，一方面为花生找到利用出路，另一方面，它制成的食品可以满足人们生活的需要，产品口感好。本产品具有抗衰老、增加血小板、滋身补体的作用，是一种有很高药用保健功能的纯天然食品。

168. 改性燕麦纤维粉的制作方法

申请号：96112376　　公告号：1151258　　申请日：1996.10.11

申请人：张　兴

通信地址：(030002) 山西省太原市新建路29号

发明人：马晓凤、张　兴

法律状态：公开/公告

文摘：本发明是一种改性燕麦纤维粉的制作方法。该制作方法是：以燕麦麸皮为原料或者以燕麦麸皮为90%～95%(重量百分比，以下同)，至少添加5%～10%的荞麦麸皮、豆面麸皮、小麦麸皮的一种为原料，经24目筛预选粒度，使截留率不低于25%；然后采用边喷水边搅拌的方法使原料含水量达12%～14%，静置12小时以上充分浸润后；将其放入双螺杆挤压机中，控制工作温度为140～160℃时进行挤压膨化；最后再用超微粉碎机粉碎，过80目筛，即制得改性燕麦纤维粉。本发明具有变废为宝，工艺简单，易于操作等优点。使用本发明制得的改性燕麦纤维粉具有膳食纤维品质好、含量高、降脂效果明显的特点，并有效改善了其口感，易于使用者接受。

169. 小米锅巴的生产方法

申请号：93119020　　公告号：1101802　　申请日：1993.10.16

申请人：浙江临安县於潜食品厂

通信地址：（311311）浙江省临安於潜大街241号

发明人：金顺义

法律状态：公开/公告　　法律变更事项：视撤日：1997.03.19

文摘：本发明是一种小米锅巴的生产方法。这种小米锅巴的主要成分及其配比（重量份）为：小米10～30，大米40～60，淀粉10～30，黄豆5～15，适量的膨松剂及作为防腐剂的苯甲酸钠、调料和植物油，经如下9道工序来制作：①拌和淘洗：将小米、大米、黄豆按比例拌和后淘洗、去杂；②浸泡：将前道工序的原料在水中浸泡，浸泡的时间随室（水）温的升高而减少；③蒸饭：在蒸箱中蒸煮约20分钟；④冷却拌粉：使饭冷却，将淀粉与饭的重量份按淀粉1～3份、饭7～9份配合，加入适量膨松剂、防腐剂、调料等，在拌和机中拌匀；⑤韧性加工：既可在轧面机中轧片，也可在年糕挤片机中挤片；⑥切片成形：按需调整长宽、厚薄，在切片机中切片成形；⑦烘干：在100～120℃温度条件下烘干，约10分钟，使含水量5%～10%；⑧油炸：用植物油在120～140℃油温下炸近3分钟；⑨包装。该方法比现有技术具有蒸煮快速、节能、营养损失小等优点；制成的锅巴脆性更好，兼具小米、大米、玉米、黄豆等多种风味，营养成分丰富，是一种新的锅巴生产方法。

170. 五谷杂粮香酥食品及其加工工艺

申请号：96117660　　公告号：1147343　　申请日：1996.08.29

申请人：游承明

通信地址：（618000）四川省德阳市长江西路103号德阳市粮食局

发明人：游承明

法律状态：实　审

文摘：本发明提供了一种以天然谷类食物为主要原料的五谷杂粮香酥食品及其加工工艺。这种以天然谷类食物作主要原料的五谷杂粮香酥食品的原料成分包括麦胚、大米、玉米粉、糖、植物油及芝麻、花生仁组成，各成分的配量为麦胚13～24份，大米5～12份，玉米粉4～12份，糖6～12份，植物油3～6份，芝麻和花生仁共1～2份；或再加豆类、黑米。其中的麦胚还可用荞麦或燕麦粉替换。其加工工艺包括：备料、混合、膨化、加热油混合、加热糖混合、加入花生仁、芝麻混合及压制、冷却成型、检验、包装几个工序制得香酥系列食品。该食品充分利用了谷类食物的营养成分，具有营养丰富、香酥可口、食用方便等优点。长期食用本食品具有强身健体的功效。

171. 营养风味型米果类食品

申请号：94111995　　公告号：1123098　　申请日：1994.11.24

申请人：四川利和食品工业有限公司

通信地址：(610031) 四川省成都市花牌坊街191号

发明人：罗志威、何志礼、李清平、戴　娟、钟福德、杨安兵、王明谊

法律状态：公开/公告　　法律变更事项：视撤日：1998.05.13

文摘：本发明是一种以谷物颗粒与适量油脂、矫味剂及辅助料混合粘结成型的米果类食品。其中混合有适量的水果果肉、可可粉、巧克力、奶粉、海产品、动物蛋白物或菜蔬类汁液等，并含膨化谷物颗粒与适量油脂、矫味剂及辅助料混合粘结成型。其成分组成(重量百分比)为：糖20%～25%，油脂2%～3%，营养风味添加材料0.5%～10%，谷物颗粒余量。

172. 一种食用植物粉的制作方法

申请号：94103049　　公告号：1108898　　申请日：1994.03.21

申请人：胡建平

通信地址：(100005) 北京市外交部街33号3楼332

发明人：胡建平

法律状态：实　审

文摘：本发明是一种食用植物粉的制作方法。它是以陆生植物的叶和嫩茎，与大米或玉米、小麦等谷物为主要原料，植物的可食部分与谷物可食部分的比例为10：1～5。其制作工艺过程是：将植物的叶和嫩茎进行灭酶处理→斩碎或打浆→发酵处理→脱水处理→与粉碎的谷物原料混合→酌情干燥处理或不干燥处理→膨化处理→粉碎，即可得到成品。

(六)多种谷物混合加工技术

173. 保健食品——酥条的生产方法

申请号：90100803　　公告号：1053995　　申请日：1990.02.15

申请人：席随堂

通信地址：(710311) 陕西省户县草堂镇三府村1组

发明人：席随堂

法律状态：公开/公告　　法律变更事项：视撤日：1993.06.30

文摘：本发明酥条是一种把大米、小米、花生米经粉碎、混合、蒸熟、成型、油炸、喷洒药物性调味料而制作酥条的保健食品的生产方法。它是由下列10道工序组成：①淘米；②粉碎；③混合；④浸泡；⑤熟化；⑥加淀粉；⑦成型；⑧油炸；⑨洒药物性调料；⑩包装。将大米、小米、花生米、黑米、玉米粉碎成粒状后，按4：2.5：0.7：0.5：0.5配比混合浸泡水中2～4小时；成型工艺是指将熟化的原料待冷却后加入8%～13%淀粉搅拌成团状，然后切挤成直径8～12毫米×50～65毫米的圆形小条或20毫米×20毫米×1毫米的片状。本发明提供的生产方法，可进行工业化机械生产，很少出现废渣。本产品脆酥可口，并加有防病、治病和滋补类药物，且无明显药味感，有利于人体健康。

174. 减肥米的制作方法

申请号：90101474　　公告号：1054703　　申请日：1990.03.15

申请人：周　静

通信地址：(546600) 广西壮族自治区荔浦县荔城镇城东街宝塔脚 80 号

发明人：周　静

法律状态：公开/公告　　法律变更事项：视撤日：1993.08.11

文摘：本发明是一种有疗效的减肥米食品制作方法。这是一种将含丰富纤维物质的植物的任何部分，如豆浆渣、玉米芯进行除味解毒的特殊处理制得纤维粉与淀粉、花粉营养物质及添加剂均质造粒干燥成减肥米的制作方法。其制作步骤包括：①制作组成减肥米的原料；②将用于制作减肥米的各种用料拌合，掺入适量的水，然后搓成团状，再进入造粒机造粒；③把造好的米粒放在经过预热达 50～90℃的烘箱内烘 10～40 分钟即得成品。

175. 糊化食品的制作方法

申请号：90104301　　公告号：1057166　　申请日：1990.06.08

申请人：哈尔滨市食品工程技术研究所

通信地址：(150001) 黑龙江省哈尔滨市南岗区宣化街付 42 号

发明人：于金娥

法律状态：公开/公告　　法律变更事项：视撤日：1993.05.26

文摘：本发明是一种儿童食品的制作方法。现有的膨化食品，加工温度较高，破坏了食品本身的营养成分，且含有对人体有害的成分。本发明采用的糊化加工方法，包括糊化、加压、加热、出模、切割、冷却。是将 50%～80%的精制玉米粉，17%～48%的全脂黄豆粉，2%～3%的精制虾油及适量的白糖、精盐、味精均匀混合，放入机器内，经糊化、加压、加热、出模、切割、冷却后放入植物油中炸一下，将精制玉米冷却后即可食用。

176. 用于食品的高膳食纤维强化添加面粉的制备工艺

申请号：90108006　　公告号：1049269　　申请日：1990.10.04

申请人：河南省医学科学研究所

通信地址：(450052) 河南省郑州市大学路 40 号

发明人：买　凯

法律状态：授　权　　法律变更事项：因费用终止日：1996.11.20

文摘：本发明是一种用于食品的高膳食纤维强化添加面粉的制备工艺。该工艺主要选用大豆、燕麦或再加入果蔬为原料。其加入量(以重量百分比计，下同)为全黄豆45%～70%，全燕麦30%～55%，经85～95℃温度及49.0～245.2千帕压力的高温高压蒸汽处理40～60分钟后，置于40～60℃温度条件下干燥至含水量为15%～17%时进行膨化，再粉碎至适宜食用的粒度，最后进行灭菌处理。该工艺主要采用物理方法改变了原料纤维结构，产品可食性强，具有高膳食纤维、高蛋白、低碳水化合物、低热量、富含维生素和微量元素等特点，加入谷物面粉中可制成适用于糖尿病、胆固醇增高、单纯性肥胖和蛋白质不足等特殊人群需要的特种强化系列食品。

177. 决明饼干制作法

申请号：93110562　　公告号：1090472　　申请日：1993.02.02

申请人：李松林

通信地址：(210002)江苏省南京市中山东路293号

发明人：崔　熙、李松林

法律状态：公开/公告　　法律变更事项：视撤日：1996.05.29

文摘：本发明是一种将决明子加入饼干中的决明饼干制作法。它的技术关键是将成熟决明子用文火炒至微黄并有香气，经粉碎、过筛，制得决明子精粉；然后按1～3：25的比例将决明子精粉与面粉一起调粉(其间加入精菜油等)，用常规饼干制作技术制得决明饼干成品。食用决明饼干可起到食用决明子的保健作用。

178. 谷物冰淇淋的生产工艺

申请号：91105384　　公告号：1057949　　申请日：1991.08.07

申请人：吉林省农业科学院大豆研究所

通信地址：(136100)吉林省公主岭市

发明人：曹龙奎、宫玉华、侯升运、李海棠、刘兆庆、南喜平、乔凌

媛、孙洪斌、孙　卓、于海莉、周卫疆

法律状态：授　权　　法律变更事项：因费用终止日：1995.09.27

文摘：本发明是一种谷物冷饮制品——谷物冰淇淋的制作方法。其主要工艺流程为：原料经清选、胶体磨处理、湿热处理、配料、再胶体磨处理、再湿热处理、冷却、加入稳定剂、混匀、老化、凝冻等处理。其生产步骤为：①原料及其配料比为：玉米与全脂脱腥豆粉、奶粉、糖之比为8～12∶1～3∶1～3∶12～20；②两次湿热处理的蒸汽压力为88.3～392.3千帕，温度为96～160℃，时间为5～12分钟；③胶体磨处理和湿热处理可反复进行。它具有成本低，原料来源广，配料合理，制作工艺简单等特点。

179. 人生全营养粉

申请号：91111284　　公告号：1072828　　申请日：1991.12.04

申请人：刘国柱

通信地址：(100013) 北京市和平里中街14号-243号

发明人：刘国柱、刘姝茜

法律状态：公开/公告　　法律变更事项：视撤日：1996.01.17

文摘：本发明是一种以玉米面、面筋、燕麦、花生米、豆腐粉为主要原料经烘炒、磨粉过筛、混合制成的营养食品。其原料的重量配比为：玉米面35～45克，面筋25～35克，燕麦6～13克，花生米7～12克，豆腐粉4～6克，冰糖4～6克。这种人生全营养粉含人体所需营养素达31种之多，特别适合体弱多病者、老人、孕妇、儿童食用。

180. 消除抗营养因素的籽实食品的制备方法

申请号：92102381　　公告号：1065781　　申请日：1992.04.14

申请人：哈尔滨医科大学公共卫生学院

通信地址：(150001) 黑龙江省哈尔滨市南岗区大直街41号

发明人：艾长余、刘志诚、秦慧生、王朝旭、于卫萍

法律状态：授　权

文摘：这是一种消除抗营养因素的籽实食品的制备方法，特别是

婴幼儿食品的制备方法。其包括发酵、加辅料、加热成型等工序。其特点在于发酵工序：①全部原料流体发酵；②所发酵的全部原料为谷类面粉、大豆粉和水的混合物。谷类面粉与大豆粉的重量百分比为：谷类面粉60%～87%，大豆粉13%～40%，再加入4～8倍于大豆粉重量的水；③先取大豆粉和水混匀，在常压蒸汽下加热30分钟，然后冷却至30～35℃；④将上述的豆浆与谷类面粉加入发酵罐中混匀，再加入干物总重量3%～6%的啤酒酵母，在30～35℃温度下有氧流动发酵6～8小时。该食品使人体能充分地吸收利用其中的天然营养因素而满足人体生理需要，并且预防膳食营养不平衡所引起的疾病，特别是为解决婴幼儿食品开创了新的途径。

181. 一种米豆快食营养粉的生产方法

申请号：92106870　公告号：1089106　申请日：1992.03.25

申请人：夏　旺

通信地址：(415001) 湖南省常德市武陵区德山乡莲池村10组

发明人：夏　旺

法律状态：公开/公告　法律变更事项：视撤日：1995.12.27

文摘：本发明是一种米豆快食营养粉的生产方法。米豆快食营养粉的生产工艺流程包括清洗、烘烤、混合、粉碎和包装5道工序；生产成品所需的配料由粘米、糯米、黄豆、花生仁、芝麻和食用油脂组成。配料中各组分的重量比为：粘米：糯米：黄豆：花生仁：芝麻：食用油脂之比分别为40～70：15～45：2～25：1～20：1～5：0.1～3；部分配料在清洗池中用水清洗除杂，配料在烘烤炉中烤熟，在混合池中混合，经磨粉机粉碎，由包装机包装成袋装或瓶装成品。它是一种保证人们按时上班或上学所需的一些方便省时的快熟营养食品。

182. 补气、活血、益寿粥的制作方法

申请号：92112119　公告号：1072570　申请日：1992.09.26

申请人：王超英

通信地址：(056003) 河北省邯郸市药用动物技术开发有限公司

发明人：王超英

法律状态：授　权　　法律变更事项：视为放弃日：1997.06.18

文摘：这是一种补气、活血、益寿粥的制作方法。其配料有土元、枸杞子、地骨皮、大枣、黑芝麻、黑豆、玉米。其制作方法为：把黑豆、玉米炒熟发出香味，大枣去核烘焦，枸杞子、地骨皮烘焦，土元去掉内脏烘干，黑芝麻烘干备用。将上述备料合成一处，且以石磨粉碎、过罗，并分袋包装即可。食用时，每次取 3～5 匙，用开水冲调成糊状即可。该方法的优点是便于存放、运输、携带，长期食用对身体有滋补作用。

183. 速食药粥及其生产方法

申请号：93100730　　公告号：1077856　　申请日：1993.01.09

申请人：龙膺厚

通信地址：（710061）陕西省西安市山门口兵器工业卫生研究所

发明人：付幸芳、刘治保、龙膺厚、万　红

法律状态：实　审

文摘：本发明是一种速食药粥。它是药物，特别是中草药与快餐粥相结合的食品。其制作方法包括：①将药物原料制成药液；②取小麦粉、米粉或豆粉等，使之熟化；③将熟化的细粉置于搅拌机内，以热的药液徐徐加入，将细粉调制成软团；④将软团过筛网造粒，最后经烘干制得。这种速食药物粥中的造粒方法如下：其一，它是由造粒机造出的固体颗粒组成；其二，上述颗粒含有下列成分：各种谷物细粉；中草药或其他药物；其余为添加剂。其中的中草药液可采用各种溶剂萃取法制得。

本药粥的颗粒遇热水即化解形成粥糊，食用方便，省时省力，不受时间、环境的限制。药粥可以做成多种系列产品，药物以准确的剂量为人们所摄用，寓治于养。本药粥适于采用工业化方法大批量生产。

184. 含有椰子汁的即时粥罐头及其制备方法

申请号：93102649　　公告号：1092610　　申请日：1993.03.17

申请人：海南省地方国营海口罐头厂

通信地址：(570101) 海南省海口市龙华路 41 号

发明人：林中坚　游少霞

法律状态：授　权

文摘：本发明提供一种含有椰子汁的即时粥罐头及其制备方法。即时粥罐头的成分是以糯米、薏米、红豆、绿豆、花生、莲子、桂圆、白砂糖为干原料，经水清洗预处理后，分别定量装罐。这种即时粥罐头，主要含有 10%～35%的干原料和 65%～90%的汤汁；其汤汁的含量如下：椰子汁为 1%～99%及下面两种添加剂之一：羧甲基纤维素0.05%～0.3%或琼脂 0.05%～0.5%，其余为水。其主要特征在于，在制作时还要加入由椰子汁及羧甲基纤维素(CMC)或琼脂及白砂糖制成的汤汁，并保持汤汁的温度为 90～95℃，然后进行封罐、杀菌等处理过程，即得到含有椰子汁的即时粥罐头成品。该产品既保持了原即时粥的特点，又增加了天然椰香风味，比一般的即时粥罐头更富有营养价值和保健作用。

185. 食疗保健方便面

申请号：93108355　　公告号：1097276　　申请日：1993.07.11

申请人：王　见

通信地址：(472000) 河南省三门峡市文明路东段中原冶炼厂招待所

发明人：王　见

法律状态：公开/公告　　法律变更事项：视撤日：1996.12.11

文摘：本发明属于一种食疗保健食品。这种方便面以补充食疗保健作用，提高方便面的营养成分含量为目的，使其成为一种更适宜于人们接受的方便食品。它是以小麦面粉为主要原料，添加适量的多种营养成分较高且有一定保健、食疗作用的豆类、植物面粉配制而成；辅料仍采用现有方便面的添加成分，如植物油、盐、面粉改良剂及肉蛋类等营养成分。本发明不但提高了普通方便面的营养成分，而且还具有一定的食疗、保健作用。

186. 胎盘营养保健方便食品

申请号：93114282　　公告号：1122207　　申请日：1993.11.16

申请人：凌仲华

通信地址：(321100) 浙江省兰溪市迎春巷58号

发明人：凌仲华

法律状态：实　审

文摘：本发明是一种胎盘营养保健方便食品。它是以米粉、豆粉、芝麻粉、玉米粉、食用香料、糖或盐为基本原料的胎盘营养保健方便食品。这种胎盘营养保健方便食品含有2%～8%(重量比)的胎盘精粉。该胎盘营养保健食品制作工艺简单、营养价值高。它既可以用开水冲泡食用，也可以根据人们的食用习惯，加工制成各种胎盘营养保健糕点，成为一种老少皆宜的糕点食品。

187. 八宝粥罐头及生产方法

申请号：93114503　　公告号：1112808　　申请日：1993.11.16

申请人：北京瑞尔帝食品有限公司

通信地址：(100050) 北京市宣武区万明路1号

发明人：陈宗志

法律状态：公开/公告　　法律变更事项：视撤日：1997.03.19

文摘：这是一种八宝粥罐头及生产方法。它选用糯米、薏米、珍珠米、红豆、花生、绿豆、麦片、桂圆肉、红枣等8种无污染的原料经高压蒸制而成。这种八宝粥罐头，其特征在于每1200只罐头中含有糯米20千克，红豆10千克，薏仁4千克，花生4千克，珍珠米2千克，绿豆10千克，桂圆肉干5千克，麦片2千克，红枣2400粒，汤料400千克，其中汤料由桂圆汤加入白糖、红糖配成糖度为13%的汤料。每只罐头中分配红枣2粒，桂圆肉2～3粒，汤料320～340克。该八宝粥有较高的营养价值，具有滋补健身的功效，制成的罐头不仅保留了原汁原味，还具有保存期长，食用简便、携带方便的优点。

188. 五粮神粥

申请号：93118682　　公告号：1090725　　申请日：1993.10.09

申请人：王　见

通信地址：(472000) 河南省三门峡市文明路东段中原冶炼厂招待所

发明人：王　见

法律状态：实　审　　法律变更事项：视撤日：1997.02.12

文摘：本发明是一种五粮神粥食品。它主要是为了提高和增加粥类的营养含量，使其成为一种适宜于人们接受的速食保健食品。其主料是采用去皮小麦，添加有适量的玉米、豆类、大米、小米、小麦植物混合营养成分和添加一定比例的多种五谷杂粮植物与小麦作为五粮神粥的主料而制成。辅料仍采用现有方便粥添加成分，植物改良剂等。本发明不但补充了方便粥的营养成分，而且具有一定食疗、保健作用。

189. 药膳八宝食品及其生产工艺

申请号：93120793　　公告号：1092254　　申请日：1993.12.11

申请人：刘万毅、李　伟

通信地址：(750001) 宁夏回族自治区银川市民族南街宁厦文化开发总公司

发明人：李　伟　刘万毅

法律状态：公开/公告　　法律变更事项：视撤日：1998.05.20

文摘：本发明是一种药膳八宝食品及其加工工艺。它是由主料、辅料、香料和调味剂组成的固形混合物。其主料选用茶、米、玉米、麦、豆、米粉、玉米粉、麦粉、豆粉，辅料选用干果、芝麻、花生仁、核桃仁、莲子、蕨麻，香料用食用动、植物油，调味剂选用甜菊糖。其选用上述主料中的茶或其余几种经膨化后的食品为主料，选用辅料中几种经膨化后的食品为辅料。

190. 一种低糖食品及其制作方法

申请号：93120918　　公告号：1104042　　申请日：1993.12.20

申请人：新泰市粮食局食品厂

通信地址：(271200)山东省新泰市青云路28号

发明人：高树田

法律状态：实　审

文摘：本发明为一种低糖保健食品及其制备方法。它包括富强粉、鸡内金、山楂干、茯苓、核桃仁、大豆蛋白粉及白糖，各组分的重量百分含量如下：富强粉75%～80%，鸡内金1.5%～2%，山楂干2%～3%，砂仁0.5%～2%，茯苓2%～3%，核桃仁2%～4%，大豆蛋白粉3%～5%，白糖5%～6%。经过精选的上述配料冲洗、烘干后，磨成粉，与富强粉、大豆蛋白粉和白糖分别计量、混合、成型、烘烤、冷却而制作的。本品具有低糖、补充人体所需的钙、磷、铁及各种维生素等功效，特别对老人、儿童的健康发育有明显的效果。本品的制作工艺简单易行，合理可靠，投资少，见效快。

191. 益智康保健粥粉

申请号：94100975　　公告号：1106223　　申请日：1994.02.04

申请人：刘树武

通信地址：(054001)河北省邢台市桥东区东郭村乡东郭村

发明人：刘树武

法律状态：公开/公告　　法律变更事项：视撤日：1997.06.04

文摘：本发明是一种益智康保健粥粉。它是以玉米、大豆为基质，以远志、益智子、枸杞子、百合、莲子、小米、红薯淀粉、核桃、黑芝麻、大枣、姜、杏仁为主料以及以香油、食盐、小茴香、肉豆蔻、大料、桂皮、花椒为辅料，经科学配制加工制成的。其中所述的大豆是指黄豆和黑豆。该产品具有健脑、益智的功能，长期食用可收到增强智力，提高记忆力和健身的效果，对肾亏肾虚、肥胖症、高血压、糖尿病患者有辅助治疗作用。是一种食用方便的快餐保健食品。

192. 克糖平药物粥及其制备方法

申请号：94101488　　公告号：1093545　　申请日：1994.03.03

申请人：王约瑟

通信地址：(467100) 河南省郏县东大街 32 号

发明人：史建华、王约瑟

法律状态：公开/公告　　法律变更事项：视撤日：1998.05.20

文摘：本发明是一种克糖平药物粥及其制备方法。它包括(重量百分比)膨化后的黄豆、黑豆、荞麦粉混合物 7%～15%，肉桂、黄芪、山药、葛根、鸡内金混合物 8%～15%以及余量水。本药物粥以健脾肾益气养阴为主，活血化瘀为辅，从而增强气化、输布水津、通调脉络、滋养五脏，有利于恢复人体胰岛功能和治疗糖尿病。

193. 止泻营养奶

申请号：94102156　　公告号：1107663　　申请日：1994.03.04

申请人：中国人民解放军第 302 医院

通信地址：(100039) 北京市丰台路 26 号 4 科

发明人：虞爱华

法律状态：实　审

文摘：本发明属于止泻营养奶保健食品。它适合于消化不良和急慢性腹泻患者食用，特别适合于婴幼儿和老年患者食用。这种营养保健食品是由奶粉、大米粉、大豆粉、植物油、山药粉、陈皮粉、葡萄糖和氯化钠及多种微量元素和多种维生素按一定比例混合而成。它的制作方法如下：①按比例备齐上述的原料和配料。②大米粉、大豆粉、山药粉、陈皮粉的制作方法为：将大米用微火炒至微黄色，研成粉末；将大豆用微火烘干呈微黄色，研成粉末；将山药用微火烘干呈微黄色，研成粉末；将陈皮用微火烘干至呈微黄色，研为粉末；将植物油熬熟；其余各物均为市购。③大米粉、大豆粉、植物油、山药粉、陈皮粉、葡萄糖和氯化钠的依次配比为：55～65：35～45，15～26：5～15，20～30：5～15，3～7：0.2～0.4。④将上述物品混合在一起，搅拌均匀即可制成。该产品是一种低乳糖、低渗和高营养的混合性食品，具有止泻、促进腹泻患者康复的功能。本品原料丰富，生产工艺简单，可作为医疗辅助食品和保健食品予以推广。

194. 食用保健方便面茶粉

申请号：94103529　　公告号：1110517　　申请日：1994.04.20

申请人：王　翔

通信地址：(100081) 北京市海淀区南坞村 165 号

发明人：王　翔、王雪征、张淑香

法律状态：公开/公告

文摘：本发明是一种食用保健方便面茶粉及其制作方法。它是用玉米、大豆为主要原料，加入中药莱菔籽或茴香籽经熟化磨细而成的粉状混合物。这种食品食用方便，具有保健功能，解决了粗粮细作和食用品种问题。

195. 黑八宝粥及制备方法

申请号:94104563　　公告号:1104444　　申请日:1994.05.04

申请人：广西黑五类食品有限公司

通信地址：(537500) 广西壮族自治区容县城西路 299 号

发明人：韦清文

法律状态：实　审

文摘：本发明是一种黑八宝粥及制备方法。这种黑八宝粥的各种原料配方如下(重量百分比)：黑糯米4%～20%，黑豆 4%～12%，黑木耳 3%～8%，黑核桃仁 4%～15%，黑枣 4%～12%，黑腰豆4%～15%，黑荞麦 4%～14%，黑芝麻 4%～15%，黑葡萄干 4%～12%，冰糖 35%～50%，水 200%～300%。黑木耳用 60℃的水浸泡 2～4 小时。将黑豆、黑腰豆煮沸 10 分钟，然后放入黑糯米、黑芝麻再煮 10 分钟，过滤，汤汁待用，过滤后的黑豆等物料与黑核桃仁，黑木耳、黑枣、黑荞麦、黑葡萄干混合均匀，再将冰糖水和上述汤汁的混合液混合均匀，然后装罐并杀菌，即获得成品。

196. 营养保健减肥晶及其制作方法

申请号：94106338　　公告号：1104450　　申请日：1994.06.13

申请人：北京市营养源研究所

通信地址：(100054) 北京市右安门外东滨河路

发明人：付晴鸥、高学敏、靳　莉、李　平、马金城、汪锦邦、钟毓兰

法律状态：公开/公告　　法律变更事项：视撤日：1998.08.05

文摘：本发明是一种具有减肥和营养保健功能的食品及其制作方法。其具体组分及含量为：玉米面粉25%～35%，山楂干粉5%～10%，膳食纤维粉10%～20%，香菇干粉5%～10%，苦荞麦面粉10%～20%，茯苓干粉5%～10%，莜麦面粉10%～15%，皂甙0.03%～0.05%，黄豆粉15%～25%，调味品0.5%～2.5%。各种组分含量总和为100%。该营养保健减肥晶能解决现有减肥产品减肥效果明显而营养保健功能差的问题。其特点是它由全天然食物组成，富含天然膳食纤维（20%左右），并含有植物蛋白（15%～19%）和植物脂肪（4%～10%），脂肪中油酸和亚油酸等不饱和脂肪酸所占的比例为70%～80%。此外，还含有对降脂降压有效的三萜皂甙、黄硐、多糖等生理活性物质以及一些常量和微量元素锌、硒等。该食品能够使人在保持营养平衡无损于健康的情况下达到减肥的目的。

197. 乌鸡黑八宝

申请号：94106666　　公告号：1101230　　申请日：1994.07.25

申请人：王清枝

通信地址：(043300) 山西省河津市委宿舍（泰兴路1号）

发明人：安作新、牟挹欣、裴玉秀、周孝莀、周逸潜

法律状态：公开/公告

文摘：本发明是一种纯天然黑色食品——乌鸡黑八宝及工艺加工方法。它选用营养丰富的乌鸡粉、黑芝麻、黑豆、黑米、黑木耳、小麦、江米、黄豆、土豆、胡萝卜等为主料，并配以香型辅料、调料，经粉碎，膨化、粉碎、过筛而制成。这种纯天然黑色食品乌鸡黑八宝包括食物、糖、盐及

辅料。其中所说的食物是乌鸡粉、黑芝麻，黑豆、黑米、黑木耳、小麦、江米、黄豆粉、土豆粉、胡萝卜粉、香菇和紫菜；所说的辅料为香型。其配方如下(重量，以克为单位)：乌鸡粉 4.5～5.5，黑芝麻 0.9～11，黑豆 9～11，黑米 9～11，黑木耳 0.18～0.22，小麦 32～40，江米 4.5～5.5，黄豆粉 4.5～5.5，土豆粉 4.5～5.5，胡萝卜粉 9～11，香菇 0.2～0.4，紫菜 0.1，糖 17，盐0.5，辅料、调料适量。本发明所述的乌鸡黑八宝含有动植物蛋白及多种人体所需的维生素、无机盐、微量元素，营养全面，比单一食用乌鸡黑八宝中的各种成分更有利于全面摄取营养，能使体质达到阴阳平衡的效果。本发明配方科学合理，食用方便，是适合各年龄人群食用的保健佳品。

198. 一种速效减肥营养食品及其加工方法

申请号：94108319　　公告号：1114532　　申请日：1994.07.08

申请人：孙亚军

通信地址：(132021) 吉林省吉林市龙潭区图书馆湘潭街 95 号

发明人：孙亚军

法律状态：公开/公告　　法律变更事项：视撤日：1998.06.10

文摘：本发明是一种速效减肥营养食品及其加工方法。它是以农牧产品，如小麦、玉米、高粱、大豆、粟米、赤豆，牛奶、蔗糖为原料，经筛选、粉碎、熟化、混合加工合理组方配制而成。

该食品为纯天然减肥营养食品，减肥效果好，具有食疗作用，对各种肥胖并发症有辅助疗效。有养颜驻容，提高记忆力，延年益寿的功能。无毒副作用，口感好，食用方便，不厌食，不恶心，不腹泻，不乏力，不阻碍营养吸收，面部不增加皱纹，吃本食品减肥后，可改善饮食习惯，使体重不回升。

199. 速食课间餐及其制作方法

申请号：94111016　　公告号：1114151　　申请日：1994.05.30

申请人：徐勋葵

通信地址：(411207) 湖南省湘潭市楠竹山爱国三村 12 栋 4 号

发明人：徐勋葵

法律状态：公开/公告　　法律变更事项：视撤日：1997.11.19

文摘：本发明是一种速食课间餐及其制作方法。其成分包括一定重量百分比的黑米、黑芝麻、黑豆、紫菜、香菇、花生、淮山、麦芽、山楂、糖和水。其制作方法是按现代先进食品加工工艺而获得的一种软包装的细腻的糊状速食品。本发明速食课间餐富含儿童生长发育所必需的氨基酸、微量元素、维生素、蛋白质、碳水化合物、水等6大类营养物质，并含有麦芽糖转化酶等多种辅酶，亦具有健脾养胃，消积化食的功效，是一种儿童辅助营养食品。

200.“降糖糊”及其生产工艺

申请号：94111507　　公告号：1123097　　申请日：1994.11.23

申请人：淮安市神农保健食品公司

通信地址：(223200) 江苏省淮安市运河路

发明人：张福波、黄陈俊、金顺祥

法律状态：公开/公告

文摘：这是一种用于糖尿病、高血脂患者服用的降糖糊。它采用中草药及部分食品按一定比例混合制成粉状。其混合比例是：淮山药4%～5%，薏苡仁3%～4%，甜叶菊1‰，南瓜粉5%～6%，糙米粉38%～40%，大豆粉28%～32%，淡奶粉8%，玉米蛋白10%。它可供患者冲成糊状服用，经临床实验证明，其降糖有效率达94.2%，降脂有效率达88%。这是糖尿病、高血脂患者理想的营养保健治疗食品。

201. 黑色营养食品

申请号：94112085　　公告号：1109288　　申请日：1994.03.28

申请人：王金娥、黄子源

通信地址：(200433) 上海市国顺路389弄5-504室

发明人：黄子源、王金娥

法律状态：公开/公告　　法律变更事项：视撤日：1997.11.19

文摘：本发明是一种利用挤压膨化工艺生产的黑色营养食品。它是由黑米、黑豆、黑芝麻与绿豆、蛋白糖、卵磷脂等组成。由绿豆作维生素A添加剂，并以蛋白糖作甜味调节剂，以卵磷脂作抗剂，先将黑豆、黑米、绿豆粉碎，并以水湿，后经挤压膨化、复配、烘干、再粉碎、过筛，使难以糊化的长链淀粉变成易于糊化的短链糊精和还原糖，由此方式生产的黑色营养食品，具有色、香、味俱全的特点。

202. 八宝渴乐的配方与制法

申请号：94112428　公告号：1101812　申请日：1994.08.05

申请人：贾玉海

通信地址：(121001) 辽宁省锦州市锦州医学院第一附属医院

发明人：贾玉海

法律状态：公开/公告　法律变更事项：视撤日：1998.02.11

文摘：本发明是一种米香型纯天然饮料的配方及制法。它是以薏米、红小豆、绿豆、大米、高粱米、糯米、大麦、黄米为原料，经炒焦(或烤焦)、煮水、加入植物甜味剂而制成。其配方由8种成分组成：薏米、红小豆、绿豆、大米、高粱米、糯米、大麦、黄米。各组分的重量百分比均为12.5%，总量为100%。其特点是无糖、无任何化学添加剂，清淡适口，健脾解渴，解暑解毒，适用于中老年及各种禁糖者饮用，对青少年也有益处。

203. 糙米酥及其加工工艺

申请号：94113047　公告号：1125521　申请日：1994.12.28

申请人：游承明

通信地址：(618000) 四川省德阳市长江西路103号德阳市粮食局

发明人：游承明

法律状态：公开/公告

文摘：本发明是一种以天然谷类食物为主要原料的糙米酥及其加工工艺。其成分由糙米、玉米糁、小麦粉、花生仁、芝麻、糖、植物油或再加豆类、黑米、荞麦粒按一定比例组合而成。其加工工艺包括备料、混合、膨化、加热油混合、加热糖混合、加入花生仁与芝麻混合和压制、冷却成型及检验、包装等工序制得成品。上述各成分的配量为糙米 13～18 份，玉米糁 6～12 份，小麦粉 3～5 份，糖 6～12 份，植物油 3～5 份，芝麻和花生仁共 1～2 份。膨化、加热油混合工序可采用浸泡、粉碎、甩干、制粒、油炸工序代替。本食品充分利用了稻谷的可食部分和营养成分，综合了市售香酥食品的特点，具有营养丰富、香酥可口、食用方便等优点。长期食用本食品可收到强身健体的功效。

204. 方便粥的制作工艺及方法

申请号：94113934　　公告号：1120398　　申请日：1994.10.14

申请人：时忠烈、徐学明

通信地址：(215007) 江苏省苏州市南门路 42 号

发明人：时忠烈、徐学明

法律状态：公开/公告

文摘：本发明是一种方便食品。该方便粥的制作工艺及方法是：将粳米、糯米、鸭血糯、白扁豆、绿豆、赤豆、莲子、百合、黑米、米仁、银耳等原料精选后经过浸泡、蒸煮、干燥、冷却、配料混合、称量、包装制成方便粥。它可以配制成八宝粥，可以配制成营养粥，可以配制成食疗粥，可以配制成风味粥等四大系列几十个品种。本发明工艺简单，可以降低产品成本；本发明所制得的方便粥，保持了传统粥类食品的形状和风味，方便即食；本产品不含防腐剂和人工色素，保持了原料的营养成分，并具有保健功能。

205. 一种营养保健肠及其制备方法

申请号：94118847　　公告号：1124108　　申请日：1994.12.09

申请人：庞亚波

通信地址：(050021) 河北省石家庄市体育中大街 11 号 16 层

发明人：庞亚波

法律状态：公开/公告

文摘：本发明是一种营养保健肠及其制备方法。这种营养保健肠的制备方法是：将豆浆粉、蚂蚁粉和调味料粉、食品各物料分别进行粉碎、煎煮取汁搅拌成肠馅后灌入肠衣内制成。每制备75～110千克肠所需各物料分别为：豆浆粉10～15千克，大枣25～30千克，淀粉25～30千克，枸杞子2.5～4千克，人参或西洋参2～3千克，蚂蚁粉0.2～0.5千克，食盐0.2～0.5千克，味精0.2～0.5千克，香精、五香粉或香兰素中任选1种0.1～0.5千克，食油1～2千克，肠衣1～2千克。其制备方法为：以大枣和50%的淀粉为主制成枣泥，将蚂蚁粉、枸杞子、西洋参或人参分别粉碎成细末混合放入沸水中煎煮2～3小时后滤取药物汁液，晾至常温待用，在滤取的药液中添加味精、香精或五香粉搅拌均匀，将所余的50%淀粉拌入所制枣泥中，并根据枣泥、淀粉混合后的稀稠程度，加入适量开水冲制成豆浆晾至常温与添加有味精、香精或五香粉的药物滤液一起加入混合后的枣泥、淀粉中搅拌均匀；在搅拌过程中逐渐添加所需食用油，待搅拌至呈粘稠状即制成所需肠馅；肠馅制成后，用灌肠机或手工将其灌入准备好的肠衣中，每隔300～500毫米打卡结段。该营养保健肠灌制完毕后，立即将其放入烧沸的水中，焖煮20～40分钟后捞出置于干燥通风处晾晒风干，即为成品营养肠。它是一种兼备食品和药效的药膳灌肠，使该药膳灌肠既不同于一般的药膳食品，又有别于常规的灌肠。该营养保健肠具有易于制备，以食为主和药性平和，营养保健作用较强等显著特点。

206. 一种多功能保健食品及加工工艺

申请号：95102501　　公告号：1125067　　申请日：1995.03.03

申请人：熊显耀

通信地址：(650011)云南省昆明市橡胶二厂(昆明市书林街高地村)

发明人：熊显耀

法律状态：实　审

文摘：本发明是一种多功能保健食品及其加工工艺。它是以燕麦、大豆、黑芝麻、红糖、海带为主料，再配以一定比例的山楂、葛根、苏子、百合、山药、红枣，经烘炒、膨化或蒸熟、干燥、超微粉碎、配料、混合、造粒、灭菌而制成。其配制成分比例是：选用10%～30%燕麦或荞麦或南瓜,10%～30%大豆,10%～20%黑芝麻,10%～20%红糖或甜叶菊,10%～20%海带或海藻,3%～10%山楂,3%～10%葛根,3%～10%苏子,3%～10%百合,3%～10%山药,3%～10%红枣。经本工艺生产的产品保持了全天然有效成分,无任何化学添加剂,用开水或矿泉水冲调均匀即可直接服用,也可作为营养强化剂加入面粉、米粉等其他食用品中服用,具有补肝肾、养气血、活血化淤、养阴润肺、清心安神、强心健脑、健脾胃、活食滑肠、软坚化痰等功效。

207. 谷类和豆类粮食的加工及加工食品

申请号:95103736　　公告号:1117354　　申请日:1995.04.17

申请人:唐四清

通信地址:(471211)河南省汝阳县陶营乡大北西村

发明人:唐四清

法律状态:公开/公告

文摘:本发明属于谷类和豆类粮食的加工食用和加工制成的食品。它是在谷和豆类作物生长中所结出的颗粒果实未成熟前,但颗粒已趋饱满,植物中的细胞膜还松散,不够坚韧,所含水分未被散发时不经粉碎,脱粒加工(稻子、谷子去壳,以下同),将脱粒后的原颗粒的谷和豆类粮食作物进行直接烹制食用。该食品既可现烹现食,还可包装,供一年四季包装食用。

208. 一种治疗糖尿病、高血压病、高血脂症的组合面粉

申请号:95105339　　公告号:1136396　　申请日:1995.05.25

申请人:侯　昕

通信地址:(271018)山东省泰安市山东农业大学

发明人:侯　昕

法律状态:公开/公告

文摘:本发明提供了一种治疗糖尿病、高血压病和高血脂症的食疗用药膳组合面粉。上述的组合面粉包括由小麦、山药、薏米、荞麦、绿豆、黄豆、决明子、葛根、芡实、白果和天麻而制成的面粉。本发明经3年

1 003例临床试验表明，其降低糖尿病病人的血糖有效率为93.83%，降低尿糖有效率为97.53%，降低血压有效率为91.84%，降低总胆固醇有效率为91.15%，降低甘油三脂有效率为76.67%。其疗效随食疗时间的延长而增加。

209. 三黑营养粉

申请号：95105578　　公告号：1117810　　申请日：1995.06.22

申请人：蒋中西

通信地址：(226600) 江苏省海安县农业工程技术学校

发明人：蒋中西

法律状态：公开/公告

文摘：本发明是一种含有黑米、黑豆、黑芝麻3种黑色粮食的营养方便食品。它保留了原料中富含微量元素和其他营养物质的种皮，且口感好。

210. 粗杂粮方便面及其生产方法

申请号：95108214　　公告号：1120900　　申请日：1995.07.20

申请人：赵锦堂

通信地址：(466221) 河南省项城市交通路周口地区调味食品厂

发明人：赵锦堂、赵　华、朱振龙、邓昌玉、赵　婷、张　坤、杨士锋、赵　嵘

法律状态：公开/公告

文摘：本发明是一种方便面食品。该方便面为含有多种粮食作物以及蔬菜、水果成分构成，其主料、辅料诸成分为(重量百分比计算)：主料H：诸成分占主料的量为：小麦粉40%～60%，大豆粉20%～30%，绿豆粉10%～15%，高粱粉5%～20%；辅料F：由辅料a+b+c组成，其中，a、南瓜、山药各半；b、海带35%，生姜10%，胡萝卜40%，虾皮10%，辣椒5%；c、芹菜60%，番茄30%，山楂10%，其中成品辅料：a料占辅料混合物量的40%～60%；b料占辅料混合物量的30%～50%；c料占辅料混合物量的10%～20%。按比例量将a+b+c混合搅拌，尔后

加入混合物重量的5%的水进行稀释配比：主料混合物占98%，辅料混合物F占2%。另外，可加入食用盐，其量为主料、辅料混合物的1%～1.5%，也可不加入食用盐。发明粗杂粮方便面的目的是为了解决和补充已有方便面好吃，但营养单一的问题。配合后的混合物其成分能互补，以能提高生物效能和促进人体微循环为目的。小麦粉勿需精加工，勿加入任何食用添加剂，产品经检验符合国标GB 9848-88要求。该方便面为系列产品，有着味的，有非着味的，能满足南、北方人及老、幼、妇的需求；产品具有气味纯正、烹调性好、方便即食、口味鲜香、营养结构互补合理、营养丰富之特点。

211. 纯天然紫香营养素及其制作方法

申请号：95110903　　公告号：1126555　　申请日：1995.01.09

申请人：胡林英

通信地址：(242400) 安徽省南陵县委大院内

发明人：胡林英

法律状态：实　审

文摘：本发明是一种用紫香米精制而成的纯天然紫香营养素。它是由紫香米的米膜和米胚制成。其制作方法是：取紫香谷，用免淘米机加工脱壳去灰尘，然后再用免淘米机精加工得到由米皮、米膜、米胚构成的混合物，再用研磨机研磨过筛得到由米膜和米胚构成的粉末，然后将其炒熟或烘干即可。该营养素高度浓缩了紫香米的各种微量元素，使其对人体的药用和保健功能得以充分发挥，同时可以做其他食品的增色剂，制作方法简单，食用方法广泛。

212. 复合米

申请号：95111104　　公告号：1139524　　申请日：1995.07.06

申请人：朱立俊、张连甲、黄立宏

通信地址：(224741) 江苏省建湖县钟庄乡政府

发明人：朱立俊、张连甲、黄立宏

法律状态：公开/公告

文摘：本发明是一种复合米组成的食品。它是由谷类、豆类、根茎类组成。其原料的配方组分(按粉碎净化处理后物料的重量百分比)为：稻米40%～60%，黄豆10%～15%，麦8%～15%，根茎类8%～20%，玉米9%～16%。将清除杂物的符合质量要求的原料分别进行机械粉碎、筛滤、去皮、除杂，使稻米、麦、玉米为1毫米左右细粒，黄豆、根茎类为面粉状，如根茎类是新鲜的胡萝卜、薯类、何首乌等则为糊状，并对黄豆按常规方法降脂脱腥，根茎类按常规方法脱色处理后，按配方组分称量混合搅拌均匀、添加适量水分，用辊筒式造粒设备冷压成米粒，再干燥，即得成品。将五谷杂粮合为一体加工成新的米粒，使其既有米的基本特性，又有正常人每天需要摄入的基本营养成分，使各种营养搭配食用，均衡对营养的需求，以达到优化饮食结构，提高人们的健康水平。同时本发明复合米食用方便，不要淘洗，干净卫生，煮饭时比普通米用时少，并能增加副食品的消耗量，节约大量粮食。

213. 一种减肥保健食品及制备方法

申请号：95112062　　公告号：1147907　　申请日：1995.10.16

申请人：王春子

通信地址：(114011) 辽宁省鞍山市铁西区六道街271栋

发明人：王春子

法律状态：公开/公告

文摘：本发明是一种减肥保健食品及制备方法。它以多种天然蔬菜、粮谷作物为主要成分；天然粮谷作物是：黄豆、绿豆、小米、荞麦、高粱米、玉米、核桃；天然蔬菜是：黄瓜籽、冬瓜籽、木耳、紫菜、白瓜籽为主要成分。其配方(按重量百分比)为：核桃5%～10%，木耳5%～10%，紫菜10%～15%，黄瓜籽8%～12%，冬瓜籽10%～15%，白瓜籽5%～8%，地瓜粉5%～8%，黄豆5%～10%，高粱米5%～10%，玉米5%～10%，绿豆5%～10%，小米2%～5%，荞麦10%～15%。将其经挑选、淘洗、干燥、粉碎后按合理配方比例配制成粉状，用开水冲服，还可以进一步制成水剂。

该发明的减肥保健食品不仅具有调节肠胃功能，及时排出肠胃中的污渍，还对糖尿病、便秘、高血压等疾病有明显的治疗作用，是一种既减肥又美容，且治病健身的良好保健食品。

214. 谷类食品中添加肉质营养成分的生产工艺及其系列产品

申请号：95113747　　公告号：1145735　　申请日：1995.09.21

申请人：西安市三星保健食品科技开发有限责任公司

通信地址：（710082）陕西省西安市劳动北路56号

发明人：曹万新、周伯川、史森荣、任文华

法律状态：公开/公告

文摘：本发明为谷类食品中添加肉质营养成分的生产工艺及其系列产品。它的制作方法是：将鲜净动物肉由蛋白酶水解，使其溶之于水，然后用肉汤和面，最后按传统的制作工艺加工出各种人们喜食内含肉质营养成分的挂面、方便面、米线、虾条、粉丝、粉条、饼干和糕点等谷类食品。

215. 混入谷物的禽畜肉粉的制作方法

申请号：94101863　　公告号：1107009　　申请日：1994.02.21

申请人：胡建平

通信地址：（100005）北京市外交部街33号3楼

发明人：胡建平

法律状态：实　审

文摘：本发明是一种混入谷物的禽畜肉粉的制作方法。它是以鸡肉或牛肉、羊肉、猪肉等禽畜的肉与大米或小麦、玉米等谷物为主要原料，禽畜肉原料用量与谷物原料用量的比例是1：0.3～2，先将禽畜肉加工成肉泥，再与粉碎的谷物原料混合，再进行干燥处理，然后用螺杆式膨化机进行膨化处理，再将膨化的物料粉碎，混入或不混入调味料及营养素等辅料，即为成品。

216. 保健混合米

申请号：95115413　　公告号：1130480　　申请日：1995.09.08

申请人：李福春

通信地址：(163001)黑龙江省大庆市萨尔图区中心街8号大庆市八达新技术研究所

发明人：李福春、崔金华、李福山、李福东

法律状态：公开/公告

文摘：本发明是一种保健混合米。它是由以一定粒径范围的多种谷类、豆类混合在一起而组成的混合料，其中含有呈自然米粒的大米、呈自然米粒的高粱米、呈自然米粒的小米以及玉米楂子、红豆楂和绿豆楂。上述的大米占保健混合米重量的5%～15%，高粱米占保健混合米重量的3%～20%，小米占保健混合米重量的3%～40%；上述的玉米楂是玉米楂经过破碎并通过2.0毫米、留存1.0毫米筛网的玉米楂，占保健混合米重量的5%～15%；上述所说的红豆楂，是红豆经去皮后的红豆楂，占保健混合米重量的3%～30%；上述所说的绿豆楂是经去皮后的绿豆楂，占保健混合米重量的3%～30%。这种混合米的发明，解决了人们长期以来未能解决的因不同种类、不同粒径的米、豆同煮而不能同时煮熟的问题；把不同种类的米、豆加工成能在相同时间内煮熟的粒径，然后根据个人的口味、人体对各种营养成分的需要，把不同种类的米和豆按照不同的比例混合在一起，即构成了煮食方便、营养丰富而味美适口的混合米。食用这种米煮的饭，能提高人的智力，增强人的体质，减少因营养单一而产生的疾病，解决了某一米类、豆类消耗过高或过低的问题。

217. 晨食粥

申请号：95116476　　公告号：1147341　　申请日：1995.10.09

申请人：支秀芹

通信地址：(100039)北京市海淀区永定路西158号

发明人：支秀芹

法律状态：公开/公告

文摘：本发明是一种晨食粥。它是由黑米、黑豆、黑芝麻、红枣、首乌、枸杞子或膨化或烘干后，经粉碎均匀混合杀菌而成。其成分及重量百分比组成如下：黑豆24％～32％，红枣18％～24％，黑米26％～36％，首乌0.6％～2％，黑芝麻8％～14％，枸杞子6％～12％。本食品营养丰富，适合年老体弱多病者补养用。

218. 五谷五仁糊

申请号：95116538　　公告号：1147342　　申请日：1995.10.10

申请人：王　刚

通信地址：(053500) 河北省景州实业集团公司

发明人：王　刚

法律状态：公开/公告

文摘：本发明是一种五谷五仁糊。它由小米、大豆、高粱、玉米、小麦、糖、核桃仁、花生仁、瓜子仁、杏仁、黑芝麻等成分组成。将此组分按一定配比混合，按一定生产工艺制造出五谷五仁糊。这一产品营养价值高，含多种维生素和微量元素，是一个价廉质优、营养与保健二合一的新型食品。

219. 一种食品烟

申请号：96102449　　公告号：1137867　　申请日：1996.03.15

申请人：邹学明

通信地址：(612560) 四川省仁寿县文林镇高笋村八社

发明人：邹学明

法律状态：公开/公告

文摘：本发明介绍了一种食品烟。它包括大米粉、玉米粉、麦粉、黄豆粉、无机盐及中药材。其中所述的无机盐为硫酸亚铁、硫酸铜、硫酸锌、硫酸钙、硫酸镁、碘化钾、亚硒酸钠；所述的中药材为鳖甲、龟板、远志、当归、白术、白芍、首乌、黄芪、龙骨、牡蛎、肉桂、附子、菖蒲、薄荷。本发明是根据当今社会中吸烟严重危害人体健康，而又无更好替代之产品等诸多原因，发明人通过多年之研究，提供的一种可替代香烟的产品。这一产品不但不含毒害人体的尼古丁成分，反而含有几种中高档粮食、十几种名贵中药材和几种无机盐的有益成分，它是一种能起到开胃健脾、增强记忆力、改善血液循环、增强记忆力作用的食品烟。

220. 高能营养素

申请号：96102620　　公告号：1155395　　申请日：1996.01.25

申请人：冯　扬、刘洪文、刘武成

通信地址：(132011) 吉林省吉林市吉林大街 13 号

发明人：冯　扬、冯　彤、刘洪文、刘武成

法律状态：公开/公告

文摘：本发明为一种高能营养素新型面食品。它是由 A 组粉、B 组粉和辅料组成。其中是把猪血粉、禽蛋壳粉与鲜骨粉、花生米、绿豆粉相混合制成 A 组粉；把面粉、红薯粉、大豆粉、玉米、江米粉相混合制成 B 组粉。其中的 A 组粉是由猪血粉 15 千克，禽蛋壳粉 5 千克，鲜骨粉 2 千克，花生米 2 千克和绿豆粉 1 千克相混合组成；B 组粉是由面粉 12 千克，红薯粉 5 千克，大豆与等量的玉米混合粉 5 千克和江米面 3 千克。两组粉分别加辅料，用 A 组粉作内层、B 组粉作外层，可制成能量高、营养丰富的各种口味、不同类型的面食品。

这种高能营养素，充分利用了潜在的资源，拓宽食品领域，无污染、能量高、营养丰富、价格低。它可制成各种配餐面食，也可制成供妇婴、少儿、老人和体弱者食用的保健配餐食品。

221. 五谷蛋白茶

申请号：96117145　　公告号：1152407　　申请日：1996.10.21

申请人：陆　恒

通信地址：(221006) 江苏省徐州市泉山区中枢小区 23 号楼 3 单元 401 信箱

发明人：陆　恒

法律状态：公开/公告

文摘：本发明是一种五谷蛋白茶。它是由白砂糖 25%，麦 30%，玉米 25%，小米 1%，香粳米 1%，大米发泡蛋白粉 0.4%，甜玉米粉 1.2%，大豆超微细精粉 10%，脱色脱腥鱼蛋白 1.2%，花生蛋白 1%，芝麻蛋白2%，超微海带精粉1%，生物蛋白钙强化剂0.1%，绿粉茶0.6%和小苏打($NaHCO_3$)0.5%等成分加工而制成。本发明与现有技术相比，玉米的氨基酸提高3～4倍。在实际食用中，可达到营养结构平衡，营养效果好，价值高。

222. 一种天然原料多营养米及其制备方法

申请号：97100081　　公告号：1160502　　申请日：1997.02.19

申请人：金松亭

通信地址：(325000)浙江省温州市鹿城区永宁巷119号106室

发明人：金松亭

法律状态：公开/公告

文摘：本发明是一种由纯天然原料组成的多营养米及其制备方法。它是以天然谷物为基料，配以海产品、水果、蔬菜、动物血粉等粉状物混制加工而制成。上述各种原料的重量(千克)份数为：基料：小麦13～17，糯米0～6，玉米10～14，绿豆4～6，海藻0.8～1.2，大豆6～12，土豆7～12，鲜果汁4～6，蔬菜粉2～7，花粉0.4～0.7，大枣1～3，黑米4～11，蕃薯10～16，淀粉2～4；辅料：首乌粉0～9，芝麻0～9，血粉0～11，水10～15。本食品含有丰富的蛋白质、人体所需的各种氨基酸以及各种营养素，能满足不同人体对营养物质的需求，极易消化和吸收，有调节机体、促进儿童青少年生长发育、增强抵抗力和抗衰老作用。本发明可以做主食，也可做配食，还可做成熟制的各种袋装食品，使用方便，口感好。

223. 果酱煎饼的加工方法

申请号：90105297　　公告号：1056799　　申请日：1990.05.25

申请人：临朐县儿童食品厂

通信地址：(450052)山东省临朐县石佛乡

发明人：王洪兴

法律状态：公开/公告　　法律变更事项：视撤日：1993.05.26

文摘：本发明是一种果酱煎饼的加工方法。其加工过程包括制果酱、制煎饼、涂酱、压紧、切片、烘干等工序。其涂酱工序为在煎饼上涂覆1层0.5～1.5毫米厚的果酱，然后再覆盖上1层煎饼；压紧工序是将夹有果酱的两层煎饼送入轧辊压紧；然后切片、烘干。用本方法生产的果酱煎饼既香酥可口，又具有浓郁果香，还含多种维生素；是一种营养丰富、食用方便的美味方便食品。

224. 五谷儿童食品

申请号：93101200　　公告号：1090137　　申请日：1993.01.20

申请人：李缯宏

通信地址：(150100) 黑龙江省哈尔滨市香坊建街25号

发明人：李缯宏

法律状态：公开/公告　　法律变更事项：视撤日：1996.10.02

文摘：本发明是一种五谷儿童保健食品。这种五谷儿童食品是选用相同重量的高粱米、小麦、玉米、大米、黑豆，均匀搅拌混合后用食品膨化机器制成。它是以中医理论"药补不如食补"、"五谷为养，五菜为充，五果为助"为依据选用高粱米、小麦、玉米、大米、黑豆制成的保健食品。

本保健食品的优点在于所选用的五种谷物含有人体生长发育所需的各种维生素、氨基酸以及各种微量元素等，从而使儿童得到全方位的营养保健，且色泽悦目、口感芳香、成本低，会受到儿童及家长的喜爱。

225. 保鲜虫草及其食品加工方法

申请号：92101051　　公告号：1075402　　申请日：1992.02.16

申请人：陈顺志

通信地址：(121001) 辽宁省锦州市锦州医学院

发明人：陈顺志、管代义

法律状态：实　审　　法律变更事项：视撤日：1996.03.27

文摘：本发明是一种保鲜虫草及其食品加工方法。它是以野生或人工虫草、北虫草、凉山虫草或亚香棒虫草的子座、菌核或菌丝体为原料，经浸泡、调制、赋形、干燥等工序而制成一种新型食品。采用本发明技术，以虫草属真菌子座或菌核为原料时，在其外表涂有抗氧化保护膜，增加了韧性，克服了易破碎断裂的缺点，延长了活性保鲜时间；采用虫草属粉状菌丝体为原料时，采用赋形剂使之成为虫草琼脂片、虫草营养粉丝或虫草方便凉粉。本加工方法是采用历史传统研究和现代高科技方法生产的一种新型营养保健食品。

226. 一种方便食品组合物及其生产方法

申请号：96120921　　公告号：1158700　　申请日：1996.12.03

申请人：赖呈金

通信地址：（516300）广东省惠东县金梅食品厂

发明人：赖呈金

法律状态：公开/公告

文摘：本发明是一种方便食品组合物及其生产方法。这种方便食品组合物组成包括糯米、黑豆、粟米。该方便食品组合物有益于身体健康而又颇为适口，是颇具风韵的食品，以“益于人”为宗旨。其生产方法包括下列步骤：将糯谷晒干，碾成米；将黑豆晒干去荚取果，清洗后再晒干；将粟米晒干，去壳进行清洗，选果后再晒干；然后将糯米、黑豆、粟米分别进行炒至透熟；然后分别晾凉；再分别磨粉；按比例将3种原料掺和拌匀后，2次进行碾磨成粉；过筛。并将过筛后的粉制成“即食羹粉”和“即食糕、饼”等类的有型（形状）即食品。

227. 绿色蔬菜方便面

申请号：95101723　　公告号：1110508　　申请日：1995.02.10

申请人：王为民

通信地址：（457002）河南省濮阳中原油田采油一厂通讯站

发明人：王爱民

法律状态：实　审

文摘：本发明为一种绿色蔬菜方便面，是为解决现今普通方便面缺乏人体必需多种营养元素而提出的一种新的绿色方便食品。绿色蔬菜方便面提供的技术方案是，由面粉和经粉碎机粉碎的蔬菜粉末或蔬菜泥，同面粉混合和成绿色面团，在普通方便面制作工序的和面工序中，将绿色蔬菜原料填加进面粉中，经和面工序揉合成绿色面团而制成面条。这种绿色蔬菜方便面的制作要求是：首先将蔬菜用粉碎机粉碎成粉末状或泥状；尔后将面粉和蔬菜混合成面团，这样制成的面条颜色是绿色的。

228. 玉米蔬菜方便面及其制备方法

申请号：95108832　　公告号：1144618　　申请日：1995.09.05

申请人：陈久顺

通信地址：（361009）福建省厦门市湖里区江头浦园 D65 号

发明人：陈久顺

法律状态：公开/公告

文摘：本发明玉米蔬菜方便面属于营养保健方便快餐食品。它是由高筋小麦粉添加 30%全颗粒玉米粉和 10%的蔬菜而精制的条形面制快餐食品。本产品经蔬菜清洗、切碎、打浆、和面、熟化、复合压片、面片熟化、连续压片、蒸熟、切段折叠分排、热烘干燥、冷却、称重、检质至成品等一整套生产工艺制作。该产品加工工艺合理，配方科学，产品具有熟化度高、口感好、复水性强、方便速食等优点，是一种粮菜合一、粗粮细作、营养互补的方便快餐食品。其效果是提高了食品的生理营养价值和玉米产品的社会附加值。

229. 胡萝卜速食粥及其制作方法

申请号：96103482　　公告号：1138424　　申请日：1996.03.22

申请人：杨龙海

通信地址：（061104）河北省黄骅市齐家务二麻沽

发明人：杨龙海

法律状态：公开/公告

文摘：这是一种胡萝卜速食粥。它的主要成分包括胡萝卜颗粒、玉米粉、高粱粉、小米粉、红薯粉、豆粉、白糖、奶粉和可可粉。这种胡萝卜速食粥的主要成分及重要配比是：胡萝卜颗粒 40～50 份，粗粮粉 40～

47 份，白糖 5～10 份，调味粉 3～7 份。其加工方法简便，选用原料充足，成本低廉；营养成分在加工中不受破坏，不加防腐剂类添加剂，属纯天然绿色食品，保存期较长；食用时，只要加入适量的温开水搅拌成糊状即可，十分方便。

230. 营养型蔬菜方便面加工生产方法

申请号：96106599　　公告号：1143469　　申请日：1996.07.02

申请人：李延年

通信地址：(068150) 河北省隆化县铁路电务

发明人：李延年

法律状态：公开/公告

文摘：本发明是一种营养型蔬菜方便面的加工生产方法。它是在不改变现有方便面的生产线和工艺流程的基础上，采取特殊工艺手段，将多种蔬菜营养互补配比制作成特殊浆体与面粉有机混合而生产出符合商业部 LS76～82(1982 年 11 月 10 日发布)方便面质量标准的蔬菜方便面。其营养均衡，含有维生素、矿物质粗纤维、多种微量元素，口感好，视觉新，不断条，复水率好，改变以往市售方便面营养不全，久食不利的弊病。同时可使厂家降低成本。

231. 鲜菜营养面及其制作工艺

申请号：96115478　　公告号：1139525　　申请日：1996.07.19

申请人：杜传志

通信地址：(110006) 辽宁省沈阳市和平区北市场一段 79 号玫瑰餐厅

发明人：杜传志

法律状态：公开/公告

文摘：本发明是一种鲜菜营养面及其制作工艺。它的主要内容是以新鲜蔬菜、水果、海鲜打磨成的原浆汁和面，制成面条。此面条可制成湿面条，也可制成干挂面。它的具体组分是：以 5 千克面粉为标准，加新鲜蔬菜原汁、新鲜水果原汁、新鲜海产品原汁 1.0～1.8 千克，精盐、淀粉各0.1千克。它所用的原料不煮沸，不加添加剂，充分利用原有的营养成分，制成的面条口感清香、滑润，色泽鲜艳，工艺精细、卫生，适合各类人员日常食用，特别是可为老人、孩子和在高山、沙漠缺水少菜地区工作的人员补充必要的维生素、纤维素和微量元素。

232. 颗粒酱油的酿制方法

申请号：95102374　　公告号：1130995　　申请日：1995.03.14

申请人：武汉华威发酵工业研究所

通信地址：(430050) 湖北省武汉市汉阳区龟山北路1号

发明人：王有为、王跃进、谈惠兰、邢小苗、艾　慎、胡明刚

法律状态：公开/公告

文摘：本发明是一种颗粒酱油的酿制方法。它是以脱脂大豆或豆粕、麦麸和面粉为原料，采用多菌种混合制曲和低盐、固稀、中温发酵，然后榨取生酱油，加入1%～2%的6～8个葡萄糖分子形成的环状物和10%～15%的变性淀粉，补充食盐，调匀生酱油混合物，预热，用喷雾造粒干燥机直接喷雾，干燥成颗粒酱油。该发明工艺简易，使用方便，营养丰富，味道鲜美，酱香浓郁，不易吸潮，成本低。

233. 蔬菜方便面及其制作方法

申请号：96122270　　公告号：1154805　　申请日：1996.11.29

申请人：赵锁龙

通信地址：(030024) 山西省太原市和平北路玉河街53号太原重

发明人：赵锁龙

法律状态：公开/公告

文摘：本发明是一种蔬菜方便面及其制作方法。它属于一种速食面及制作方法。这种蔬菜方便面，包括面粉、蔬菜汁、植物油、精盐和味精原料。该制作方法是：首先将蔬菜去根、去蒂、洗净，磨汁滤渣，过滤后的蔬菜汁的渣与汁的重量比为3：17；接着将各原料混合和面，再经压延成型、蒸面和油炸制成。其中，面粉、蔬菜汁、植物油、精盐和味精原料的重量配比为：面粉100份，蔬菜汁70～80份，植物油10～15份，精盐

2份，味精1份。本发明的优点是，在方便面中含维生素和纤维素多，常吃对人体健康有益。

234. 粉丝的生产方法

申请号：94103712　　公告号：1109284　　申请日：1994.03.31

申请人：张建瑜

通信地址：(321025) 浙江省金华县白龙桥镇金龙路67号

发明人：张建瑜

法律状态：公开/公告

文摘：本发明是一种农副产品深加工——粉丝的生产方法。它由淀粉和水、粉干机挤丝、清水擦丝、蒸汽熏丝等组成。生产时，用主粮、杂粮中的任意单一淀粉或两种以上混合淀粉和水35%，拌匀，加到自熟粉干机挤出不同要求的粉丝；此粉丝待凉后用清水擦开、晒干；再用蒸汽熏蒸；蒸好后再用清水漂开、晒干即成。

235. 谷物膨化后生产发酵制品的新技术

申请号：86100137　　公告号：1012088　　申请日：1986.01.07

申请人：黑龙江商学院

通信地址：(150076) 黑龙江省哈尔滨市道里区通达街50号

发明人：冯德一、王德群、吴　孟、杨铭铎

法律状态：实　审　　法律变更事项：视撤日：1989.09.13

文摘：本发明是一种将谷物膨化后生产发酵制品，是食品工业中的一项新技术。发酵制品的传统工艺，是将谷物首先粉碎，浸泡，再蒸煮糊化，冷却后加曲子和酵母，进行发酵，经一定温度、一定时间后，再经蒸馏或过滤。谷物在气流或挤压膨化过程中，由于受到高温高压的作用，使谷物积蓄了大量能量，其水分呈过热状态。在膨化的瞬间，谷物从高温高压突然降为常温常压，巨大的能量释放，使液态水汽化，再加清水和α-淀粉酶调粉、液化、用糖化剂糖化。其水的体积膨胀2000倍；使谷物结构被拉伸破坏，成为网状或片状，易于液化或糖化。这样，它更有利于发酵，可以简化工序，节省能源，缩短发酵周期，减少酵母用量，提高谷物利用率，改善成品质量，改革传统发酵工艺。

236. 一种可以食用的包装材料

申请号：87102288　　公告号：1015503　　申请日：1987.03.27

申请人：柏　丹

通信地址：(443000) 湖北省宜昌地区轻工业局

发明人：柏　丹

法律状态：授　权

文摘：本发明是一种新颖的可食包装材料。它是由膨化食物制作而成的。该包装材料方便卫生，特别适于食品的包装。其自身具有色彩鲜艳、美味可口、营养丰富之特点；在所盛食品食用完后，可将其直接食用或用沸水冲食，也可与所盛食品一同食用，有利于环境卫生的保护。它还可广泛用于糕点、糖果、快餐及冰淇淋等食品的包装，且重量轻、生产工艺简单，成本低廉，不失为新一代的包装佳品。

237. 膨化乳食品的工艺方法

申请号：88103807　　公告号：1030344　　申请日：1988.06.25

申请人：黑龙江省完达山食品厂

通信地址：(158318) 黑龙江省密山县兴凯湖

发明人：王艳华、周殿军

法律状态：授　权　　法律变更事项：因费用终止日：1992.10.28

文摘：本发明是一种乳糖食品的膨化工艺。即以牛奶、砂糖、液体葡萄糖、淀粉、奶油等为原料，按一定配比，经化糖、熬糖、搅拌、冷却、切粒、高真空烘烤膨化等步骤。其制作工艺的步骤是：①化糖：将砂糖、液体葡萄糖放入化糖锅内，加适量水，升温直到溶化；②熬糖：把溶化的糖浆放入熬糖锅内，加热熬至110～150℃，最好为130℃；③混料搅拌：把熬好的糖浆放入搅拌器内，加入乳干物质、奶油、淀粉和添加剂，混合后进行搅拌，搅拌转速为90～135转/分，时间为20～40分钟；④冷却：搅拌后的乳糖膏倒在冷却台上，不停地翻搅、降温（至约40℃），冷却成软块态；⑤切粒：将软块状乳糖放在平刀切粒机上进行切粒，粒径 3～5 毫米，装入烘烤盘中；⑥真空烘烤膨化：把已装好糖粒的烘烤盘放入真空烘箱中，通电加温（电加热或远红外加热），抽真空，温度为70～75℃，真空度为 93.3～96.0 千帕，时间为 10～20 分钟，糖粒自然膨胀，比原粒胀大 4～5 倍体积，形成膨松圆球状；⑦出箱：断电，破真空，出箱。从而制出圆球状的酥松的膨化乳食品。

238. 谷物膨化粉加工成颗粒的方法

申请号：89103516　　公告号：1040493　　申请日：1989.05.27

申请人：北京市宣武区现代应用科学研究所

通信地址：（100052）北京市宣武区耀武胡同 29 号

发明人：李　琦

法律状态：授　权　　法律变更事项：因费用终止日：1996.07.10

文摘：本发明是一种将谷物膨化粉加工成颗粒的方法。它解决了谷物膨化粉加水后粘度太高不易加工成型的技术难题。它是用喷淋的方式在膨化粉中加水 25%～30%，边加水，边搅拌，搅匀后停止15～20分钟；然后压成片状，投入切割机反复切割后筛出颗粒。颗粒状膨化物可以作为即时粥，颗粒柔软，粘稠爽口，保持了新鲜玉米等的天然香味和营养成分，方便千家万户。这种谷物膨化粉加工成颗粒的方法，开辟了粗粮深加工的新领域，有利于改善公共营养结构。

239. 膨化系列食品的制备工艺

申请号：90102779　　公告号：1046448　　申请日：1990.05.10

申请人：郑州市乳制食品厂

通信地址：（450007）河南省郑州市桐柏路 115 号

发明人：孙玉山、吴　戈、谢　伟、杨柳凤、杨素梅、于旭浩、种克勤

法律状态：实　审　　法律变更事项：视撤日：1993.07.21

文摘：本发明为一种膨化系列食品的制备工艺。它是以谷物为原料，还有 1%～15%（重量）的大豆，先将大豆经干热灭酶处理，再破碎至易进行膨化的粒度，与粒度大小相接近的谷物（必要时进行破碎处理）混合后用膨化机膨化成多种形状的膨化食品材料，在膨化食品材料

外裹拌巧克力原料或多种风味的辅料等进一步加工成膨化系列食品。该工艺克服了现有技术中膨化食品单纯以谷物为原料和膨化食品品种单一等缺点，以多种谷物和大豆为原料，采用合理配比和先进制备工艺，制成多种形状的膨化食品材料，在膨化食品材料外裹拌巧克力原料或多种风味的辅料，进一步加工成营养成分全面，具数十种风味的味佳、气香、质优、价廉的膨化系列食品。

240. 强化谷物营养食品的生产方法

申请号：91108880　　公告号：1059455　　申请日：1991.09.07

申请人：陕西省中国科学院西北植物研究所

通信地址：(712100) 陕西省西安杨陵区

发明人：高公泓、高文海、李宗芬、赵德义

法律状态：公开/公告

文摘：本发明是一种强化谷物营养食品的生产方法。它是将加有10%大豆的玉米粉碎成渣，经膨化机膨化，粉碎成膨化粉，可作为制作食品的原料，还可选择加入不同的辅料，经过搅匀、包装，成为速食营养粉；和成面块(糊)、成型，经炸或烘或烤，成为方便的营养食品。其制作出的食品与人体8种必需氨基酸的模式比较接近，营养不损失，口感好，且制作方法简便，生产周期短，成本低。

241. 蔬菜与谷物混合食品的制作方法

申请号：93114640　　公告号：1102546　　申请日：1993.11.11

申请人：胡建平

通信地址：(100005) 北京市外交部街33号3楼332

发明人：胡建平

法律状态：公开/公告

文摘：本发明为蔬菜与谷物混合食品的制作方法。它是以蔬菜与谷物为主要原料，鲜蔬菜的可食部分与谷物可食部分用量的比例为10：0.5～3.5，先将蔬菜进行脱水和干燥处理，再将其粉碎，然后与大米或玉米等谷物混合，再送入挤压式膨化机中进行膨化，即可得到成型的成品，继而将其粉碎，可得到粉状的成品。

242. 一种混合粮食冲剂的加工方法

申请号：94102998　　公告号：1109285　　申请日：1994.03.31

申请人：鲁德兵

通信地址：(265601) 山东省蓬莱市北沟镇三十里店村

发明人：鲁德兵

法律状态：实　审　　法律变更事项：视撤日：1998.06.17

文摘：本发明是一种混合粮食冲剂的生产加工方法。其生产方法是由以下步骤组成：第一步，选用玉米、大豆、大黄米、白米、粘米为原料，将各种粮食过筛精选，再将玉米经脱皮机去皮，大豆经罗选机罗选，大黄米、白米、粘米用水冲洗烘干；第二步，按照4∶1∶1∶1∶2的比例依次将处理后的玉米、大豆、大黄米、白米、粘米混合均匀；第三步，将第二步所获得的混合料送至高温速热膨化机进行膨化，膨化时间一般掌握在1分钟零8秒；第四步，将膨化完的粮食依次进行3级粉碎，其中一级粉碎所获颗粒为40～60目粒体，二级粉碎所获颗粒为80～90目，三级粉碎颗粒度为100目，将粉碎后粒体送至喷粉机喷取成100～120目粉体；第五步，按照粉体与白糖4∶1的比例加入白糖，与粉体混合均匀。本发明解决了现有粮食冲剂生产方法中所存在的制成品营养成分不均衡、口感差、熟化程度不好、不利于人体吸收的弱点。其主要技术特征在于采用玉米、大豆、大黄米、白米、粘米为原料，经膨化后再经3级粉碎，最后喷粉而制成。这种方法可广泛用于粮食冲剂生产，并能获得较好的效果。

243. 长寿面粉及其制作方法

申请号：94115170　　公告号：1118666　　申请日：1994.09.16

申请人：成桂田

通信地址：(074102) 河北省涞水县石亭镇义和庄村成建书转

发明人：成桂田

法律状态：实　审

文摘：本发明是一种长寿面粉及其制作方法。它是选用膨化后的黄豆、玉米、海带按1：2.5～3.6：0.01～0.03的重量比混合而制成。这种长寿面的产品多营养，防疾病，口感好，利消化，而且原料来源广泛、价格低廉，故易于推广、普及。

244. 膨化儿童食品

申请号：95118005　　公告号：1130992　　申请日：1995.10.28

申请人：玉环县好味食品有限公司

通信地址：(317602) 浙江省玉环县坎门镇工业区

发明人：刘财宝

法律状态：公开/公告

文摘：本发明是一种膨化儿童食品。这种膨化的儿童食品，包括由大米、玉米混合后置于膨化机膨化成的坯片或短条，然后将坯片或短条再用白糖、植物油、香精、人参或西洋参滚拌制作而成。它不仅营养价值高、色泽悦目、气味甘纯、口感好、不油腻，而且具有提神补气、促进人体新陈代谢之药效，特别适合儿童食用。

245. 一种含DHA的健脑膨化食品

申请号：95119595　　公告号：1130040　　申请日：1995.12.05

申请人：杨学斌

通信地址：(072650) 河北省定兴县繁兴街南段河北双灵保健品(集团)公司

发明人：杨学斌

法律状态：公开/公告

文摘：本发明为一种含有DHA的健脑膨化食品。其目的在于解决现有的此类食品或饮料因鱼油具有腥味而难于直接服用的问题。该食品含有鱼油、淀粉、食盐、调味剂，并将鱼油包裹于膨化后的淀粉内。这种含有DHA的食品具有纯食品的外观，口感良好，能够提高机体的抗病能力，预防疾病，特别是有助于人的大脑必需的营养物质DHA的加强和增强智力。

246. 速食饭的加工工艺及包装方法

申请号：90104839　　公告号：1058327　　申请日：1990.07.27

申请人：陈振铎

通信地址：(100088)北京市海淀区蓟门里小区南二楼1门501

发明人：陈振铎

法律状态：公开/公告　　法律变更事项：视撤日：1994.10.26

文摘：本发明是一种速食饭的加工工艺。其外包装是以塑料薄膜制成的肠衣，又因在肠衣熔接缝的边缘处打了几个小孔，使食用者很易从孔处撕开包装。其设计新颖，携带方便，便于保存，在室温或0℃以下可保存3～15天。

这种速食饭的加工工艺及包装方法有以下6个步骤：①原料的预处理；②按一定比例或配方秤量配料；③烹调、蒸煮；④冷却；⑤灌装；⑥杀菌消毒。通过上述方法，使谷类、蔬菜、肉类、鱼类、蛋类、植物油、调味品合在一起，并灌装在用塑料薄膜制成的肠衣内。

247. 一种制作虾片的方法

申请号：90104884　　公告号：1058516　　申请日：1990.07.31

申请人：李　非、丛小甫

通信地址：(100021)北京市朝阳区劲松三区306楼2门3号

发明人：丛小甫、李　非、刘　明

法律状态：授　权

文摘：本发明是一种制作虾片的方法，属于农副产品加工业。它利用挤出机使熟料被挤压通过一个具有1组小孔的模头，制成1条由数十以至数百根平行细丝并联在一起的坯料，经切片、干燥后，得到表面有网纹图案，内部呈颗粒状组织结构，且在颗粒内富含细微空气泡结构的虾片。制作虾片的方法是：①制作虾片的原料可以是淀粉、米粉、面粉等粮食粉、调味品、水，不含化学膨松剂；②原料混合后，先经过熟化，再被挤压通过一个具有1组小孔的模头，形成条状坯料；③待条状坯料冷却至室温后，切片、干燥，即为成品虾片。其外观新颖，不含化学膨松剂，炸制时有良好的膨胀率。本发明亦可用于其他预膨化食品的生产，如虾球、虾条等的制作。

248. 一种速熟食品的制作方法

申请号：91100648　　公告号：1063804　　申请日：1991.01.30

申请人：邢台市实用技术开发研究所

通信地址：（054001）河北省邢台市新兴东路55号

发明人：何玉铭

法律状态：公开/公告

文摘：本发明属于制作或加工面粉食品的方法，是一种特别适用于制作玉米等粗杂粮面粉速熟食品的方法。它的制作方法是：含水和一定量的发酵粉、调味剂等配料的面粉或面团，经挤压成型、加热熟化或配合减压膨化等工序的速熟食品制作方法，以对入有效量饮用水的玉米、大米、小米等粗杂的面粉作原料，拌匀后送入具有加热装置的密闭管道中通过两段以上加热区，加热区温度沿面粉运动方向不断升高；被加热后熟化的面粉糊，在有效的压力作用下被挤压出密封管道成为微膨化的熟食品条，再将经过烘干、切段制成的条棒状、颗粒状熟食品过油、喷布调味料。它兼备"锅巴"与膨化食品特色的速熟食品，实现了粗粮细作，并具有方法易于掌握和适用范围较广等特点。

249. 一种方便保健食品抓饭糊的制作方法

申请号：91110510　　公告号：1071814　　申请日：1991.10.26

申请人：刘仲明

通信地址：（838204）新疆维吾尔自治区鄯善地质一大队地矿科绘图室李军转刘仲明

发明人：刘仲明

法律状态：授　权　　法律变更事项：因费用终止日：1996.12.11

文摘：本发明为一种方便保健食品——抓饭糊。这种方便食品——抓饭糊的制作方法是：①将大米、玉米、小麦等原料，除去杂物洗净，胡萝卜洗净切碎，同时把骨头蒸酥；②将蒸酥的骨头连汤倒入盛有洗净谷物的容器内，加入胡萝卜和调味品后混合，在一定温度下蒸熟，压成薄片放入油锅中炸黄或将谷物蒸熟加入骨头胡萝卜调味品后在一定温度下烧成金黄色锅巴；③将锅巴磨碎后即成抓饭糊。它适合于各种年龄的人食用，尤其是缺钙的老年人和儿童，长期食用无需服钙片，并能增加免疫能力。该食品原料丰富，制作简单，适合于中小企业批量生产。

250. 玄元粉

申请号：93103828　　公告号：1078095　　申请日：1993.03.24

申请人：潘相亭

通信地址：(463000) 河南省驻马店市西园街地区实验小学

发明人：潘相亭

法律状态：授　权

文摘：本发明是一种滋补保健食品玄元粉。它是以纯天然食物的谷物类多种食粮为主要原料，以多种植物油料、牛肉、牛骨髓和多种口味调料为辅助原料所组成。这种玄元粉的制作方法是：①谷物类食粮为经加工而成的酥熟全小麦粉或酥熟小麦面粉，酥熟全玉米粉或酥熟玉米面粉，酥熟全黑豆粉或酥熟黑豆面粉，酥熟全红豆粉或酥熟红豆面粉，酥熟全豌豆粉或酥熟豌豆面粉以及酥熟的糯米粉、大米粉、黑大米粉、黑小米粉、黄小米粉；②植物油料为生核桃仁粉和经加工而成的酥熟花生仁粉，黄(白)芝麻粉，黑芝麻粉；③调料为经加工而成的酥熟干姜粉；④有经加工而成的酥熟牛肉干粉；⑤有经加工而成的熟牛骨髓。本发明是在祖传秘方的基础上，经科学配方，制成了这种人体所需要的、营养丰富的、使人体营养平衡的、口味调配适应范围广的滋补保健食品。

251. 五谷饮品

申请号：93106080　　公告号：1095244　　申请日：1993.05.20

申请人：范永生

通信地址：(025350) 内蒙古自治区克什克腾旗技术监督局

发明人：范国峰

法律状态：公开/公告　　法律变更事项：视撤日：1996.10.02

文摘：本发明是一种五谷饮品。该饮品分别应用或它们之间混用的小麦、大米、小米、玉米、高粱为原料的，经过工艺磨浆，加上另外一些辅料而制成的宝露饮料。本饮品在同等营养条件下，可以随时随地饮用，方便快捷。

252. 美味营养保健米酒

申请号：93107117　公告号：1096816　申请日：1993.06.21

申请人：张廷杰

通信地址：(100020) 北京市朝阳区东大桥东里7号楼5门102号

发明人：张廷杰

法律状态：公开/公告　　法律变更事项：视撤日：1996.11.20

文摘：这是一种美味营养保健米酒。它有两种剂型，即固液食用型米酒和液态饮用型米酒。这两种剂型的基料均由糯米、粳米或黄米、小米、甜酒药干果以及添加剂等制成。其基料制法为：将上述米类淘洗后，常温下浸泡12～24小时，滤去水分后，经100～110℃蒸汽猛吹20分钟，冷水冲淋降温至30～35℃按原始米重拌入0.5%～2%甜酒药，1‰葡萄糖，冷水对至原始米重2.5倍后，在30～32℃条件下密闭发酵24～48小时而制成。前者是在基料中加入稳定剂、山梨酸钾、莲子、甜菊苷、桂花香精等经加工灭活制成；后者是在基料中加入稳定剂、山梨酸钾、甜味剂、桂花香精等经均质脱气、过滤、灭活加工制成。本产品不仅口感良好、营养丰富，而且能大量生产、装瓶或装袋运输，可较长时期保存。

253. 五谷保健食品及其制作方法

申请号：93108339　公告号：1097101　申请日：1993.07.09

申请人：黄秀华

通信地址：(514031) 广东省梅州市城西大道17号107房

发明人：黄秀华

法律状态：授　权

文摘：本发明是一种五谷保健食品及其制作方法。它将具有宁心安神、健脾开胃、健康长寿之功效的黑芝麻、精麦、粳米、黑豆、小粟、淮山、枸杞子、土茯苓、玉米与莲子等10多种天然植物，分别加工后，按配方比例混和制成粉状，供冲调服用。五谷保健食品包括以下成分（重量百分比）：黑芝麻5%～7%，淮山4%～6%，精麦3%～5%，枸杞子4%～6%，粳米9%～11%，土茯苓4%～6%，黑豆9%～11%，玉米5%～7%，小粟9%～11%，莲子8%～10%，白糖25%～30%。其优点在于加工方法简便易行，既便于大规模生产，又便于家庭制作，作为常用保健品功效显著，含有人体所需要的高蛋白低脂肪、维生素、钙质，具有除湿健脾胃、延年益寿的特点。

254. 一种血红素谷类粉食品

申请号：93112329　　公告号：1089791　　申请日：1993.01.21

申请人：上海农业科学院

通信地址：（201106）上海市北翟路2901号

发明人：沈建英、杨廷超、张承民、朱　钧

法律状态：公开/公告　　法律变更事项：视撤日：1997.03.19

文摘：本发明是一种血红素谷类粉食品。它是由血红素和各种谷类粉组成。其中血红素添加量占0.01%～1%，其余为各种谷类粉，经混合后用传统加工工艺制成面条、米粉、玉米食品、中西式糕点等酥类、膨化食品。本发明不但口味佳，而且含有血红素能对人们的缺铁性贫血起一定的防治作用，是值得推广的一种食疗品。

255. 一种速食粥及其制作生产方法

申请号：93121012　　公告号：1087477　　申请日：1993.12.28

申请人：马煜锋、荣占奎

通信地址：（100027）北京市东城区新中街东巷16号

发明人：马煜锋、荣占奎

法律状态：公开/公告　　法律变更事项：视撤日：1997.05.07

文摘：本发明是一种速食粥及其制作方法。它是由小米、红枣、黑米、江米、银耳、桂圆、栗子等为原料加工制作而成。这种速食粥的制作方法如下：①将小米谷物用温水清洗，浸泡60～120分钟，沥去未吸收的水分，在常压下用温度100～105℃的蒸汽加热20分钟，使之初步熟化，然后采用喷淋或喷雾方法，依投料重量按5：2～4的比例均匀加水，然后再用热蒸汽在常压下加热20～30分钟，即可送入干燥炉中，1次干燥至含水量为9%～11%(重量百分比)；②将红枣清洗去核并在40～60℃的温水中浸泡2～4小时，然后沥干并放入干燥炉中，通入90～110℃的热风，经10～15分钟使其干燥至含水量12%(重量百分比)左右，然后粉碎成2～4毫米的颗粒；将银耳、桂圆肉清洗干净后，放入干燥炉中干燥至含水量10%～12%；然后粉碎成2～4毫米的碎片；将栗子去皮后放入烤箱中，烤熟并使其含水量降至10%左右，然后粉碎成1～2毫米的碎末；将上述成分以任意比例，同经过膨化、磨粉，并与干燥至含水量10%左右的小米、黑米、江米等谷物及食用糖加工成混合物；③将经蒸熟干燥和膨化的谷物及添加的天然成分按比例混合，即为成品速食粥。经蒸熟干燥的谷物和经膨化的谷物的重量混合比为2～5：1。

256. 小米方便粥

申请号：93121238　　公告号：1104443　　申请日：1993.12.30

申请人：季相金

通信地址：(110101)辽宁省沈阳市苏家屯区枫杨路129号

发明人：季相金

法律状态：公开/公告　　法律变更事项：视撤日：1998.08.12

文摘：本发明是一种小米方便粥。它以小米为主要原料，配以小豆、红枣、红糖、黑米。小米方便粥的配方如下：小米80%～83%，小豆4%～5%，红枣4%～5%，红糖3%～4%，黑米4%～5%，调味剂0.5%～0.8%，营养添加剂0.3%～0.5%。以上均为重量百分比。其营养互补，可起到保健的作用。

257. 方便米粥及其制作方法

申请号：93121251　公告号：1090978　申请日：1993.12.31

申请人：赵新智

通信地址：(100076)北京市永定门外东高地东营房京锦冷饮厂

发明人：赵新智

法律状态：公开/公告　法律变更事项：视撤日：1997.05.21

文摘：本发明是一种方便米粥。它的制作方法：①先将大米、小米或玉米洗净、沥干；②加入0～1‰苏打于上述谷物中拌均匀；③放入膨化机中以250℃温度、3922.7千帕压力下进行膨化；④将大豆在250℃温度、3922.7千帕压力下进行膨化；⑤将膨化物粉碎，使其呈粉状；⑥将脱脂奶粉、大豆、杏仁、松仁、葵瓜子、糖、盐等副料按比例放入其内，其成分量范围为：大豆0～15％，奶粉0～15％，松仁0～10％，杏仁0～10％，葵瓜子0～10％，糖0～15％，盐0～3％；⑦定量包装，并放置0～5％的调味料，将调味料单独包装成小包。本方便粥是固体状产品，食用时，加水即可调和成可口美味的米粥，且贮运方便、食用简便、富有营养。

258. 减肥粥及制备方法

申请号：94100090　公告号：1105203　申请日：1994.01.11

申请人：屈万发

通信地址：(137412)内蒙古自治区牙克石市乌尔旗汉镇团结街0200号

发明人：屈万发

法律状态：公开/公告　法律变更事项：视撤日：1997.05.21

文摘：本发明是一种供人食用或饮用的粥(饮料)。本发明的配方包括：用一般饮用的清洁水进行两次发酵的小米和黄豆，粮食中的配比按小米60％～80％，黄豆20％～40％，其他成分主要是水，粘稠度为1千克干面料对入8～12千克左右的水。其原料成分为经过两次发酵的小米70％，黄豆30％。第一次发酵是用凉水分别淘洗的小米、黄豆和绿豆倒入容器加凉水，水没过粮食10厘米，盖好容器，环境温度20℃，保持48小时，经第一次发酵后将小米、黄豆和绿豆按配方配制混合，用水磨研成100目左右的浆状，用锅加温煮熟，粘稠度为500克干面料对10千克水，煮熟的浆料不等凉就倒入缸中，盖严，进行第二次发酵，环境温度保持在20℃，时间48小时。

259. 一种用于制作快餐粥的小米粉及其制作方法

申请号：94100661　　公告号：1105531　　申请日：1994.01.21

申请人：李建发

通信地址：(457001)河南省濮阳市中原油田劳动服务总公司

发明人：李建发

法律状态：实　审　　法律变更事项：1997.12.31

文摘：本发明是一种制作小米粉的特殊方法。它是由下列成分组成(重量百分比)：50%～70%的小米，10%～20%的玉米，5%～20%的大米，5%～10%的糯米，5%～15%的小麦，1%～10%的芝麻，1%～10%的核桃仁和1%～10%的杏仁。该制作方法的特点是用铁锅将小米粉炒熟。用本方法制作的小米粉是一种即冲即食的纯天然食品。

260. 一种杂粮方便粥及其制备方法和设备

申请号：94100998　　公告号：1106224　　申请日：1994.02.07

申请人：宋天义、王振声

通信地址：(046000)山西省长治市解放西路6号1户

发明人：宋天义、王振声

法律状态：实　审

文摘：本发明为一种杂粮方便粥及其制备方法和设备。杂粮方便粥主要包括面粉、黑豆粉、荞麦粉、小米粉、玉米粉、黍米粉、薏米粉、莜麦粉等谷物，还有猴头、银耳、芝麻仁、花生仁等补品以及白糖，各种原料混合后经膨化，挤压粉碎为成品。其中各组分的重量份数如下：黑豆粉8～12，莜麦粉6～10，荞麦粉6～8，玉米粉6～8，小米粉6～8，黍米粉6～8，薏米粉2～3，猴头2～3，银耳2～3，花生仁5～8，芝麻仁5～

6，面粉23～46，白糖的重量与上述所有原料之和的重量比为2.8%～3.2%。本品富含多种谷物的营养成分，此补品合理配制，具有营养全面，强力健体的功效；制备方法简单易行，所用设备投资少；经膨化后的本品用开水冲调即可食用，味好且方便。

261. 一种膏状滋补保健品

申请号：95109310　　公告号：1142369　　申请日：1995.08.07

申请人：广西中医学院

通信地址：(530001)广西壮族自治区南宁市明秀东路21号

发明人：刘华钢、岑家铭、陈艳芳

法律状态：公开/公告

文摘：本发明是一种膏状滋补保健品。它是由大黑蚂蚁、龟壳、茯苓、淮山、大枣、假蒌、凉粉以及百合、桂圆肉、罗汉果、黄芪、黄精、蔗糖、蜂蜜按一定比例配制而成。其制备方法是：将大黑蚁等药物用水提取，再与调成糊状的凉粉混合并加调料；然后加热调成膏状；最后经罐装灭菌而制成。本发明生产成本低，产品香甜清爽可口，滋补效果好，适合各年龄层次人员长期饮用。

262. 抗结石晶

申请号：94107336　　公告号：1101228　　申请日：1994.07.04

申请人：清华大学

通信地址：(100084)北京市海淀区清华园

发明人：梁俊峰、郑昌学、钟厚生

法律状态：公开/公告

文摘：本发明是一种预防肾结石和防止治疗后肾结石再生的保健食品及其制作方法。该保健食品由米糠、山楂和麦麸组成，按一定比例混合并粉碎，通过干热或γ-射线辐照灭菌后而制成。这种预防肾结石和防止治疗后肾结石再生的保健食品的组成和重量配比如下：米糠50%～80%，山楂5%～30%，麦麸5%～20%。本产品由天然产物组成，无任何副作用，长期服用有明显的预防肾结石形成和防止治疗后肾结石再生的功效。

263. 一种全天然糊状食品及其生产方法

申请号：94109479　　公告号：1101803　　申请日：1994.08.20

申请人：蒋鸿钧

通信地址：(475001) 河南省开封市卧龙街3号楼3单元1号

发明人：蒋鸿钧

法律状态：公开/公告　　法律变更事项：视撤日：1998.02.18

文摘：本发明是一种全天然糊状食品及其生产方法。它是由炒小米粉或炒玉米粉和柿子糊组成，它们两者的组分重量比为1：2～3，其中所述的柿子糊是加糖的生柿子糊或是加糖的熟柿子糊。由于它是将具有较高营养价值的小米或者玉米经加工制成的炒米粉与营养素组成全面且含糖分较高，并经加工制成的柿子糊，按1：2～3的组分配制而成为全天然糊状食品。所以，它不仅生产方法简单，而且美味可口，是老、幼皆宜的方便食品。

264. 一种快餐药粥的生产方法

申请号：94110106　　公告号：1108483　　申请日：1994.03.12

申请人：陈顺志

通信地址：(121001) 辽宁省锦州市锦州医学院

发明人：陈顺志

法律状态：公开/公告　　法律变更事项：视撤日：1997.09.24

文摘：本发明是一种快餐药粥的生产方法。它解决了药粥熬煮、食用不便的缺点，制成快餐方便药粥。用冷水、温水、热水、矿泉水、米汤、小米粥或大米粥调制即成粘稠状药粥，并保持其效用不变。以糖分、香料、调味品等为添加剂，以活性钙或维生素等为强化剂，经过预处理，浸取、熬煮、冷冻、干燥、配料、混匀、包装的工艺过程制成粉状、晶状、片状或颗粒状固体快餐药粥的方法。这种快餐药粥是以动植物性食品及中药材为原料，以谷物及其膨化淀粉为载体。该快餐药粥不含防腐剂，保存期长，食用方便。

265. 方便粥“甜沫王中王”及其制作方法

申请号：94110431　　公告号：1095229　　申请日：1994.01.29

申请人：王卫东

通信地址：(250023)山东省济南市济齐路12号(八里桥北)

发明人：王卫东

法律状态：公开/公告　　法律变更事项：视撤日：1997.05.21

文摘：本发明是一种方便粥“甜沫王中王”及其制作方法。它的配方主要是由粳米、玉米、小米、糯米、黑米、黑豆、大豆、红小豆、黑(白)芝麻、花生米、莲子、葵花仁、核桃仁、西瓜籽、青红丝等为主料及棕榈油、胡萝卜、菠菜、葱、姜、粉丝、豆腐皮、胡椒、咖喱粉、精盐等成分为副料按一定比例配制而成。经粉碎、切碎脱水、熟化、配料、计量、包装等工序加工制作。这种方便粥具有食用方便、营养丰富等特点。

266. 多元配餐粉

申请号：94110531　　公告号：1110095　　申请日：1994.04.05

申请人：刘宗友威海罐头厂

通信地址：(264200)山东省威海市解放路1号

发明人：姜　林、李书安、李远见、刘宗友、王洪英

法律状态：公开/公告　　法律变更事项：视撤日：1997.09.24

文摘：本发明是一种多元配餐粉。它是以大麦、玉米、胡萝卜粉、芝麻、海带、活性酵母粉为原料，经加工，并按一定比例混合配制而成。其配制组分比例是：大麦芽粉为25%～35%(重量百分比，以下同)，玉米粉为40%～55%，胡萝卜粉为3%～10%，芝麻为2%～5%，海带为3%～5%，活性酵母粉为3%～8%。食品中含有丰富的氨基酸、维生素、消化酶及人体所必需的微量元素，具有营养保健作用，食用时只需向粉剂中冲入开水即可，口味好，特别有益于老年人及儿童食用。

267. 雪蛤油粥品及其制作方法

申请号：94113172　　公告号：1107664　　申请日：1994.12.12

申请人：马殿杰、陈观平、马　辛

通信地址：(414003) 湖南省岳阳市洞庭氮肥厂离退办

发明人：陈观平、马殿杰、马　辛

法律状态：公开/公告　　法律变更事项：视撤日：1998.02.11

文摘：本发明介绍了一种雪蛤油粥品及其制作方法。其配方为：雪蛤油 0.1%～0.2%，干贝 0.2%～0.3%，瘦猪肉 5%～6%，香菇 1%～2%，精米 6%～7%，糯米 2%～3%，甜玉米 1%～2%，调料适量，食盐或糖若干，余为水。其制作方法是：采用温水泡发、粉碎磨浆、加热煮制、灭菌封装等工艺。本发明所提供的粥品具有提神益气、润肺生津、强身健体的综合功效，可广泛适用于各类人群食用。

268. 快捷炒米面粥及其制作方法

申请号：94114227　　公告号：1124589　　申请日：1994.12.16

申请人：马惠清

通信地址：(250021) 山东省济南市经七路聚善街东居委会马子勋转

发明人：马惠清、尚志贞

法律状态：公开/公告　　法律变更事项：1998.04.22

文摘：这是一种快捷炒米面粥。它以小米粉、黄米粉和蒙古炒米粉为主料，以食糖、食盐、芝麻粉、青丝、红丝和压缩菜等为辅料；辅料单独包装，主料和辅料定量密封包装。它的组成成分(重量百分比)为：主料：炒小米粉 40%～60%，炒黄米粉 10%～30%和蒙古炒米粉 10%～20%；辅料：炒芝麻粉 0～10%，食糖 0～5%，食盐 0～3%，青丝 0～0.5%，红丝 0～0.5%和压缩菜 0～1%，按总量为 100%组成。食用时取适量主料和辅料冲以开水再加以搅动，即可快捷地制成一种飘溢香气、营养丰富、粘稠适口的炒米面粥，特别适合儿童、老人和病体虚弱者食用。

269. 雪食及其制作方法

申请号：94115093　　公告号：1117350　　申请日：1994.08.26

申请人：尹振凯、马立田

通信地址：(100073) 北京市丰台区太平桥东里5号楼

发明人：马立田、尹振凯

法律状态：实　审　　法律变更事项：视撤日：1998.02.11

文摘：本发明是一种雪食及其制作方法。它是属于新型冷冻食品的制作技术。它提供了一种以粮谷为基料，经膨化、粉碎后辅以糖、果汁、黄油，再经制浆、均质、凝冻后制作雪食的方法。这种制作方法拓展了冷冻食品的原料领域，解决了粮谷冷冻食品易回生的难题。经膨化的粮谷必须粉碎成100目以上的粉末后再用于制作雪食，使用量为5%～50%。

270. 百合系列保健食品的制作方法

申请号：94115958　　公告号：1117809　　申请日：1994.09.02

申请人：长春市工程食品研究所

通信地址：(130042) 吉林省长春市大经路24号

发明人：童明鑫、宋企文

法律状态：实　审　　法律变更事项：视撤日：1998.11.18

文摘：本发明介绍了一种保健食品——百合系列保健食品的制作方法。它是用具有润肺止咳、宁心安神功效的百合粉与大米粉、糯米粉、玉米粉或面粉为主料，佐以蛋黄、杏仁、银耳、大枣、龟肉、芝麻、调味料等为辅料，采用现代食品加工技术——食品膨化法或罐装法等，制得一系列不同形状、不同口味、不同包装、保存期长、具有保健作用的系列百合保健食品。其最终制品有百合方便米粥、百合保健粉、百合保健膨化食品、百合方便面以及精装百合药膳等。百合粉与其他主料(大米粉、糯米粉、玉米粉或面粉)的比例为1∶1～2.5，可根据最终产品的不同分别加入蛋黄、杏仁、银耳、大枣、龟肉、芝麻、五香粉、麻辣粉、海鲜粉、巧克力、奶粉等不同辅料。它为百合的深加工开辟了一条新路。

271. 杏仁八宝粥罐装食品及其生产工艺

申请号：95108704　　公告号：1141131　　申请日：1995.07.23

申请人：陈云志

通信地址：(024000) 内蒙古自治区赤峰市赤峰冶炼厂

发明人：陈云志

法律状态：公开/公告

文摘：本发明是一种杏仁八宝粥罐装食品及其生产工艺。它是将杏仁与现有的八宝粥罐装食品的生产技术结合起来，生产出杏仁八宝粥罐装食品。本发明既保持了现有八宝粥罐装食品的特色，又具有杏仁的芳香，且价格低廉、食用方便、保存期长。

272. 婴儿食品

申请号：95110372　　公告号：1126040　　申请日：1995.03.15

申请人：王美岭

通信地址：(250013) 山东省济南市甸柳小区4区6号楼东2单元2层西

发明人：王美岭、刘　承

法律状态：公开/公告

文摘：本发明是一种"离奶宝"婴儿食品。这种婴儿食品的配方及用量范围(按重量百分比)：小米粉15%～45%，大豆粉10%～25%，玉米粉10%～50%，蛋黄粉0%～20%，奶粉0%～15%，蔗糖15%～20%，海带粉0～6%，菠菜粉2%～6%，牛磺酸0.001%～0.01%，无机盐0.5%～2.5%，维生素0.5%～1.8%。它可以预防地方性甲状腺功能低下病和小儿痴呆病的发生。经大量婴儿食用实验，贫血率下降76.7%，缺钙率下降80%，患病率下降75%，可见"离奶宝"是婴儿断奶期优良的补充食品。

273. 姜糖八宝粥

申请号：95110958　　公告号：1130479　　申请日：1995.03.03

申请人：田　华

通信地址：(225002) 江苏省扬州市文化路33号

发明人：田　华

法律状态：公开/公告

文摘：本发明提供一种口味新、营养丰富、保健功能好的姜糖八宝粥。它是以生姜和老红糖为八宝粥的主要配料。它利用姜中含精油、辣味化合物，脂肪油、淀粉、戊聚糖、蛋白质、纤维素、蜡、有色物质和微量矿物质的特点，并与带有暖性特性的老红糖相互混合制成姜糖膏和微小的姜粒或制成姜汁与老红糖混合后加入到用糯米、花生仁、红豆、麦片、绿豆、薏仁、花豆、桂圆为主料而烧制的八宝粥中而成为姜糖八宝粥。

274. 叶酸强化食品

申请号：95111220　　公告号：1127080　　申请日：1995.01.20

申请人：李调英

通信地址：(610041)四川省成都市寄生虫病防治研究所

发明人：李调英

法律状态：公开/公告

文摘：本发明是一种保健食品——叶酸强化食品。它是以玉米粉、面粉、面包、淀粉、奶粉、蛋糕、黑芝麻糊、巧克力为原料，添加叶酸粉末分别混匀或分别混匀后加工成型，为叶酸强化食品。这种叶酸强化食品主要预防神经管畸形儿的发生和防治巨幼红细胞贫血。神经管畸形，是一组新生儿先天畸形病，主要病因是妊娠早期孕妇体内叶酸缺乏，而巨幼红细胞贫血主要是叶酸缺乏所致。食用叶酸强化食品，该病可得到有效的预防和治疗。本发明是将叶酸粉末与各类食品分别混匀，分别包装，交替食用，能及时对叶酸需要者给以叶酸补充，食用方便，效果好。

275. 西藏南美藜系列营养粥

申请号：95111317　　公告号：1133132　　申请日：1995.04.14

申请人：西藏商贸进出口总公司

通信地址：(850002)西藏拉萨市民族路3号

发明人：孙日芒、赵　鑫、韩峙京

法律状态：公开/公告

文摘：本发明为一种西藏南美藜系列营养粥。该粥以西藏高原产的南美藜为主要原料，适当选择辅配料，辅之以药食两用的植物或动物原料；经原料选拣、浸泡、预煮、装罐、注装魔芋精粉装罐液，再经封口、杀菌等工序制作成的西藏南美藜八宝粥、莲枣粥、枸鳝粥、银杞粥等。本发明具有营养丰富、口感良好、食用方便、药食相兼的优良效果。

276. 富硒淀粉

申请号：95118513　　公告号：1132605　　申请日：1995.11.30

申请人：张先芬

通信地址：(430061) 湖北省武汉市武昌区中山路395号

发明人：张先芬

法律状态：公开/公告

文摘：本发明是一种富硒淀粉。此富硒淀粉是于淀粉中加入含硒的化合物，使淀粉中硒的含量为2～5毫克/千克；其中硒的化合物可以是亚硒酸钠、硒酸钠、富硒酵母或富硒蛋白粉中的1种或几种。这种富硒淀粉是在食用淀粉中添加硒化合物制成的强化食品，人体通过食入淀粉而达到补硒保健的目的。

277. 有馅粉条

申请号：95244446　　审定公告号：2251880　　申请日：1995.07.28

申请人：沈树家

通信地址：(200002) 上海市虎丘路142号57室

发明人：沈树家

法律状态：授　权

文摘：本发明为一种实用新型的用淀粉制成的有馅粉条副食品。它是将粉条做成中空，中间灌入副食品及其他营养物质作馅子的有馅粉条，其馅子在面环中。传统的粉条，一般用淀粉制成，营养价值较低。为了解决这个问题，通常在烹饪时添加副食品，以改善口味和提供均衡营养。这种实用新型的有馅粉条的生产是为给目前市场上提供一种改进型的粉条副食品。它将粉条做成中空状，中间灌入用副食品和其他营养物质，组成有馅粉条，这样就可以达到改善粉条的色、香、味，并可科学地配置各种营养，节省烹饪时间，提高食用价值。如将有馅粉条做得细一点儿，圆形的，就成为有馅粉丝。

278. 一种用水冲成糊状食用的新配方粉末状食品

申请号：96102764　　公告号：1160497　　申请日：1996.03.28

申请人：朱　毅

通信地址：(300451) 天津市塘沽区塘汉路14号毛条厂院内热力公司

发明人：朱　毅

法律状态：公开/公告

文摘：本发明是一种新口味的方便食品。它解决的主要问题是使这种食品具有多种不同的新口味。发明的食品是以小麦粉、绿豆面或红小豆面为主要原料，又加入奶粉、可可粉、咖啡粉、甜杏仁粉、山楂粉5种物质中的任意1种或几种。用热开水冲成糊状即可食用。

279. 快餐麻什子及其加工方法

申请号：93116744　　公告号：1087235　　申请日：1993.08.27

申请人：李勤生

通信地址：(710100) 陕西省西安市长安韦曲北街69号

发明人：李勤生

法律状态：公开/公告　　法律变更事项：视撤日：1997.06.18

文摘：本发明是根据民间传统小吃，经科学配方，用独特的工艺方法，即以专用生产线加工成的一种快餐佳品——麻什子。它是由形状独特的主食麻什子、副食(8种纯天然"鲜珍"和8种纯天然蔬菜)及袋装各类调味汤料所组成，其中麻什子为螺壳状，主要组成是精制面粉，加有鸡蛋、精盐及调和有食品添加剂；8种纯天然"鲜珍"包括川竹笋、银耳、冬菇、猴头菇、干贝、鱼骨、鱼肠、乌鱼蛋；上述的蔬菜包括常用菜和季节性菜；各类袋装调味汤料包括麻辣海鲜、牛肉、炸酱、三鲜、鸡味、虾味及素味，可根据不同口味搭配封装成各类不同的快餐麻什子食品。以袋或盒装形式，内含主食麻什子、副食天然“鲜珍”和蔬菜，各种口味的汤料。蔬菜经专用设备及方法进行净化和保鲜，麻什子经科学配方和加工方法，外形为螺壳状，外观呈乳白色，富有弹性。本食品营养丰富，种类齐全，食用极为方便，将食品盒打开用开水冲泡3～5分钟即可食用，也可干吃，口感良好，保存期6个月，是出差和旅游的必备佳肴。

280. 一种膨化食品的制作方法

申请号：94118559　　公告号：1129532　　申请日：1994.11.24

申请人：崔立中

通信地址：（130012）吉林省长春市1019信箱国营二二八厂

发明人：崔立中、崔立国

法律状态：公开/公告

文摘：本发明是一种制作膨化食品的新方法。该食品是在配制好的淀粉质物料中直接加入水果、蔬菜等含水分大的食品，搅拌均匀后，经喷爆机第一次膨化，放入挤压机挤压成型；取出干燥后，再放入温度为100～160℃的油中第一次油炸膨化；马上转入温度为200～280℃的高温油中第二次油炸膨化。经重新膨化的食品，其网膜组织更加均匀，膨化度更大。用此方法制出的食品表面颜色一致，口感松脆。它将以往的单纯水果、蔬菜风味膨化食品转变成全价水果、蔬菜膨化食品。

二、豆类加工技术

（一）大豆加工技术

281. 用酶法、物理法处理大豆的方法

申请号：89102337　　公告号：1038575　　申请日：1989.04.16

申请人：长春市轻工设计研究所

通信地址：（130051）吉林省长春市斯大林大街6号

发明人：郭志坚、塔怀志、阎广璎

法律状态：授　权　　法律变更事项：因费用终止日：1995.06.07

文摘：本发明是一种用酶物理法处理大豆深加工的新工艺。其制作工艺是：①经清杂的大豆，以温度120～180℃，时间0.5～5分钟进行钝化预处理；②在钝化预处理后的大豆经脱皮，再以10%～1‰纤维素酶，pH 3.5～5.0，温度30～40℃，处理1～5小时；再以10%～1‰毛酶，pH 7.5～8.5，温度30～40℃，处理3～4小时；③经生物酶活化后的大豆在灭酶设备CN85201427中灭酶，温度120～180℃，时间3～5分钟；④变形处理：灭酶处理后的大豆可通过磨浆、58839.9千帕高压均质机均质2～3次，或通过对辊挤压进行变形处理。通过该工艺制得的大豆制品没有豆腥味，消除胀气因子，大豆利用率与可溶性物质比一般工艺提高20%以上。

282. 一种大豆脱腥方法及其设备

申请号：89103652　　公告号：1047612　　申请日：1989.05.31

申请人：江苏农学院

通信地址：(215008) 江苏省扬州市西郊

发明人：谢继志、俞　洪

法律状态：授　权　　法律变更事项：因费用终止日：1997.07.16

文摘：本发明属于豆类产品的处理方法，是一种大豆脱腥方法及其设备。这种大豆脱腥方法，包括大豆的筛选除杂，氯化钠溶液浸泡，排出浸泡液，清水冲洗，热处理等过程，其关键在于氯化钠溶液浸泡和热处理过程。该方法是采用低浓度的氯化钠溶液浸泡，并结合适度的热处理来使大豆脱腥及去苦涩。它具有生产成本低廉、无须大量添置设备、节省能耗、操作简便之特点。该设备有热水处理装置及豆水分离装置等专用大豆脱腥设备，具有投资小，处理速度快，可插入机械化生产大豆制品的生产线中，而不另行增加生产工时等。本发明可适用于各类规模的豆制品厂的脱腥处理。

283. 一种干法生产脱腥豆粉的工艺

申请号：90103595　　公告号：1054704　　申请日：1990.05.22

申请人：长春市轻工设计研究所

通信地址：（130051）吉林省长春市斯大林大街6号

发明人：冯　镇、郭志坚、塔怀志、阎广瓔、张玉贤

法律状态：授　权　　法律变更事项：因费用终止日：1995.07.19

文摘：本发明属于一种干法生产脱腥豆粉的工艺。这种干法生产脱腥豆粉的生产工艺是将原料大豆经清杂后，在隧道式微波炉内，在80～100℃温度下热处理2～4分钟，冷却至常温脱皮，子叶再经超微粉碎机粉碎到300～400目。

284. 大豆膳食纤维提取法

申请号：94112163　　公告号：1118660　　申请日：1994.05.11

申请人：华东师范大学

通信地址：（200062）上海市中山北路3663号

发明人：张烈雄、黄祥辉、朱咸玲

法律状态：公开/公告　　法律变更事项：视撤日：1998.02.18

文摘：本发明是一种大豆膳食纤维提取法。它是由豆制品生产的副产品豆渣作原料，经加水煮沸，洗去蛋白质、脂肪而制得的大豆膳食纤维。其要求是在豆渣中加水和洗涤剂煮沸，洗净后加入抗氧剂烘干即为大豆膳食纤维。这种大豆膳食纤维可作为食品添加剂，也可用于治疗便秘等多种疾病；用此提取方法，原料来源广泛，价格低廉，产出经济效益可观。

285. 蒸汽脱腥、喷雾干燥、速溶大豆粉

申请号：92113888　　公告号：1079618　　申请日：1992.12.19

申请人：吉林省高等院校科技开发研究中心

通信地址：（130022）吉林省长春市斯大林大街副115号

发明人：李荣和、刘　蕾、刘仁洪、齐　斌、隋少奇、孙霞宛、舒

方、朱振伟

法律状态：公开/公告

文摘：本发明是一种蒸汽脱腥、喷雾干燥、速溶大豆粉。它的制作方法是将蒸汽脱腥的大豆粉加水与糖搅拌成浆，然后将豆浆经喷雾干燥，制成粉粒中空的大豆粉。这种豆粉饮用时冲入热水，复水后的豆浆呈全溶、速溶、无分层、无沉淀状态。

286. 豆浆生产中的物理消泡方法

申请号：88105154　　公告号：1042294　　申请日：1988.11.01

申请人：高　鹏、王一沙

通信地址：(110141) 辽宁省沈阳市沈河区文化路二段5号院内8栋301房间

发明人：高　鹏、王一沙

法律状态：公开/公告　　法律变更事项：视撤日：1992.03.18

文摘：本发明是一种豆浆生产中的物理消泡方法。这种豆浆生产中的物理消泡的方法是：将输浆管的出口制成斜面，并分别插入贮浆池和煮浆锅内，接近贮浆池和煮浆锅底部，避免浆汁与空气接触；将加有压力的水，以细微的水柱群喷射在贮浆池和煮浆锅内浆汁表面的泡沫上。本发明的方法成本极其低廉，容易实施，效果显著。

287. 天然全价营养豆浆的加工方法

申请号：89103030　　公告号：1046838　　申请日：1989.04.30

申请人：杜月毅

通信地址：(550001) 贵州省贵阳市北新区路140号1单元附12号

发明人：杜月毅

法律状态：公开/公告　　法律变更事项：视撤日：1993.02.24

文摘：本发明是一种以天然食物为原料进行加工的食品加工方法。这种天然全价营养豆浆是以黄豆和鲜胡萝卜为主要原料进行加工制作。其制作方法是：黄豆与胡萝卜重量比为1∶1～0.25，将称好的黄豆浸泡 3～5 小时，至发胀后与切碎的鲜胡萝卜一同磨压成浆，过滤后加水至 10 份再蒸至熟而制成。这种天然全价营养豆浆解决了豆浆中不含胡萝卜素及抗坏血酸及营养不全面的缺陷，在不增加成本的情况下提高了豆浆的营养价值，对改善中老年高血压、冠心病患者的营养非常有用。

288. 豆制品加工用消泡剂

申请号：90105955　　公告号：1060768　　申请日：1990.10.26

申请人：姜广庆、董　梅

通信地址：(200031) 上海市徐汇太原路 199 弄 1 号

发明人：董　梅、姜广庆

法律状态：授　权

文摘：本发明是一种豆制品加工用消泡剂的混合物。它是以米糠油为主要成分的豆制品加工用消泡剂，同时还含有大豆磷酯、山梨糖醇酐脂肪酸酯、固体粉末、硅油、食品用防腐剂、食品用抗氧剂。其含量(百分比)为：米糠油 65%～95%，大豆磷酯 1%～10%，山梨糖醇酐脂肪酸酯 0.1%～10%，固体粉末 0.1%～20%，硅油 0.1%～5%，食品用防腐剂 0.01%～0.2%，食品用抗氧剂 0.01%～0.02%。尔后，将其各组分物经加热、搅拌混合而制得液状或膏状混合物。在豆制品加工中，对于生浆或熟浆都有优异的消泡效果，使用方便，贮存稳定性好。同时可作为其他食品制造业、医药、印染、化工等方面的消泡剂。

289. 大豆豆浆除泡法

申请号：91101000　　公告号：1064199　　申请日：1991.02.12

申请人：刘凤权

通信地址：(136000) 吉林省四平市站前街苗圃委 5 组

发明人：刘凤权、刘　昱

法律状态：公开/公告　　法律变更事项：视撤日：1994.05.11

文摘：本发明是豆制食品工业中用大豆磨制豆浆时的一种除泡方法。这种大豆豆浆除泡的方法是：①用稀花生浆取代清水做磨制豆浆的稀释液磨制豆浆；②将花生米与大豆拌在一起以清水做稀释液磨制豆浆。用大豆磨制和煮沸豆浆时要产生大量的泡沫，如这些泡沫不能及时消除，制浆工作就难以顺利进行。本发明采用花生米作为除泡剂，将泡沫消除在磨制豆浆的过程中，以免产生泡沫后再行除泡所带来的麻烦和损失。

290. 豆浆制品营养凝乳剂及其生产方法和产品用途

申请号：93107290　　公告号：1085396　　申请日：1993.06.16

申请人：周胜刚

通信地址：(519000) 广东省珠海市西区三灶泰宝新村 11 栋 601

发明人：周胜刚

法律状态：公开/公告　　法律变更事项：视撤日：1996.12.11

文摘：本发明是一种豆浆制品营养凝乳剂及其生产方法和产品用途。这种有机酸豆浆制品凝乳剂及其生产方法和产品用途，其配比生成的各种组分均为人体可以吸收的营养成分。它们是由固态或液态的多种原料在共同含量大于或等于 20％的高浓度湿性反应中生成半成品或者成品营养凝乳剂。其凝乳剂适用于各种工艺点制豆脑与豆腐。本系列产品适用于各种工艺点制豆腐，以其多种配比为基础。本方法与用途涉及的范围是：①凝乳剂的多种配方法和营养选择方法；②兼容的点脑工艺；③用途优化及保鲜方法。本发明是继第一代以石膏、卤水为代表的天然无机盐豆腐凝乳剂同第二代以葡萄糖酸-δ 内酯为代表的有机(酸盐)凝乳剂之后，采用常温常压下的均混——湿性反应方法、生产的第三代以系统优化为基础的豆浆制品有机酸盐营养供给平衡型系列的凝乳剂。

291. 去腥豆浆制备方法

申请号：95120095　　公告号：1151253　　申请日：1995.12.01

申请人：福州高通电子科技有限公司

通信地址：(350002) 福建省福州市工业路祥坂支路 188 号

发明人：高　榕

法律状态：公开/公告

文摘：本发明是一种去掉其他不希望有的物质的豆类产品的制备，特别是一种去腥豆浆制备方法。它采用滤网中设置刀片以及将该二者放置于热杯中的装置，将泡水黄豆放入滤网中，并加入适量清水，在80℃以上温度的热水中粉碎泡水黄豆，煮熟。本发明比现有技术具有如下优点：它所制备出的豆浆豆腥味极少，甚至没有，口感细腻。

292. 速溶豆浆晶的制作方法

申请号：87101485　公告号：1034113　申请日：1987.12.08

申请人：北京市食品研究所

通信地址：(100005) 北京市东城区东总布胡同弘通巷3号

发明人：胡晶明、李贺山、庞政堂、孙　欣、徐　磊、张若石

法律状态：授　权　法律变更事项：因费用终止日：1990.02.08

文摘：本发明是一种以大豆全子叶为原料制作固体饮料——豆浆晶的方法。其制作程序是：大豆经筛选、烘干、破瓣去皮、浸泡、磨浆、煮浆、均质(15～50兆帕，温度65～75℃)、加碱(0.4克/千克浆料)、浆料装盘、真空干燥(真空度53.2～101千帕、蒸汽压0～200千帕)、粉碎、包装为成品。本发明改变了传统的制作豆浆的程序。该产品蛋白质含量高，速溶性好(溶解度大于或等于90%)，而且产品中含有一定量的纤维素，对人体健康有利。此产品的出品率比传统的方法高，有较好的经济效益。

293. 枸杞子豆浆晶及其生产方法

申请号：92115253　公告号：1088750　申请日：1992.12.30

申请人：宁夏中宁县永兴保健食品厂

通信地址：(750001) 宁夏回族自治区中宁县黄羊湾火车站

发明人：水思荣、徐兴家、杨占元

法律状态：公开/公告　法律变更事项：视撤日：1996.05.22

文摘：本发明是一种枸杞子豆浆晶及其生产方法。这种枸杞子豆浆晶的生产方法是：将黄豆经选料、去皮、浸泡之后磨浆，加入枸杞子浸

泡液和牛奶进行煮浆，然后加入蜂蜜、蔗糖及辅料进行真空浓缩，使之成为浅红色褐色略带乳黄色闪光的晶状颗粒，即为枸杞子豆浆晶。它的主要组分为：枸杞 5%～10%，牛奶 8%～15%，黄豆 40%～50%，蜂蜜 20%～25%，蔗糖 10%～20%，辅料 1%～5%。本发明工艺方法合理，在工艺过程中最大限度地保住了各种营养成分。

294. 制作豆腐的新方法

申请号：87108009　　公告号：1033150　　申请日：1987.11.19

申请人：林同香

通信地址：(360400) 福建省平潭县科协咨询中心

发明人：赖万里、林同香

法律状态：公开/公告　　法律变更事项：视撤日：1991.09.04

文摘：本发明是一种生产豆腐的新方法。其适用于豆类原料制作的豆腐。它的制作方法是：以大豆、花生、蚕豆等豆类经熟化后制成的粉或浆作为主要原料，用豆粉或豆浆、石膏或其他凝固剂、褐藻胶水溶液、水以一定的比例混合，充分搅拌均匀，静置或加热凝固后，即制成豆腐。同时，也可以在生产中添加可食性成分。该产品是具有豆香味的新型豆腐。

295. 豆腐罐头生产方法

申请号：87108018　　公告号：1033234　　申请日：1987.11.25

申请人：靳保德

通信地址：(150400) 黑龙江省宾县宾州镇沿河路 16 号

发明人：靳保德

法律状态：公开/公告　　法律变更事项：视撤日：1991.04.10

文摘：本发明是一种豆腐罐头生产方法。这种生产豆腐罐头的方法是将水豆腐（或豆腐干）加工成易存放、易运输的食品罐头的工艺。它采用高温加热和冷冻的方法，使水豆腐（或豆腐干）成为形状稳固，布满均匀小马蜂眼儿的、易于滋味浸入的罐头生产原料。本发明可生产出各种不同风味的同类食品。

296. 快速生产豆腐新技术及其设备

申请号：88100109　　公告号：1020058　　申请日：1988.01.11

申请人：王宝瑞

通信地址：(114000) 辽宁省鞍山市深沟寺二区七十七栋20号

发明人：王宝瑞

法律状态：公开/公告　　法律变更事项：视撤日：1992.04.22

文摘：本发明是一种快速生产豆腐的新方法及其设备。这种快速生产豆腐的新方法是把大豆磨碎，滤除渣滓，将豆浆加热煮沸，然后同凝固剂混合，再以混合了凝固剂的沸豆浆对豆浆进行预热，预热成温豆浆，温豆浆加热煮沸混合凝固剂后将热量传递给豆浆，使豆浆成为温豆浆，混合了凝固剂的沸豆浆在凝浆器中凝成凝块，凝块又在渗流脱水器纤维织物壁体容仓内停留。其凝块中的水分通过纤维织物壁体向外渗出，渗出部分水分的凝块被刀体切断即为豆腐产品，将凝块再以旋压的方式挤出水分，成型为豆腐干或干豆腐，再把从凝块中渗出和挤出的荒浆水一并回收，并利用回收的荒浆水及沸豆浆的余热对豆浆进行预热，使豆浆成为温豆浆。这种产品在制作中实现了包装，从而提高了食品卫生水平。

297. 什锦果料豆腐的制作方法

申请号：90104344　　公告号：1057378　　申请日：1990.06.22

申请人：姚　育、范　伟

通信地址：(100034) 北京市西城区阜成门内南顺城街62号

发明人：范　伟、姚　育

法律状态：公开/公告　　法律变更事项：视撤日：1993.05.26

文摘：本发明是一种什锦果料豆腐的制作方法。这种什锦果料豆腐的制作方法是：将大豆磨制成浆，点少许卤水，做成豆浆，煮沸10～15分钟，然后再点卤水加温到100～110℃时加入食用色素，待凉到55～70℃时再加进天然果汁，即制成什锦果料豆腐。本发明方法简便，制出的豆腐清爽可口，食用广泛。

298. 盐卤充填豆腐制作方法

申请号：91102383　　公告号：1054354　　申请日：1991.04.18

申请人：北京市豆制食品工业公司北京市豆制品五厂

通信地址：(100053) 北京市宣武区枣林前街19号

发明人：常慧云、胡　毅、孔凡华、盛伟萍、于迪良、曾广平、赵伟华

法律状态：实　审　　法律变更事项：视撤日：1994.07.06

文摘：本发明是一种盐卤充填豆腐制作方法。这种区别于北豆腐和葡萄糖酸内酯豆腐制作方法的盐卤充填豆腐制作方法，以大豆为原料，经清杂、浸泡、磨制、分离后，分离出豆渣和豆浆，对分离出的豆渣予以出渣，对分离出的豆浆进行高温灭菌或煮浆，然后经充填、加热凝固、冷却而制作成豆腐成品。在制作过程中，应注意豆浆在高温灭菌或煮浆之前需要先进行均质乳化，在高温灭菌或煮浆之后需要进行豆浆冷却，经过冷却的豆浆需要加盐卤进行搅拌混合。本发明解决了使用普通的盐卤凝固剂、不经压榨、不出黄浆水而制作盐卤充填豆腐的技术的问题。

299. 新型豆腐凝固方法

申请号：91108216　　公告号：1065384　　申请日：1991.10.26

申请人：孟　旭

通信地址：(222202) 江苏省连云港市苍梧路

发明人：孟　旭

法律状态：公开/公告　　法律变更事项：视撤日：1996.08.14

文摘：本发明是一种新型豆腐凝固方法。它采用含固形物5%～40%的豆浆，在不断搅拌下，加入相当于豆浆总量0.1%～0.3%的盐卤，在1～5 000兆赫的微波炉内加热至60～130℃，即可制得含有不同水分的成品豆腐。用本方法制作的豆腐类成品可与内酯豆腐相比，而无内酯豆腐那样带酸的口味。本发明很容易形成豆腐制作机械化流水线。

300. 微孔豆腐

申请号：91109456　　公告号：1071556　　申请日：1991.10.11

申请人：刘凤权

通信地址：(136000) 吉林省四平市站前街苗圃委5组

发明人：刘凤权、刘　昱

法律状态：公开/公告

文摘：本发明提供了一种食品加工业中微孔豆腐的生产工艺和配方。该微孔豆腐3种系列产品的配方分别是：花生微孔豆腐，用花生浆汁和花生粉，添加干酵母；花生大豆微孔豆腐，用花生浆汁和大豆粉，添加干酵母；大豆微孔豆腐，用大豆浆汁和大豆粉，添加干酵母。以上3种配方分别经过制糊、装盒、发酵、熟化、剪切、烘干、包装等过程来完成。该发明制作的产品具有含水量低、保存时间长；产品不易破碎，便于长途运输等优点。

301. 锌豆腐凝固剂的制作方法

申请号：92106113　　公告号：1065188　　申请日：1992.04.03

申请人：白明良

通信地址：(110005) 辽宁省沈阳市和平区集贤街44-1号

发明人：白明良

法律状态：授　权

文摘：本发明是一种锌豆腐凝固剂。它是由石膏与硫酸锌组成。按重量计算，组分比例如下：硫酸锌($ZnSO_4 \cdot 7H_2O$)与石膏之比为1：100～150。其中锌含量根据要求，可在10～17毫克/千克之间变化。利用本发明凝固剂制得的锌豆腐，具有北豆腐的风味，无异味，无杂质，细嫩，易于被人体吸收。

302. 脆豆腐的生产方法

申请号：92113907　　公告号：1087478　　申请日：1992.11.28

申请人：潘荣财

通信地址：(250221）山东省章丘市曹范乡北曹范村

发明人：潘荣财

法律状态：授　权

文摘：本发明为一种脆豆腐的生产方法。它包括以下 4 个生产步骤：①将豆腐烘干或晒干；②将干化的豆腐在食油中炸制；③将炸过的豆腐放入碱水中浸泡；④将经碱水浸泡的豆腐放入清水除碱。由这种方法制出的脆豆腐保持了大豆的营养成分，而且具有味道鲜美、口感清脆的特点。

303. 蛋豆腐

申请号：93106189　　公告号：1084022　　申请日：1993.05.26

申请人：解国辉

通信地址：(030031）山西省太原市许坦东街 2 号山西煤校教学二科

发明人：解国辉

法律状态：实　审　　法律变更事项：视撤日：1998.04.22

文摘：本发明是一种蛋豆腐。它是利用鸡蛋白在热水中加热到一定程度，凝聚成絮状物，与制豆腐过程中凝聚成的絮状物，二者按一定比例混合，然后再压制成的豆腐，可供人们食用。

304. 一种脆豆腐片的制取方法

申请号：93110351　　公告号：1081585　　申请日：1993.03.31

申请人：济南华利实业公司

通信地址：(250021）山东省济南市槐荫区纬十二路 229 号

发明人：隋国庆

法律状态：公开/公告　　法律变更事项：视撤日：1998.10.21

文摘：本发明是属于一种豆腐再制品的加工制造。一种以酸性发酵液作凝固剂制成的新鲜豆腐为原料，经脱水干燥，温油膨化，脆化处理等过程，制成与传统豆腐再制品营养相同而口感完全不同的脆嫩豆腐片。在制作中，其原料豆腐必须选用以非无机盐为凝固剂而加工成的新鲜豆腐，脱水干燥后水分含量不得高于8%，温油膨化时油温控制在140～160℃之间，脆化处理条件适中。用上述方法制取的脆豆腐片，外观金黄，脆嫩可口，适合于炒、溜、汆、焖、炖、烧、拌等传统中国烹调方法，可加工成各色菜式。

305. 脆豆腐的加工方法

申请号：93110377　　公告号：1079872　　申请日：1993.04.13

申请人：李嘉富

通信地址：(250215) 山东省章丘市埠村镇翟家庄村

发明人：李嘉富

法律状态：授　权

文摘：本发明为脆豆腐的制作方法。其加工方法是：将豆子采用传统加工方法，制成松软豆腐，将豆腐切成片状，将其水分蒸发掉成豆腐干，放在食用油中炸透，取出后放入碱水中浸泡至豆腐变软脆为止。取出后放入清水或酸溶液中浸泡至pH 7～8。采用本发明的方法制作的脆豆腐，香脆可口，无豆腥味，口感好，还增加了豆腐的烹调种类。

306. 复合豆腐

申请号：93117200　　公告号：1099939　　申请日：1993.09.09

申请人：童家贤

通信地址：(710068) 陕西省西安市友谊西路125号后楼116

发明人：安　华、洪　亮、洪　玮、童家德

法律状态：公开/公告　　法律变更事项：视撤日：1997.01.22

文摘：本发明是一种复合豆腐的生产方法。它是由主料、副料、水、凝固剂加工而成的复合豆腐的配方及工艺。因植物天然色素而显示不同颜色，其营养成分为主料与副料叠加。便于保存，便于运输。

307. 方便豆腐及其制作方法

申请号：94100548　　公告号：1122203　　申请日：1994.01.25

申请人：董玉泉、丁文斌

通信地址：(072750) 河北省涿州市京广路2号

发明人：董玉泉、丁文斌

法律状态：实　审

文摘：这是一种食用方便且能制成多种风味、多种造型的豆腐或豆脑及其制作方法。它的制作方法是：在速溶豆粉中，混和一定比例的凝固剂，冲入定量的开水搅拌几次，呈豆浆状态，静止3～5分钟，豆浆凝固成软嫩的豆脑，再用刀类划破豆脑，析出水分，便成为较硬的豆腐，再加入适量的佐料及配菜即可食用。在制作过程中应注意的是，上述的速溶豆粉是经过激活的；凝固剂包括硫酸钙、多磷酸钠、氯化镁和葡萄糖酸-δ-内酯组成；冲入的开水是指85～95℃的煮沸过的水。本发明解决了豆腐质软不易运输和保鲜的问题。

308. 蛋香豆腐的生产工艺

申请号：94110653　　公告号：1113702　　申请日：1994.06.20

申请人：孙春光

通信地址：(250002) 山东省济南市英雄山路58号

发明人：孙春光

法律状态：公开/公告

文摘：本发明是一种蛋香豆腐制品的生产工艺。其生产工艺是：将豆子磨浆，用植物凝固剂点浆，制成软豆腐，切块，风干，制成硬豆腐，硬豆腐经油炸膨化，碱化蚀孔处理，水处理即成。

309. 以麦饭石为凝固剂制成麦饭石果汁豆腐

申请号：95107886　　公告号：1122204　　申请日：1995.08.08

申请人：童宜振

通信地址：(335400) 江西省贵溪县教育局大院

发明人：童宜振

法律状态：公开/公告

文摘：本发明是一种以麦饭石为凝固剂制成的麦饭石果汁豆腐的强化保健食品。它是把蛋白质、微量元素、维生素和食物纤维等配合一起的高营养食品。其用麦饭石的稀酸浸提液作豆腐凝固剂，以增加微量元素。把大豆浸胀冷冻后磨细，制成无渣豆浆，以取得蛋白质和食物纤维。在豆浆中添加鲜果汁以增加维生素，大幅度提高豆腐的营养价值，从而使蛋白质、微量元素、维生素和食物纤维等配合一起，成为营养价值十分全面的豆腐。

310. 多颜色多营养豆腐的制作方法

申请号：95110116　　公告号：1111952　　申请日：1995.03.21

申请人：沈阳生物技术研究所

通信地址：(110034) 辽宁省沈阳市于洪区天山西路19号

发明人：刘大维、刘荣秀、刘兴权

法律状态：公开/公告

文摘：本发明是一种多颜色多营养豆腐的制作方法。它的制作方法包括营养色素体的提取、豆浆的生产、营养色素与豆浆的混合，凝固剂点浆和豆腐成型。在制作中应注意的是，在从植物中提取营养色素液体时，将 pH 调节到 3～4.5，然后在室温下沉淀 8～12 小时，随后再将沉淀物的 pH 值调回到中性状态，放在－10℃以下冷冻过夜，在室温自然融化后，用离心机脱水，然后或置于湿冻条件下保存备用，或用机械研磨后，加 5 倍重量的水混悬均匀，再按所需的比例与做豆腐的豆浆充分混合，加入凝固剂成脑，最后将不同颜色的豆脑分层加压铺于模具内，制成多层颜色豆腐。该豆腐的优点是，制出的豆腐色彩鲜艳，层次分明，味道纯正，营养丰富。其所用营养色素体来自天然植物之中，并且制取成本低廉。

311. 彩色保健即食豆腐及其生产方法

申请号：95111563　　公告号：1131515　　申请日：1995.03.17

申请人：上海联捷实业公司

通信地址：(200025) 上海市瑞金二路129弄66号

发明人：凌　炎

法律状态：公开/公告

文摘：本发明为系列彩色保健即食豆腐，内含具有天然色素的动植物提取物和调料，经灭菌处理后制成。该产品色、香、味俱全，适于作四季饮食，且具有养身保健功能，便于即时食用，也有利于贮藏、运输。本发明还提供了该产品的生产方法，包括动植物原料的分别提取浓缩以及灭菌、包装。

312. 含果蔬粒豆腐及其制作方法

申请号：95112755　　公告号：1149415　　申请日：1995.10.31

申请人：江苏淮阴工业专科学校

通信地址：(223001)江苏省淮阴市北京北路80号

发明人：张　恒

法律状态：实　审

文摘：本发明是一种含果蔬粒豆腐及其制作方法。这种含果蔬粒的豆腐改变了由单纯大豆组分制作的传统工艺。它是在煮浆过程中按量加入了经清洗切块等处理的水果、蔬菜颗粒，在一定的温度、时间要求下混和后，再顺次继续其他工序制成成品。该豆腐由于果蔬颗粒中含有多种维生素，因而丰富了豆腐的营养成分，并且外观色彩诱人，能增进人们的食欲，是对传统豆腐的一种有益的改进。

313. 蔬菜、豆浆全营养饮料的制作与配方

申请号：94116321　　公告号：1119079　　申请日：1994.09.21

申请人：杜城轩

通信地址：(453700)河南省新乡市洪门华北石油地质局华新营养食品厂

发明人：杜城轩

法律状态：公开/公告　　法律变更事项：视撤日：1998.02.18

文摘：本发明是一种蔬菜、豆浆全营养饮料的制作。这种蔬菜、豆浆全营养饮料的制作与配方，其以1 000千克成品为计量：糖170～180千克，黄豆70～85千克，黄瓜45～55千克，青菜7～9千克，食碱0.2～0.4千克，盐0.9千克；把新鲜的蔬菜黄瓜、青菜用水去除泥和农药，粉

碎、磨浆、过滤后成蔬菜汁待用，把精选好的黄豆浸泡、粉碎、磨浆、过滤后成豆浆汁，把豆浆汁和蔬菜汁混合搅拌均匀，加入食糖、食碱、盐、鲜姜后充分搅拌，高温杀菌后浓缩包袋装箱，即为成品。它是由新鲜的黄瓜、青菜、黄豆等混合配制而成。它具有营养丰富，口感好，延缓衰老等保健功能。

314. 豆乳的生产方法及装置

申请号：88101894　　公告号：1036126　　申请日：1988.03.30

申请人：刘学新

通信地址：(630036) 四川省重庆市市中区来龙巷 32 号

发明人：刘学新

法律状态：公开/公告　　法律变更事项：视撤日：1992.01.29

文摘：本发明是属于豆乳的生产方法及实施该方法的微型生产装置。它使目前仍必须采用大规模工业化生产的豆乳生产线微型化。本发明的装置适用于中小城市的豆乳生产。这种豆乳的生产装置，它有由一个高位受料罐、带有蒸汽加热装置并且底部与送料泵连接的低位受料罐、出口通往高位受料罐的送料泵、高位受料罐与低位受料罐之间的浆渣分离机和胶体磨，以及与高位受料罐平行位置的底部通往胶体磨的料斗构成的预备乳化豆乳生产装置以及对预备乳化的豆乳进一步灭菌、均质的装置，前部装置通过一机多用缩减了设备，后部装置通过将机械式超声波乳化器与直接蒸汽超高温瞬间灭菌器组合在一起及去掉真空脱臭设备而缩小了体积。

315. 原浆豆腐脑的加工制作方法

申请号：90110226　　公告号：1062646　　申请日：1990.12.25

申请人：王廷邦

通信地址：(121500) 辽宁省锦西市连山区沙河营乡王家屯村

发明人：王廷邦

法律状态：公开/公告　　法律变更事项：视撤日：1994.01.05

文摘：本发明为一种加工制作豆腐脑的新方法。这种豆腐脑的加工制作方法包括用水浸泡大豆，豆粒磨成豆浆，豆浆过滤去渣，对去渣的豆浆加热煮熟，把煮熟的豆浆加入凝固剂等工艺过程。它在操作中应对去渣的豆浆加热煮熟后降温到1～30℃，然后加入凝固剂氯化镁（卤水），把已加入氯化镁的豆浆加温到80℃以上则制成豆腐脑。运用这种加工方法，使豆腐脑运输方便，又能贮藏，方便了人们食用。

316. 干法生产"脱脂豆腐脑粉"新技术

申请号：92105942　　公告号：1082344　　申请日：1992.07.16

申请人：吉林省高等院校科技开发研究中心

通信地址：（130022）吉林省长春市斯大林大街副115号

发明人：李荣和、刘　蕾、刘仁洪、隋少奇、孙震宛、舒　方

法律状态：公开/公告

文摘：本发明为干法生产"脱脂豆腐脑粉"新技术，是属于食品工业中的大豆深加工技术。它提供了一种改变传统加工豆腐脑的方法，不用水浸泡大豆，在没有水和水蒸汽参与的条件下进行的。在低于120℃的条件下，部分或全部提取原料大豆中的脂肪；以脱脂或部分脱脂的豆粕为原料经超微磨粉（粒度细于200目）制成"脱脂豆腐脑粉"的新技术。经本发明加工的"豆腐脑粉"与传统的以及现有的方法相比，可多得10%～18%的豆油，提高了产品中的蛋白质含量，增加了生产效益。这种新型豆腐脑粉对提高经济效益和改善我国人均蛋白质供应不足的现状具有积极作用。

317. 一种方便老豆腐及其生产方法

申请号：94103349　　公告号：1109287　　申请日：1994.03.31

申请人：雷俊杰

通信地址：（071051）河北省保定市省印路40号河北工艺美术学校

发明人：雷俊杰

法律状态：公开/公告　　法律变更事项：视撤日：1997.11.19

文摘：本发明是一种方便老豆腐及其生产方法。它的生产方法为：

将大豆用豆浆机磨成豆浆后，加热消毒，然后将豆浆冷却，再加入卤水搅拌均匀，即得本发明的产品——方便老豆腐。生产这种方便老豆腐是以100千克产品计算，原料的用量为：大豆13～15千克，比重为1.02～1.08的卤水35～50克，余量为水。本发明的产品不仅可以储存、携带方便，可批量生产，而且具有与传统老豆腐相同的口味。

318. 系列速食全脂豆腐脑粉干法生产工艺

申请号：95115754　　公告号：1145737　　申请日：1995.09.19

申请人：安徽省应用技术研究所

通信地址：(234023) 安徽省宿州市浍水路271号

发明人：汪习生

法律状态：公开/公告

文摘：这是一种系列速食全脂豆腐脑粉干法生产工艺。其特点是将精选后的大豆在80～150℃条件下热处理5～120分钟，然后脱皮、粉碎至120～350目。本发明同传统的水磨法相比，工艺简单，能耗低，无三废，大豆的利用率提高20%～30%。用本发明加工的全脂豆腐脑粉冲溶冷凝得到的豆腐脑，既保持传统豆腐脑的风味和口感，又比传统豆腐脑的营养丰富、花色品种更多，且方便于人们食用。

319. 豆腐脑粉及其制作方法

申请号：96116984　　公告号：1145739　　申请日：1996.06.28

申请人：唐　健

通信地址：(210018) 江苏省南京市太平北路136号2楼

发明人：唐　健

法律状态：公开/公告

文摘：本发明为豆腐脑粉及其制作方法。它是一种日常食用的豆腐脑的原材料及该原材料的制作方法。该豆腐脑粉的制作过程是：先用温水浸泡大豆，然后去皮、磨制成浆、分离、煮浆、浓缩干燥成粉，制成的豆腐脑粉为干粉，其湿度为6%以下，粒径小于10微米，最后进行包装。每1小包装的豆腐脑粉分别配1小袋重量为豆腐脑粉重量0.5%～

8%的凝固剂，食用时用开水调和豆腐脑粉和凝固剂，片刻即成可食豆腐脑。

320. 蒸发成膜的同时烘干腐竹的方法及其装置

申请号：85107681　　公告号：1000606　　申请日：1985.10.22

申请人：江西省食品机械研究所

通信地址：(330013) 江西省南昌市蛟桥

发明人：麻耀斌、余仲贤

法律状态：授　权　　法律变更事项：因费用终止日：1993.02.10

文摘：本发明是一种在蒸发成膜的同时烘干腐竹的方法及其装置。其方法是在加热豆浆等液体蒸发成膜的同时，将湿腐竹置于腐竹平锅加热夹套下方，用改变腐竹相对于加热夹套向下幅射的热量使产品烘干。实现该方法的装置是由带有加热夹套的平底锅和在其下部的烘干室组成。加热夹套不直接受1次高压蒸汽作用，内部均布有浸于水中的蒸汽冷凝管，装有和加热夹套相通的溢水口、安全加水口。烘干室有烘干位置升降机构和排气支承管。本发明还可用于其他蛋白质皮膜产品的生产上。

321. 大豆组织化腐皮、腐竹制法及主机

申请号：86100825　　公告号：1003798　　申请日：1986.02.01

申请人：杭州商学院

通信地址：(310007) 浙江省杭州市西湖区教工路29号

发明人：李　超

法律状态：实　审　　法律变更事项：视撤日：1989.07.05

文摘：本发明提供了一种生产含脂5%以上大豆组织化腐皮、腐竹类食品的工艺方法及其主要设备—机制腐皮机。该工艺的特点是以全脂或半脱脂大豆为原料，高水分高速瞬时去杂质、脱皮、粉碎、搅拌，内外均匀加热，低温高压成型。以上采用的大豆原料含脂5%以上(重量百分比)。该机制腐皮机设有增大物料压缩比的固定设施，螺旋推进器中有内加热棒，在组织化成型阶段采用可拆换的不同螺纹结构的套筒

使产品制成各种不同的形状(A23L1/236)。

322. 一种大豆丝状蛋白食品的制作方法

申请号：87106744　　公告号：1020057　　申请日：1987.10.07

申请人：陆颖伦

通信地址：(100053) 北京市宣武区广内大街156号

发明人：陆颖伦

法律状态：公开/公告　　法律变更事项：视撤日：1991.02.27

文摘：本发明是一种制作可供食用的大豆丝状蛋白食品的方法。其原料为提油后的大豆豆粕，豆粕经粉碎、浸泡、湿法打浆混入辅料，挤压脱水、膨化、成丝、切割干燥等工序制成成品。本发明为提油豆粕的合理利用开辟了途径，也为人们提供了营养丰富的植物蛋白食品。

323. 煮干豆腐丝生产方法

申请号：88101315　　公告号：1035609　　申请日：1988.03.10

申请人：靳保德

通信地址：(150400) 黑龙江省宾县宾州镇沿河路16号

发明人：靳保德

法律状态：公开/公告　　法律变更事项：视撤日：1991.07.31

文摘：本发明是一种煮干豆腐丝的生产方法。该方法可将干豆腐加工成豆腐丝，再用食用油炸，或用盐水溶液浸泡后再烘焙，脱去部分水分，用上述方法处理后的豆腐丝，放入调制好的调味汁中烩煮后，便制得可用作罐头生产原料的煮豆腐丝。用本方法生产的豆腐丝具有柔软鲜美，又韧而不碎的特点，是良好的罐头生产原料。

324. 干豆腐丝的制作方法

申请号：90108528　　公告号：1049959　　申请日：1990.10.23

申请人：承德县国营豆制品厂

通信地址：(063000) 河北省承德县

发明人：承德县石板城益民豆制品加工厂

法律状态：授　权　　法律变更事项：因费用终止日：1997.12.10

文摘：本发明是一种干豆腐丝的制作方法。它的制作方法包括：①筛选：原料大豆经筛选除去杂质、杂豆及破损豆；②脱皮：将筛选所得优质大豆破碎成豆瓣，用鼓风机脱去约占7%～8%（重量）的豆皮；③脱脂：脱皮的豆瓣用轧油机进行部分脱脂，提出5%的豆油，成为豆片；④粉碎：用粉碎机将豆片粉碎成70～80目的豆粉；⑤配方：豆粉、豆油与含有食盐和碱面的水溶液一并加入带有搅拌装置的设备中，使其充分混合均匀；⑥压片、切丝：将混合料输入滚动式热合压片机，在120～130℃温度下挤压成5～8厘米宽的豆片，再用滚丝机切成丝；⑦烘干：将豆腐丝送入烘干炉内，在70～80℃温度下，停留6分钟，烘干去湿使水分不大于12%，成为干豆腐丝；⑧质检、包装：干豆腐丝抽样质检合格后，称量、包装，即得产品。本方法可实现连续化生产，制成的产品可保鲜，并能长期贮存。

325. 豆精膜的生产方法及加工装置

申请号：91106175　　公告号：1068481　　申请日：1991.07.13

申请人：东北工学院沈阳科技机械工业技术研究所

通信地址：(110000) 辽宁省沈阳市和平区文化路一段1号

发明人：傅万臣、汪骏书、喻冬青、张继宇、张敬民、佟杰新

法律状态：公开/公告　　法律变更事项：视撤日：1994.10.19

文摘：本发明是一种大豆精膜的生产方法。这种豆精膜的生产方法是：首先将大豆进行筛选，然后放入浸泡罐中浸泡，浸泡后用水清洗进行1～3次研磨和1～3次的渣浆分离，将分离出的豆浆再进行1次精磨，即胶体磨，得出精豆浆，经沸煮后将这些豆浆送入真空浓缩机中浓缩，再通过泵喷洒在涂有聚四氟乙烯的传送烘干带上或圆形烘干筒上进行干燥，然后取下剪切，包装成美味快餐的豆食品。这种豆精膜的优点是：豆膜的口感好，营养成分不被破坏，特别易存放、食用方便，可用开水浸泡3～5分钟即可食用。这种方法生产的豆精膜其大豆的利用率高，比目前腐竹的生产方法提高利用率20%，而且节省能源，其能耗仅是腐竹生产的1/4，使生产成本明显降低，可连续批量生产，实现自

动化操作。

326. 一种百页罐头及其生产方法

申请号：92106985　　公告号：1080129　　申请日：1992.06.24

申请人：常德高等专科学校

通信地址：(415000) 湖南省常德市武陵区楠竹山

发明人：罗永兰、张志元

法律状态：公开/公告　　法律变更事项：视撤日：1995.10.04

文摘：本发明为一种百页罐头及其生产该罐头的方法。其生产方法是：先用大豆生产出清香味美的百页，再将百页切细装入瓶内，加入0～0.1%的山梨酸或苯甲酸钠，或山梨酸钾溶液500～1 000毫升后加盖密封，然后对装有百页和加盖密封的罐头瓶进行高压蒸汽灭菌，最后抽样检验，合格后装箱出厂。

327. 五香豆腐干的制作工艺及其产品

申请号：93103805　　公告号：1081835　　申请日：1993.04.08

申请人：薛岩松

通信地址：(325200) 浙江省瑞安市莘塍薛里后岸

发明人：薛岩松

法律状态：公开/公告　　法律变更事项：驳回日：1996.09.25

文摘：这是一种五香豆腐干的生产工艺及其产品。其主要制作工艺是：先将优质黄豆按公知技术加工成豆腐干后，再配入精盐、味精、红糖、茴香和桂皮进行加温热煮、脱水冷却，如此循环不少于3次，最后进行真空包装和消毒处理。按本发明工艺制作的五香豆腐干，具有味道鲜美、携带方便、不易腐烂，是居家旅游的美味佳肴。

328. 一种豆皮加工工艺

申请号：94108050　　公告号：1116500　　申请日：1994.08.08

申请人：奚存库

通信地址：(100053) 北京市宣武区槐柏树南里11楼7门001

发明人：奚存库

法律状态：实　审

文摘：本发明是一种以黄豆为原料由豆浆制取豆皮的加工工艺。其加工工艺流程包括除杂、烘干、破碎、浸泡、制浆、精磨分离、加热搅拌、灭菌、揭皮、烘干和成品包装。在精磨分离和加热搅拌之间增加了利用均质机对豆浆进行均质处理，加压范围为22～25兆帕使浆液中的蛋白、水分和脂肪均匀地存在于豆浆中；上述中的揭皮是指定容揭皮，豆浆在平锅内浓缩成片后，1次揭起。采用本发明工艺加工出的豆皮质量高，出品率高，卫生，且降低了燃料消耗。生产单位可对原有设备做简单改装，即可采用本发明的新工艺。

329. 多味豆腐干

申请号：95120976　　公告号：1153011　　申请日：1995.12.27

申请人：骆　勇

通信地址：(712000) 陕西省咸阳市陶瓷研究设计院

发明人：骆　勇

法律状态：公开/公告

文摘：这是一种新型的多味豆腐干食品制作方法。它的生产配方是：以豆腐为原料，将生豆腐块煮熟，其配方量为：每千克水加入食盐25克，味精10克，辣椒7克，花椒10克，姜10克，桂皮10克，八角15克，胖大海10克。生产工艺流程为：①将豆腐切成厚度约为3毫米，长宽约为10毫米的块状；②在铁质锅内以沸水煮熟，同时每千克水加入上述8种配方量的调味品。加热为50～60分钟；③将煮熟豆腐块在高温90～100℃的烤炉内烘烤，烘烤时间为60分钟，制成豆腐干；④将豆腐干在食用水中浸泡20分钟；⑤浸泡后的豆腐干放置入恒温40℃的烤炉内烘烤30～40分钟，使其回潮；⑥将恒温处理后的豆腐干放入熟食用油中搅拌至均匀；⑦搅拌后的豆腐干凉至常温，即为多味豆腐干的产品。

330. 一种植物奶的制作方法

申请号：85107169　　公告号：1010034　　申请日：1985.09.28

申请人：北京市食品研究所

通信地址：(100005) 北京市东单东总布胡同弘通巷3号

发明人：程修川

法律状态：实　审　　法律变更事项：视撤日：1991.07.24

文摘：本发明是一种以大豆为原料，经过脱除豆腥及乳化工艺处理而制成的植物奶。这种植物奶的制作方法是：将大豆整粒浸泡在脱腥剂溶液中，然后粉碎、甩浆，浆液经过均质乳化后制成与牛奶类似的植物奶。植物奶原料配方是：大豆浆100，植物油0.9～1.0，乳化剂为单甘酯0.3～0.4，脱腥剂为碳酸氢钠0.3～0.6，稳定剂为海藻酸钠0.1，蔗糖5.0，香料适量。这种植物奶的色、香、味与营养成分都与牛奶相接近，而且该植物奶不含胆固醇和乳糖，它特别适宜心血管病人及有乳糖过敏反应的人饮用，若在浆液中加入不同的香料，就可以制得各种果味的植物奶。

331. 酸豆乳管道化连续生产工艺和设备

申请号：86108724　　公告号：1019915　　申请日：1986.12.30

申请人：北京市食品研究所

通信地址：(100005) 北京市东城区东总布胡同弘通巷3号

发明人：李新华、王天鹏

法律状态：授　权　　法律变更事项：因费用终止日：1997.02.12

文摘：本发明是一种发酵饮料——酸豆乳的管道化、连续化生产工艺及设备。酸豆乳管道化连续生产工艺和设备的操作方法是：将配制好的豆浆原料经超高温瞬时灭菌器灭菌，灭菌温度为127±5℃，物料压力为190千帕，物料流量小于800升/小时，蒸汽使用压力180千帕，冷却到40℃后经网状过滤器进行筛滤，按种子流量与豆浆流量1：10的比例接种，将接好种的豆浆在混合器中混合后，直接送到充填机的料箱，经充填包装发酵后制出成品。过去，酸豆乳的主要生产工序，如蒸煮、消毒、冷却、接种都是在专门设计的罐内进行的。这种在罐内进行的间断性的生产工艺容易引起豆浆结皮、糊壁，因而造成清洗困难，杂菌极易滋生。本发明即是将酸豆乳的间断性生产工艺，改变成在管路中连续实现豆浆的灭菌、冷却、接种等，实现了酸豆乳生产的连续化、管道化和半自动化。

332. 脱腥豆乳的生产方法及酶失活装置

申请号：87103617　　公告号：1037262　　申请日：1987.05.16

申请人：上海市豆制品技术研究中心

通信地址：(200085) 上海市福州路 555 号

发明人：陈晓钟、丁贤正、王家洪

法律状态：公开/公告　　法律变更事项：视撤日：1991.07.24

文摘：本发明为脱腥豆乳的生产方法及酶失活装置。它主要是为了提高产品质量和生产效率，以及增加酶失活装置的使用寿命。脱腥豆乳的生产方法主要包括大豆的去皮、浸泡、加热脱腥、研磨、分离、2 次脱腥、杀菌及均质乳化。上述的加热脱腥处理是在 90～95℃下进行的，用 15～20 分钟；另外在分离后还有 2 次脱腥处理。酶失活装置主要包括筒状壳体，其一端是供料料斗，其另一端是卸料结构，其中的螺旋推进结构、固定杆、筛网及蒸汽加热结构。用此方法和装置可高效地生产出优质的豆乳，无豆腥味、涩味及沉淀物，且此装置结构紧凑，设计合理，使用方便，寿命长。

333. 高蛋白豆奶的生产工艺及配方

申请号：87106253　　公告号：1018335　　申请日：1987.09.08

申请人：上海市粮食科学研究所

通信地址：(200063) 上海市光复西路 441 号

发明人：郭淑贤、韩文波、钱　明

法律状态：授　权　　法律变更事项：因费用终止日：1994.10.19

文摘：本发明是一种高蛋白豆奶的生产工艺及配方。它的生产配方及生产工艺包括对经过选择的大豆进行去皮、浸泡、清洗、加热、磨浆、分离、强化、均质、灭菌及包装处理。这里所说的强化处理包括加热沸腾及添加营养剂。这样做可以改善豆奶的豆腥味、蛋白质含量、蛋白质中人体必需的8种氨基酸含量等。该高蛋白豆奶产品口感好，无豆腥味，具有特殊的芳香，受到消费者的一致好评；而且蛋白质相对含量高，氨基酸组成合理，达到甚至高于人体必需的氨基酸理想模式等，无论经济效益，还是社会效益均好。

334. 制作速溶维他豆奶粉的方法

申请号：87107555　　公告号：1034119　　申请日：1987.11.04

申请人：北京市食品研究所

通信地址：(100005) 北京市东城区东总布胡同弘通巷3号

发明人：胡晶明、李贺山、庞政堂、孙　欣、徐　磊、张若石

法律状态：授　权

文摘：这是一种制作速溶维他豆奶粉的方法。这种制作速溶维他豆奶粉的具体工艺流程是：大豆经筛选、烘干、破瓣去皮、计量、清洗、浸泡、粗粉碎。将豆瓣浸泡在0.2%～0.5%的碳酸氢钠($NaHCO_3$)溶液中，豆液比为1：3，温度为7～8℃，浸泡12～16小时；接着是热烫，将上述豆瓣在80～85℃热水中浸烫2～4分钟；其后捞出用水冲淋即进入粗粉碎，同时加入相当豆重2～3倍的水和含量为8%～10%的牛奶等配料，煮浆保持沸腾3～5分钟后用水使其冷却至75～80℃；此时加入糖液(糖水比为2：1)和微量维生素A，使含糖量达40%～55%，立即进行细粉碎，即以15兆帕作低压均质处理；接着是超微粉碎，即以30～50兆帕作两次高压均质处理，使制成的豆奶浓度达到32%～37%，而其颗粒的粒径90%以上则在10微米以下；尔后豆奶温度为70℃就直接进入喷雾干燥，此时进口温度为150～160℃，排口温度为70～80℃，喷出的豆奶粉混入微量其他维生素，即成速溶维他豆奶粉。该方法可使蛋白质利用率达到90%以上，原料利用率提高到80%～90%，与已知的速溶豆浆粉制作方法相比生产率提高50%以上。

335. 一种酸奶的制作方法

申请号：89101919　　公告号：1040730　　申请日：1989.03.29

申请人：纪　壮、陈庆复

通信地址：(150006) 黑龙江省机械工业委员会

发明人：陈庆复、纪　壮

法律状态：授　权

文摘：本发明是一种利用花生米制作酸奶的方法。其制作方法包括清洗花生、脱皮、磨浆、分离浆液与固化物，将浆液加热灭菌处理。将花生米清洗磨浆、灭菌再加入种奶，发酵即成花生米酸奶。种奶是在脱脂奶中添加脱脂奶粉，使浓度达到15%～16%，后接入保加利亚乳酸杆菌和嗜热链球菌，在温度37℃下培养24小时，即成花生酸奶。在制作中，应在浆液中加入发酵剂。

336. 豆奶生产中灭菌脱腥工艺

申请号：89104453　　公告号：1038012　　申请日：1989.06.27

申请人：马松林

通信地址：(450006) 河南省郑州市嵩山南路耿河街嵩山食品机械厂

发明人：马松林

法律状态：公开/公告

文摘：本发明是一种食品生产中灭菌脱腥工艺，特别适用于豆奶生产中的灭菌及脱腥。该豆奶生产中的灭菌脱腥工艺是：将豆奶先经预热器进行预热，然后同加压蒸汽一起喷入灭菌器，在灭菌器中，豆奶温度将迅速升高而杀死细菌，从灭菌器流出的豆奶流入脱腥缸，在脱腥缸中用抽真空的方法，将豆腥味及蒸汽一同抽出，经脱腥的豆奶进入冷凝器冷却，再经调味，即为成品奶。豆奶制品常因有豆腥味而不被人们所喜爱，而传统的几种方法(如杀青、煮浆)在灭菌及脱腥的同时又破坏了大豆的营养成分。本发明使用加压蒸汽，使豆奶瞬时升高温度而灭菌，后用真空泵将豆腥味抽走，再迅速冷却、降温，达到了灭菌彻底、脱腥迅速的目的，且豆奶在高温状态下时间短，所以该产品口感好，色泽佳。

337. 豆奶酸化处理方法

申请号：90102425　　公告号：1056039　　申请日：1990.04.24

申请人：郭　翔

通信地址：(200052) 上海市淮海西路221弄4号402室

发明人：郭　翔

法律状态：公开/公告　　法律变更事项：视撤日：1993.05.19

文摘：这是一种用于制作酸豆奶的酸化处理方法。该奶的制作不需通过任何微生物发酵，只要在生的或煮熟的豆浆中添加食用酸性物质，在适宜温度下加入0.001%～1.5%的酸性蛋白酶，搅拌调匀，即完成豆浆的酸化过程。该方法无需任何稳定剂，从根本上防止豆浆中蛋白质的相互凝聚和沉淀。本方法适用于制作酸豆奶、果味型酸豆奶保健饮料、酸豆乳冰淇淋等系列产品。

338. 豆乳的制备方法

申请号：90107275　　公告号：1050670　　申请日：1990.08.25

申请人：黑龙江省肇东市乳品厂

通信地址：(151100) 黑龙江省肇东市北一道街12号

发明人：高满成、井清玉、王桂芬、王志臣、张秀芝、赵　耀

法律状态：实　审

文摘：这是一种豆乳的制备方法。其制备方法是：先将大豆经过筛选、浸泡、磨浆、浆渣分离等工序。在豆乳制备过程中，经过筛选的大豆在50～60℃温度下浸泡6～8小时；在磨浆工序中大豆经过粗磨后采用胶体磨再精磨1次，两次研磨应在50～60℃温度下进行；在浆渣分离工序中，采用高速离心分离机在50～60℃温度下进行分离。应用这种豆乳的制备方法，大豆利用率高，经济效益好。

339. 豆芽酸奶的制作方法

申请号：91105385　　公告号：1057952　　申请日：1991.08.07

申请人：吉林省农业科学院大豆研究所

通信地址：(136100) 吉林省公主岭市

发明人：曹龙奎、宫玉华、侯升运、李海棠、刘兆庆、南喜平、乔凌媛、孙洪斌、孙　卓、于海莉、周卫疆

法律状态：公开/公告

文摘：本发明是一种以大豆为原料制作酸奶的方法。其主要制作工艺步骤为：大豆→筛选→浸泡→发芽→采收→磨浆→湿热处理→配料→灭菌→冷却→均质→接菌→发酵→制成成品。用本方法制成的酸奶原料来源广、成本低廉，具有较高的营养价值，特别适合于老人和小孩食用。

340. 酸大豆乳的制作方法

申请号：91107931　　公告号：1072324　　申请日：1991.11.19

申请人：赵瑞清

通信地址：(266002) 山东省青岛市贵州路1号青岛食品学校

发明人：赵瑞清

法律状态：实　审　　法律变更事项：视撤日：1996.09.25

文摘：本发明是一种酸大豆乳的制作方法。它先将大豆原料经过筛选、酶失活处理、焙烤、研磨、脱渣、脱臭、调配、均质、灭菌制成原汁大豆乳，并在所得到的原汁大豆乳中加入1%～9%的蔗糖和0～9%的添加剂发酵糖，再接入保加利亚乳酸杆菌和链球菌，其接种量为大豆乳重量的3%左右，在20～45℃的温度下混合发酵2～8小时，其pH达4.5左右，即得酸大豆乳。这种酸大豆乳营养丰富容易消化吸收，其氨基酸总量为普通大豆乳的15倍，而且品味俱佳，具有特殊的香气，并可以长时间存放。

341. 人参蜂蜜豆奶粉的生产工艺

申请号：93101479　　公告号：1078351　　申请日：1993.02.11

申请人：陈晓华

通信地址：(150016) 黑龙江省哈尔滨市道里区工厂街1栋7单元

3层4号

发明人：陈晓华、姚忠文

法律状态：公开/公告　　法律变更事项：视撤日：1998.01.14

文摘：这是一种人参、蜂蜜、豆奶粉的生产工艺。其工艺是将大豆精选，然后依次进行烘干、脱皮、失活灭酶、粉碎制糊、精磨分离、高温杀菌、调质、均质、真空浓缩、喷雾干燥、筛分、检斤包装，并添加适量的人参和蜂蜜。该豆奶粉中含有一定比例的人参或蜂蜜，人参是在该生产工艺的高温杀菌之前分离豆渣之后添加粉末人参，蜂蜜是在调质工艺过程中添加在糖浆中，然后再与豆浆混合。这种豆奶粉具有速溶度高、无豆腥味、保质期长、食用方便和节省能源等优点。

342. 用大豆为主要原料直接生产大豆酸奶的方法

申请号：93109105　　公告号：1081071　　申请日：1993.07.29

申请人：郭　凯、程少华

通信地址：(710015)陕西省西安市北关正街184号

发明人：程少华、郭　凯

法律状态：授　权

文摘：本发明是一种用大豆为主要原料的大豆酸奶的方法。这种用大豆为主要原料直接生产大豆酸奶的方法是以大豆浆为基料，将大豆浆和辅料置于容器中搅拌，并用304.0～506.6千帕的气压及150～200℃温度的蒸汽，以脉冲方式对该容器中的浆料进行冲击处理；将冲击处理后的浆料过120目筛，取滤液入胶体磨研磨至细度为130～150目；向研磨所得的浆料中加入乳酸菌进行发酵处理后即得大豆酸奶。经过这样处理后的酸奶既可较彻底地除去大豆腥味，而且所制得的大豆酸奶组织细腻、口感好、无异味、酸甜爽口、豆香醇厚，并含有很高的营养成分，较酸牛奶营养结构更合理。

343. 一种多维豆奶的配方及其生产方法

申请号：94111764　　公告号：1113689　　申请日：1994.05.27

申请人：马国富

通信地址：(618407)四川省什邡县两路口镇土城村

发明人：马国富、马相福

法律状态：实　审

文摘：本发明为一种饮料多维豆奶的配方及其生产方法。这种以蔗糖、黄豆等为主要成分及食用添加剂为辅助成分配制的多维豆奶，其有效成分中还含有灵芝、麦胚宝、甜蜜素、香兰素，每100千克豆奶中（以重量百分比计）黄豆占3%～5%，蔗糖占5%～6.8%，灵芝占0.05%～0.3%，甜蜜素占0.026%～0.055%，麦胚宝占0.02%～0.03%，香兰素占0.012%～0.022%及用量为0.03%～0.05%的均质剂。其生产工艺中的湿法去皮包括奶转化的两次高温灭菌，配料按原料溶化后液体称量。用该方法生产的多维豆奶特别适合乡镇企业及个体户生产使用，并可根据需要生产灵芝花生、灵芝核桃豆奶，黄豆也可用花生仁、核桃仁代替。

344. 豆清饮料的生产工艺

申请号：94113604　　公告号：1104865　　申请日：1994.10.25

申请人：宜昌市豆制品公司

通信地址：(443000)湖北省宜昌市北门外正街12号

发明人：童才全

法律状态：公开/公告

文摘：本发明是一种豆清饮料的生产工艺。这种豆清饮料的生产工艺流程是：选豆→浸泡→制浆→蛋白提取→豆清提取→澄清处理→脱臭→调制→过滤→灭菌→冷却→成品包装→检验→装箱→出厂。其澄清处理是在豆清提取液中加入柠檬酸1.0～1.25克/千克，最好是加入柠檬酸0.7克/千克；脱臭方法为脱臭前应对豆清清液瞬间加热至100℃，进入减压锅内，此时减压锅内的真空度应保持在93.3～96.0千帕，以维持清液进入锅内是蒸发状态；脱气时间是以最终进锅清液为准，将真空度升至98.7千帕，清液温度50℃，在这种状态下保持30分钟再消真空。采用本发明的生产工艺既能充分利用蛋白质提取后废液黄浆水中的营养成分，又能消除环境污染。本生产工艺简单，投资少，经济效益好，所制作的豆清饮料品质稳定、口感良好、营养丰富，是一种新型饮料。

345. 豆清饮料

申请号：94117433　公告号：1102766　申请日：1994.11.05

申请人：宜昌市豆制品公司

通信地址：（443000）湖北省宜昌市北门外正街12号

发明人：童才全

法律状态：公开/公告

文摘：本发明为一种豆清饮料。它是由豆清提取液和配料组成。其配料是指以下组分：柠檬酸1.0～1.25克/千克，天然果汁25～30克/千克，白砂糖9.0～11.0克/千克，苯甲酸钠0.1～0.15克/千克，饮料稳定剂3克/千克。本发明富含多种营养成分，品质稳定，口感良好，是一种新型饮料。

346. 一种豆奶生产工艺

申请号：94115502　公告号：1120901　申请日：1994.09.06

申请人：奚存库

通信地址：（100053）北京市宣武区槐柏树南里11楼7门001号

发明人：奚存库

法律状态：实　审　法律变更事项：视撤日：1998.11.18

文摘：本发明是一种生产豆奶的工艺。这种以黄豆为原料生产豆奶的工艺流程是：将筛选、除杂后的黄豆，首先进行烘干、冷却、脱皮；再对无豆皮的黄豆进行粗磨，粗磨是在黄豆未干的情况下，用水磨机将黄豆磨成粗浆，磨水是加黄豆软化剂的热水，温度保持在80℃以上；粗磨后的浆液再经精磨分离，真空消泡脱气，加糖调制，高压均质处理，进入灭菌工序，灭菌是在瞬间超高温条件下进行的，温度为120～130℃；紧接着进行第二次真空脱气，温度为80～130℃；之后进行冷却，灭菌贮存，无菌装袋，制得成品。采用本发明工艺生产出来的豆奶，由于不含豆皮和脂肪氧化酶以及其他不良的气味，所以有豆香味，细腻，口感好。

347. 一种低糖速溶强化补钙中老年饮用豆粉

申请号：95103688　　公告号：1113121　　申请日：1995.04.14

申请人：佳木斯市牛奶公司

通信地址：(154004) 黑龙江省佳木斯市长安路858号

发明人：董良杰、陆天鑫、王广禄、杨振国、张　愈

法律状态：实　审

文摘：本发明是一种适于中老年人饮用的、携带方便的豆奶制品。它采用东北优质大豆，经消毒、烘干、脱皮、酶素失活、超微粉碎、浆渣分离、高温杀菌、真空脱臭、均质等先进工艺制作成的纯天然豆奶，再加入适量的麦芽糊精，经科学调理，添加以海洋生物牡蛎壳为原料，经高温、强电离、活化新工艺制成补钙新品——活性钙，同时添加有利于钙吸收的维生素A、维生素D乳液等有效成分，经科学配料、杀菌、高压喷雾干燥而制成的粉状产品。这种低糖速溶强化补钙中老年饮用豆粉含有(每百克含量)：水小于或等于3%～5%，碳水化合物50%～75%，蛋白质10%～25%，脂肪4%～12%，矿物质3%～4%，膳食纤维2%～4%，钙280～350毫克，维生素A 3 300～3 700单位，维生素D 400～600单位，维生素B_2 0.8～1.2毫克。

348. 大豆冬瓜奶(茶)及其制备方法

申请号：95119834　　公告号：1122668　　申请日：1995.12.25

申请人：西安市万家乐食品厂

通信地址：(710015) 陕西省西安市北关正街184号

发明人：郭　凯、程少华、曹　芳

法律状态：公开/公告

文摘：本发明是一种大豆冬瓜奶(茶)。它含有5%～12.5%重量的大豆和2%～5%重量的冬瓜。其制备方法是：将大豆与冬瓜分别去皮，冬瓜去瓤和籽；将二者混合，制浆，过滤去渣，并在355～385千帕气压下进行处理，并研磨至200目，然后在精磨机中处理，经高温灭菌后冷却至60℃以下。这种大豆冬瓜奶(茶)是无豆腥味、无冬瓜异味的稳定

乳合奶，并且是一种具有高蛋白质、低胆固醇、低糖的、具有保健作用的纯天然饮料，具有较好的发展前途和推广价值。

349. 大豆果蔬饮料的制作方法及产品

申请号：92113932　　公告号：1087489　　申请日：1992.12.04

申请人：山东省果树研究所

通信地址：(271000) 山东省泰安市龙潭路 64 号

发明人：鲁墨森、王淑贞、辛　力、阎　英、张　静

法律状态：公开/公告　　法律变更事项：视撤日：1996.09.11

文摘：本发明是一种以大豆和果蔬为原料的非酒精饮料的制备方法。它系采用热煮、打浆、胶磨、调配、均质等步骤，将大豆在 100℃水中煮 5～100 分钟，并用胶体磨磨细；果蔬在 100℃水中煮 5～30 分钟，用打浆机和胶体磨制成果浆；混合大豆浆和果蔬浆，并用糖、酸和其他辅助成分进行调配后杀菌而制成的一种高蛋白、保健型大豆果蔬饮料。该类饮料具有大豆香气和果实香气，甜酸适口，口感宜人。

350. 用大豆直接生产冷饮制品的方法

申请号：86104538　　公告号：1016118　　申请日：1986.07.14

申请人：吉林省农业科学院大豆研究所

通信地址：(136100) 吉林省公主岭市铁北

发明人：苏仲武、孙洪斌

法律状态：授　权　　法律变更事项：因费用终止日：1993.05.26

文摘：本发明是一种以大豆为主要原料制取冷饮制品的方法。该冷饮制品是直接用大豆制取含油蛋白为主要原料的冷饮制品。其制作过程为：①制浆处理；② 1 次蒸煮去腥处理；③沉淀含油蛋白并去腥处理；④ 1 次混料和胶磨处理；⑤2 次蒸煮去腥处理；⑥ 2 次混料和胶磨处理；⑦制冷饮制品或冷藏。用该方法制得的冷饮制品具有成本低，蛋白质含量是乳制冷饮制品的 6 倍，油脂含量也大大高出乳制冷饮制品，并含多种微量元素，胆固醇含量低，食用时具有粘度大、口感好等特点。

351. 大豆果茶及其制作方法

申请号：93109104　　公告号：1081077　　申请日：1993.07.29

申请人：郭　凯、程少华

通信地址：(710015) 陕西省西安市北关正街184号

发明人：程少华、郭　凯

法律状态：公开/公告

文摘：本发明是一种以大豆为主要原料之一的大豆果茶及其制作方法。该大豆果茶中含有5%～10%的无腥大豆乳，其制作方法是：先将大豆水磨取浆，在405.3～608.0千帕气压下进行高温处理，然后加钙、盐进行离心处理；将上述处理后的大豆料与水果、糖和水混合搅拌、粉碎，并研磨至120目，经高温灭菌后冷却至35℃以下，最后加入添加剂进行均质处理，即得大豆果茶。经上述处理所得果茶无豆腥味，且能较好地与乳合为一体，制成既含多种维生素和微量元素，又高含优质蛋白质，且低胆固醇、低盐、低糖的饮料。

352. 精制保健营养腐乳的制取方法

申请号：91106290　　公告号：1060582　　申请日：1991.11.09

申请人：鞍山市调味品一厂、辽宁省阜新麦饭石开发公司鞍山分公司

通信地址：(114011) 辽宁省鞍山市铁西区交通路68号

发明人：关志忠、李本业、李桂英、罗　辉、阎明永、张志成

法律状态：公开/公告　　法律变更事项：视撤日：1994.12.21

文摘：这是一种食品及调味品精制保健营养腐乳的制取方法。其工艺过程为：腐乳醅→划块→入屉→接菌→倒屉→毛坯→腌缸→灌汤→装瓶→封瓶→发酵→检测。本发明的精制保健营养腐乳内含18种氨基酸、多种维生素以及多种微量元素，经常食用可促进儿童生长发育、抗衰老、加速病体康复、防治地方病、调节人体的生理功能，是强身健体防病抑病的必备品。采用本生产工艺过程能缩短腐乳发酵生物工程时间1.5倍。

353. 全豆利用直装后发酵腐乳

申请号：94101472　　公告号：1093540　　申请日：1994.03.02

申请人：北京市王致和腐乳厂

通信地址：(100039) 北京市海淀区田村

发明人：贾长斌、蒋大勇、李晓燕、宋丰江、王家槐

法律状态：公开/公告

文摘：本发明为全豆利用直装后发酵腐乳。这种全豆利用直装后发酵腐乳选大豆为原料，经粉碎、加水搅拌、研磨、均质后，进行加温煮浆、凝固、成型而制成白坯，待降温后接种、培养，经搓毛后予以腌制，然后进行直装(即直装入包装瓶，或直装入食品使用的塑料包装盒)，经灌汤后加盖(即直装入包装瓶时加盖瓶盖，或直装入食品使用的塑料包装盒时加封塑料封膜盖)，经过后发酵以后，予以清理、烘干并进行紫外线灭菌消毒，如为瓶装时还需再加塑料膜封盖，最后经贴商标而为成品。它解决了全豆利用、直装后发酵、生产系列腐乳新产品的技术问题。这种生产技术可在腐乳生产厂推广应用；系列腐乳新产品也可在各零售商店销售，以满足消费者的不同需要。

354. 腐乳低氯化钠发酵法

申请号：96120022　　公告号：1153012　　申请日：1996.10.10

申请人：韵　东

通信地址：(100872) 北京市中国人民大学静园7楼40号

发明人：韵　东

法律状态：公开/公告

文摘：本发明是一种腐乳低氯化钠发酵法。其制作方法是：将经过接种、培养、凉花后的豆腐坯打成酱状，然后加入适量氯化钠混合均匀；而后把混合物放入密闭容器中，在常温下发酵。它通过改进老法腐乳酿制工艺，以直接发酵法酿制的腐乳，而这样制成的含氯化钠量大大低于传统工艺所制成的腐乳，是制作低氯化钠腐乳的一个途径。另外，应用本发明还可以提高腐乳生产的机械化程度，减少传统工艺中的浪费现

象和减少原材料的使用。同时也缩短了腐乳的发酵周期，提高生产率，同时合理地应用本发明还可以大大节省生产使用面积，特别是当前提倡优化环境节约资源的情况下本产品是非常值得推广的。

355. 腐乳酱制作方法

申请号：96103246　　公告号：1159296　　申请日：1996.03.13

申请人：韵　东

通信地址：(100872) 北京市中国人民大学静园7楼40号

发明人：韵　东

法律状态：公开/公告

文摘：本发明为一种腐乳酱制作方法。它是将腐乳加工制作成酱状，在特定条件下通过特殊工艺和配料将腐乳制成细腻的、有光泽的腐乳酱。这种腐乳酱包括腐乳(A)和卡拉胶(B)组分，(B)占组分(A)和(B)总重量的1‰～20‰。本发明工艺简单，可流水作业。它减少了块状腐乳包装效率低下的缺点，并可根据需要任意调味，使腐乳扩展入酱制品领域。本发明适于腐乳厂和乡镇企业推广使用。

356. 脱腥、除胀、去酶大豆蛋白粉制法

申请号：91104935　　公告号：1068713　　申请日：1991.07.18

申请人：长春市工程食品研究所

通信地址：(130031) 吉林省长春市吉林大路42号

发明人：冷艺学、宋长文、宋企文、童明鑫、王宝林、朱鸿明

法律状态：实　审　　法律变更事项：视撤日：1998.09.20

文摘：本发明是一种制取脱腥、除胀、去酶的全脂大豆蛋白粉的工艺方法。这种脱腥、除胀、去酶全脂大豆蛋白粉的制备方法，是采用大豆去杂、去皮、粉碎；粉碎后，加水搅拌均匀，投入挤出机中在加温、加压、密闭条件下脱腥、除胀、去酶，先后经120～140℃加温3～4秒钟，210～220℃加温6～8秒钟，其间压力为1079～1275千帕，以200～190℃加温、保压3～4秒钟，而后在挤出机出口变为常压挤出，成不规则片状体，将其放入热水中浸泡5～7分钟，再将全部浸泡水及物料超

微粉碎成2～15 微米的微粒浆体，调整 pH 7.5～8，高温消毒后，用高压蒸汽进行喷雾干燥而制成产品。本发明不加任何化学物质，将豆粉在加温、加压密闭条件下脱腥、除胀、去酶，经超微粉碎消毒、喷雾干燥制得的大豆蛋白粉，有效地去除了豆腥味及胀气因子、胰蛋白酶等营养障碍成分，原料利用率达 90%，保留了大豆的全价营养。利用本发明制得的大豆蛋白粉加入面粉中其蛋白效率从 0.77 可提高到 2.0 以上，是理想的粮食营养互补添加剂及速溶大豆饮料，用途十分广泛。

357. 大豆蛋白粉

申请号：92112570　　公告号：1086098　　申请日：1992.10.30

申请人：丛　岩、赵永禄

通信地址：(130021) 吉林省长春市斯大林大街 75 号人大后楼 3 楼

发明人：李　鉴、吴桂芬、赵　宇

法律状态：公开/公告　　法律变更事项：视撤日：1996.05.29

文摘：本发明是一种脱腥大豆蛋白粉加工新技术。本脱腥大豆蛋白粉是在大豆脱腥时外加适量水分，总含水量为 10%～18%，尔后加热、加压进行脱腥；在脱腥过程中，采用外电阻丝加热，内电磁同时加热，加热时间不超过 10 秒钟；加热时同时加压，压强为 101.325～506.625帕。本方法继承了干、湿法脱腥工艺各自的优点，克服了各自的主要缺点，建厂投资少，能耗低，溶解度高，蛋白变性率低，脱腥效果好，色泽适中。

358. 一种以干法脱腥大豆精粉为原料生产全脂豆乳粉的方法

申请号：94100419　　公告号：1093240　　申请日：1994.01.27

申请人：程凌慧、刁永年

通信地址：(150036) 黑龙江省哈尔滨市香坊区香顺街 55 号

发明人：程凌慧、刁永年

法律状态：公开/公告

文摘：本发明是一种以干法脱腥大豆精粉为原料生产豆乳粉的方

法。这种以干法脱腥大豆精粉为原料生产豆乳粉的制作工艺组分配方是：大豆精粉（成分：蛋白质38%～42%，脂肪20%～25%，水分5%～7%，灰粉4%～5%，纤维4%～5%）与45～55℃的水调成浓度为15%～20%的豆浆，然后通过胶体磨细磨、超微细化，使之颗粒细度在10微米以下，然后进入灭菌罐灭菌，其加热温度为70～85℃，在不断搅拌下保温10～20分钟，然后喷雾干燥，其进风温度为125～135℃，排风温度为60～75℃。采用本发明的方法简化了湿法磨浆制豆奶粉的繁琐工艺，解决了由于湿法脱腥制豆乳粉直接冲饮时乳化性极差的问题，对大豆原料的利用率可达70%～80%，大豆营养成分及有用成分的转化率可达90%以上。

359. 湿法脱腥无渣速溶大豆粉（包括绿豆与红小豆）生产新技术

申请号：94103216　　公告号：1097558　　申请日：1994.03.26

申请人：吉林省高等院校科技开发研究中心

通信地址：（130022）吉林省长春市斯大林大街副115号

发明人：李荣和、李煜馨、刘　蕾、刘　仁、洪齐斌、隋少奇、宛淑芳、朱振伟

法律状态：公开/公告　　法律变更事项：视撤日：1998.09.09

文摘：本发明是一种利用蒸或煮的湿法去除豆类腥涩味，同时又将豆渣全部利用的新技术。这种湿法脱腥无渣大豆粉（包括绿豆与红小豆）生产新技术，是对整粒或磨浆的大豆（包括绿豆与红小豆）采取蒸或煮的措施熟化，脱除豆类腥涩味，水或水蒸汽温度大于或等于100℃，处理时间根据不同设备，以能熟化脱腥并能保持原豆色泽与熟化风味为度。无渣处理采取超微磨粉技术，粒度细于300目，或采取超微磨、胶体磨磨浆、均质、乳化措施，使豆粉粒度小于直径50微米，成品含水量应小于7%，干燥方式可采用自然风干或设备干燥，并经干燥成大豆粉。生产过程无豆渣生成。

360. 干、湿法结合，大豆子叶全利用速溶豆粉生产方法

申请号：94103885　　公告号：1096172　　申请日：1994.04.05

申请人：长春市第二食品厂

通信地址：(130051) 吉林省长春市长江路11号

发明人：张　惠

法律状态：公开/公告　　法律变更事项：视撤日：1998.10.21

文摘：本发明是对一种豆粉生产方法的改进。这种干、湿法结合，大豆子叶全利用速溶豆粉生产的方法是：①取已筛选的大豆，在135～140℃的温度、245.2千帕的压力下，经2～3秒钟闪蒸灭酶，再通过流化床在75℃温度下，经5分钟烘干，去皮破瓣；②在进行超微粉碎后，按豆粉与水之比为1∶10进行调浆，再在胶体磨中进行2次超微粉碎，粉碎到350目以上；③经135℃超高温瞬间(约3秒钟)杀菌，再在89.3千帕，55℃低温下脱腥；④再在40兆帕压力，50～55℃温度下，高压均质，最后浓缩至总固形物在34%～40%，喷雾造粒即得速溶豆粉。该法具有大豆利用率高，不除豆渣，大豆子叶全利用，蛋白收得率高，没有污水，豆粉溶解性好，含适量粗纤维，成本低的特点。

361. 高剪切混合乳化技术在速溶大豆(包括绿豆、小豆)粉生产上的应用

申请号：94109132　　公告号：1102545　　申请日：1994.08.19

申请人：吉林省高等院校科技开发研究中心

通信地址：(130022) 吉林省长春市斯大林大街副115号

发明人：高长城、黄新渭、李荣和、李中和、李煜馨、刘　蕾、刘仁洪、齐斌、隋少奇、孙　震、宛淑芳、朱振伟

法律状态：公开/公告

文摘：本发明是一种食品工业中大豆(包括绿豆与红小豆)深加工技术。它提供一种粉状豆制品在干燥前能实现均质、乳化、溶解的新技术。本发明对大豆(包括绿豆、红小豆)处理采用以下方式：将脱腥豆粉或已熟化的去渣或不去渣的豆浆及辅料混合，加入高剪切混合乳化专用设备中对主、辅原料进行处理，使之乳化、均质、溶解。经干燥获得粉状豆制品，加水冲调可得全溶速溶豆粉。这是一种具有良好的复水性，加水冲调全溶、速溶、无沉淀、无分层的豆制饮品。

362. 枸杞豆奶粉及其生产方法

申请号：94118442　　公告号：1123606　　申请日：1994.11.26

申请人：宁夏中宁县永兴保健食品厂

通信地址：(751202) 宁夏回族自治区中宁县黄羊湾车站

发明人：徐兴家

法律状态：实　审　　法律变更事项：驳回日：1998.07.15

文摘：本发明是一种枸杞豆奶粉及生产方法。枸杞豆奶粉由宁夏枸杞子、牛奶、黄豆、蔗糖组成。各组分的比例为：黄豆40%～50%，牛奶30%～40%，枸杞子12%～16%，蔗糖和蜂蜜8%～15%。枸杞子经多次浸泡浓缩制成枸杞子原浆备用，黄豆经浸泡、磨浆、过滤、细磨后和牛奶、枸杞子原浆一起经杀菌、浓缩、均质、喷雾干燥后制成，其成品为乳白色略带浅褐色的粉末状颗粒。本产品中含有多种氨基酸、人体所必须的各种微量元素及枸杞多糖——蛋白，而且低糖、高蛋白、高营养，并对多种疾病有明显的食疗效果。

363. 脑黄金速溶豆粉及其制备方法

申请号：95112197　　公告号：1149414　　申请日：1995.10.30

申请人：莱阳科技城集团公司

通信地址：(265200) 山东省莱阳市大寺街2号楼

发明人：李长青、马忠良、赵君才

法律状态：公开/公告

文摘：本发明是一种脑黄金速溶豆粉及其制备方法。这种脑黄金速溶豆粉采用脑黄金母液、脱脂大豆(花生)乳、葡萄糖、蔗糖、微量元素等原料，经过烘干脱皮、冷榨脱脂、水解脱腥、均质磨浆、真空浓缩、高压均质、喷雾干燥、附聚喷涂、冷却包装等先进工艺制成。脑黄金速溶豆粉富含脑黄金成分，具有增加肌体能量。同时还可激活脑细胞，降低血脂，健脑明目，抗衰老，抗心血管疾病，促进婴幼儿全面发育的作用，易消化吸收，是一种理想的保健食品。

364. 鲜骨奶豆粉及其生产方法

申请号：96120689　　公告号：1161167　　申请日：1996.11.21

申请人：李卫平

通信地址：(050000) 河北省石家庄市工人街 20 号

发明人：李卫平

法律状态：公开/公告

文摘：本发明为一种鲜骨奶豆粉(又称钙泉功能粉)及其生产方法，是针对我国人民长期缺钙和膳食不平衡而导致多种疾病等问题所设计的一种营养保健食品。其特点是选用鲜畜骨和优质大豆为主要原料，首先制得鲜骨髓粉、全大豆粉，利用微波干燥、杀菌技术和超微粉碎技术，加入其他辅料混合均质而制成，生产工艺简便。本发明的产品含钙、镁量高，营养丰富且营养配比均衡合理，易于被人体吸收，口感好，具有补钙壮骨，防病强身，提高免疫力等功效。

365. 一种大豆磷脂颗粒食品的加工方法

申请号：90105083　　公告号：1055286　　申请日：1990.04.05

申请人：辽宁省卫生防疫站

通信地址：(110005) 辽宁省沈阳市和平区南京街 10 段 9 里 1 号

发明人：姜树秋、李　伟、吴小芳

法律状态：公开/公告　　法律变更事项：视撤日：1993.08.25

文摘：本发明是一种大豆磷脂颗粒食品的加工方法。其加工程序及成分配比(重量百分比)是：首先取 30%的大豆磷脂(其成分：磷脂 60%～70%，豆油 30%～40%，水分 0.1%～0.5%；酸价 20%～30%)，40～50%的淀粉，20%～30%的糖(绵糖、砂糖均可)；再取淀粉重量的 2%～5%，再加 5～10 倍的水，加热调制成浆糊状；再将上述的大豆磷脂，淀粉(已扣除 2%～5%的量)，糖及浆糊状的淀粉均匀混合后，于 100±10℃内烘烤，然后制成颗粒状。本发明具有简便易行，对食品无污染等优点。

366. 无渣豆制品生产工艺

申请号：88107674　　公告号：1032616　　申请日：1988.11.12

申请人：天津市食品研究所

通信地址：(300060)天津市南开区津盐公路1号

发明人：司振河、宋嘉璋、扈文盛

法律状态：实　审　　法律变更事项：撤回日：1992.09.23

文摘：本发明无渣豆制品生产工艺是一种无渣盒豆腐或其他少渣豆制品的工艺方法。这种以大豆为原料生产盒豆腐或其他豆制品的工艺方法，以生产盒豆腐而言，其主要工艺过程包括浸泡、沥水、磨浆、煮浆、冷却脱气和加热成型6道工序，即首先将经过清洗的原料大豆用水浸泡，然后沥去泡豆水并用磨浆湿豆加水磨成混合浆，然后用80～100目的滤网将混合浆加以过滤并将所得的豆浆加热煮熟，使之冷却脱气，然后向冷却后的豆浆中加入适量的凝固剂并加热成型为盒豆腐。生产其他豆制品的工艺过程前4道工序与生产盒豆腐相同，煮浆之后向热浆中加入适量的凝固剂并趁热加压成型为其他豆制品；本发明在上述磨浆工序中采用具有足够精细度的砂轮磨并在磨浆过程中均匀加入重量为干豆重的3.5～4倍的水，以使磨成的全大豆混合浆中不能通过100目滤网的固形物，不超过大豆固形物的2.5%。生产盒豆腐时，将磨浆工序所得的全大豆混合浆不经过滤而直接加热煮熟，在冷却脱气后的混合浆中加入由葡萄糖酸δ内酯和石膏组成的混合凝固剂，加入量为混合浆重的2.8%～3.2%；上述混合凝固剂中的葡萄糖酸δ内酯占45%～70%(按重量计)，其余均为石膏。生产其他豆制品时，在煮浆之前向豆浆中加入热凝固性食用蛋白，其加入量为豆浆固形物重的0.4‰～1‰。采用本发明生产无渣盒豆腐或其他少渣豆制品可明显提高豆制品的出品率和原料大豆的利用率，并保持豆制品的固有风味，其副产品鲜豆腐渣可直接加入食品，黄浆水及泡豆水可生产代炒咖啡或代速溶咖啡。因此，本发明具有良好的经济效益和社会效益，可广泛用于生产豆浆、豆腐脑、盒豆腐和其他豆制品以及大豆的综合利用。

367. 保鲜花样豆制品生产工艺及其配方

申请号：92104782　　公告号：1081329　　申请日：1992.07.21

申请人：河南省鄢陵县食品厂

通信地址：(461200) 河南省鄢陵县西大街2号

发明人：程修川、杜留兴、何　丽、李瑞昌、刘水德、王相奎、吴根明、杨新杰、于明江

法律状态：实　审　　法律变更事项：视撤日：1995.10.25

文摘：本发明是一种人们喜欢食用的保鲜花样豆制品生产工艺及其配方。其工艺是在传统的豆制品生产工艺中采用新的包装材料——高温反压杀菌，这是对传统工艺的一大创新与改革。这种以大豆为主要原料生产保鲜花样豆制品的配方是：①保鲜豆制品花干：豆腐干100千克，食用植物油15千克，白砂糖6千克，味精0.07千克，食盐2千克，花椒0.1千克，八角0.08千克，桂皮0.08千克，茴香0.02千克；②保鲜豆制品素肉脯：豆腐干(丝)100千克，白糖4千克，食盐3千克，大料0.8千克，桂皮1千克，碱面3千克；③保鲜豆制品笋丝：豆腐丝100千克，食用植物油15千克，白糖2千克，食盐3千克，姜1千克，干笋0.5千克，辣椒1千克；④保鲜豆制品香菇鸡丝：豆腐丝100千克，食用植物油15千克，白糖3千克，食盐2千克，姜1千克，香菇0.5千克；⑤保鲜豆制品五香豆腐丝：豆腐丝100千克，食用植物油15千克，白糖5.5千克，食盐2千克，葱2千克，姜0.5千克，淀粉1.2千克；⑥保鲜豆制品炒肝尖：豆腐丝100千克，食用植物油14千克，白砂糖4千克，食盐2千克，姜0.5千克。本发明生产出的保鲜花样豆制品，色、香、味、形、口感俱佳，老少食用皆宜。在37℃下可保鲜6个月，天然风味浓，营养价值高。

368. 一种大豆食品的深加工工艺及其产品

申请号：92112976　　公告号：1086395　　申请日：1992.11.05

申请人：孙　岩

通信地址：(151400) 黑龙江省安达市科委

发明人：孙　岩

法律状态：公开/公告　　法律变更事项：视撤日：1996.02.07

文摘：本发明是一种大豆食品的深加工工艺及其产品。这种大豆食品的深加工工艺及其产品是以大豆为原料，经去杂、清洗、浸泡、研磨、过滤、离心出浆、加热、填料、凝固成型、冷冻、解冻、脱水、压榨、盐渍、赋味、烘烤、成品等工序连续完成。本工艺因采用填料工序，能满足不同年龄段食用者对营养成分的需求，达到营养全价。采用冷冻工艺后，可制成蜂窝状的、易吸收的大豆蛋白食品基料，这给本工艺路线提供了一条便利的加工途径，可制成不同口味，不同风格的蛋白质基风味食品。因其采用脱水工序，可制成蛋白质含量高、携带方便、便于保藏的方便食品。

369. 大豆糊化食品及生产方法

申请号：92113488　　公告号：1074586　　申请日：1992.11.02

申请人：于金娥

通信地址：(150001) 黑龙江省哈尔滨市南岗区清明4道街103号

发明人：于金娥

法律状态：公开/公告　　法律变更事项：视撤日：1996.02.07

文摘：本发明为一种大豆糊化快餐食品及生产方法。这种大豆糊化食品的生产方法的步骤包括：①向大豆粉中加入大豆粉重量20%～40%的水；②搅拌均匀；③静置0.1～3小时；④进入糊化仓糊化1～4分钟；⑤烘干。现有的糊化食品多采用高温高压加工而制成，营养成分损失大，主要原料中的蛋白质含量较低。本发明向大豆中加入一定量的水，搅匀后，略静置，糊化1～4分钟，制成糊化的快餐食品，也可在糊化前后配以调料制成不同风味的糊化的大豆快餐食品。本发明由于加工中不损伤其中的宏量元素、微量元素、蛋白质和多种维生素，因而其中含有较高的大豆蛋白，可用作高蛋白的不同风味的快餐食品的生产方法。

370. 大豆膨化食品及其制作方法

申请号：93109106　　公告号：1081584　　申请日：1993.07.29

申请人：郭　凯、程少华、郭永暖

通信地址：(710015) 陕西省西安市北关正街184号

发明人：程少华、郭　凯、郭永暖

法律状态：公开/公告

文摘：本发明是一种以大豆为主要原料的大豆膨化食品及其制作方法。该膨化食品主要由脱腥化后的α化大豆物料与淀粉组成，大豆物料与淀粉的比例为4～7∶5。其制作方法是：将大豆浆料研磨至100目，再置于405～456千帕气压下进行高压处理，然后加氯化钙盐解、脱水。将脱水大豆物料与淀粉等辅料混合研磨，随即α化处理，制成坯片，坯片经漂化、晾干至含水量为6%～13%后即可进行膨化。经上述处理后的大豆物料无豆腥味，且易于膨化。

371. 保碘豆制食品

申请号：93111018　　公告号：1079873　　申请日：1993.04.02

申请人：姜福山

通信地址：(113003) 辽宁省抚顺市露天区万新街3委8组256栋

发明人：姜福山

法律状态：实　审　　法律变更事项：视撤日：1997.05.21

文摘：这是一种保碘豆腐。其技术方案要点是将一定量的黄豆、石膏、卤水、海带及水经浸泡、磨碎、过滤、分离、加热、点脑而压制成型为成品。这种保碘豆腐的重量配比范围是：黄豆100，石膏3～4，海带15～20，水300～600。本发明可补充人体所必需的碘、铁、钙等元素，充分保证人体内含碘量的稳定，并保持人体内酸碱度的平衡，还具有成本低，营养丰富等特点。

372. 仿真豆制品

申请号：93115756　　公告号：1099227　　申请日：1993.08.21

申请人：温景超

通信地址：(110011) 辽宁省沈阳市沈河区驿骏巷2号

发明人：温景超

法律状态：公开/公告　　法律变更事项：视撤日：1997.01.22

文摘：本发明是一种仿真豆制品。它是采用干豆腐、天然中草药和调味调料配制而成。几种仿真豆制品的配方如下：①仿鸡味豆制品的配方为：干豆腐200～500克，味素0.05～0.1克，香油0.05～0.1克，花椒0.1～1克，八角0.1～1克，茴香0.1～1克，盐20～40克，姜0.05～0.1克，木香3～5克，降香3～5克，鸡味调料3～10克；②仿牛味豆制品的配方为：干豆腐200～500克，味素0.05～0.1克，香油0.05～0.1克，花椒0.1～1克，八角0.1～1克，盐20～40克，姜0.05～0.1克，木香3～5克，降香3～5克，牛味调料3～10克；③仿鱼味豆制品的配方为：干豆腐200～500克，味素0.05～0.1克，香油0.05～0.1克，花椒0.1～1克，八角0.1～1克，茴香0.1～1克，盐20～40克，姜0.05～0.1克，木香3～5克，降香3～5克，鱼味调料3～10克；④仿虾味豆制品的配方为：干豆腐200～500克，味素0.05～0.1克，香油0.05～0.1克，花椒0.1～1克，八角0.1～1克，茴香0.1～1克，盐20～40克，姜0.05～0.1克，木香3～5克，降香3～5克，虾味调料3～10克。它不仅具备一般豆制品的营养成分，而且还具有鸡味、牛味、鱼味和虾味等多种口味，同时，该豆制品不易变质，保质期高于一般豆制品的4～10倍。

373. 干制全脂豆制品的制作方法

申请号：95101219　　公告号：1127602　　申请日：1995.01.25

申请人：段继锋

通信地址：(466000) 河南省周口市交通路东段(杨庙东)周口市黄淮豆制品厂

发明人：段继锋

法律状态：公开/公告

文摘：这是一种干制全脂豆制品的制作方法。这种干制全脂豆制品的制作方法包括以下工序：①选豆：将豆子中的杂质、碎豆、虫咬豆去除；②脱皮：将豆脱皮，去皮率90%～95%，并将皮去除；③磨面：将脱皮的豆磨成120～140目的豆面；④和面：当豆面重量为1时，按下列重量百分比将下列物质掺入、搅拌混合均匀成面团：水10%～12%，食用碱面2%～3%，食用盐3%～5%；⑤热压、油炸：将面团送入卧式蛟龙压力机中加压、加热、油炸后，呈片状从出口处挤出；⑥切丝：将挤出的豆片用切丝机切成条状；⑦烘干：将切成条状的豆制品烘干。本制作方法适于流水作业，保持了制品的大豆全脂营养成分和提高了制品的韧性和香味，并能长期保存。

374. 全脂大豆素肉制作方法

申请号：86100819　　公告号：1007522　　申请日：1986.02.13

申请人：长春市二道河子区工业技术研究所

通信地址：(130031)吉林省长春市吉林大路42号

发明人：陈林群、高忠喜、季汉桥、刘志海、宋长文、宋焕文、宋启文

法律状态：授　权　　法律变更事项：因费用终止日：1997.04.02

文摘：本发明是一种全脂大豆深加工仿肉制作方法。这种全脂大豆素肉的制作方法如下：①以大豆为原料，经除杂、淘洗、烘干、脱皮、粉碎到80目以上，再调成含35%水的糊状物；②将豆糊送入植物蛋白纤维丝机，分别在70～90℃、100～120℃、140～160℃ 3个温度区挤压成丝；③成丝后的蛋白加入鸡蛋、淀粉，其配比为：大豆蛋白、鸡蛋与淀粉之比为100：25：10，加以调匀；④将调匀的糊状物送入螺旋成型机，分别在60～80℃、80～100℃、100～120℃ 3个温度区挤压成型；⑤成型后切成的小块用鸡蛋、淀粉挂糊，用植物油过油，即成成品。它比目前流行的以脱脂大豆为原料，经预处理、仿丝成型的工艺比较，具有脂肪含量高、口感好、加工过程短、成本低等特点。

375. 豆麻蛋白酥

申请号：90106465　　公告号：1053734　　申请日：1990.12.11

申请人：穆宝成、吕建新

通信地址：(110024)辽宁省沈阳市铁西区保工街6段21里4号

发明人：吕建新、穆宝成

法律状态：实　审　　法律变更事项：视撤日：1993.11.24

文摘：本发明是一种以大豆、江米、黑芝麻、植物油为主要原料，以蔗糖、味精、盐、孜然、胡椒和五香粉为调味辅料的制作豆麻蛋白酥的生产方法。豆麻蛋白酥中的组分（重量百分比）是：大豆65％～75％，江米13％～22％，黑芝麻1％～2％，植物油5％～15％和调味辅料1.5％～2.5％。其制作工艺是：①精选大豆、江米、黑芝麻，用清水漂洗，去杂质；②江米磨成粉，黑芝麻炒熟磨成泥；③去除大豆苦腥味的方法是：其一，有机酸处理：在不锈钢锅中，将水和有机酸配制成浓度为0.05％～0.20％，pH值2～6的溶液，在70～130℃的温度中煮20～60分钟；其二，有机碱处理：在不锈钢锅中将水和有机碱配制成浓度为0.1％～0.3％、pH 8～10的碱性溶液，在70～115℃的温度中煮20～60分钟；其三，糖化处理：按大豆95％～99％、蔗糖1％～5％的比例合在一起磨成豆泥；其四，混合处理：把黑芝麻泥与水按1：2～3的比例调成麻酱，再加入上述的豆泥中研磨成大豆芝麻泥；④和料：将大豆芝麻泥与江米粉及盐和成面团；⑤将面团制成薄片；⑥将薄片烘干；⑦将烘干的蛋白酥坯经油锅炸0.5～2分钟后捞出；⑧将不同风味的调味辅料喷撒在蛋白酥片上，然后装袋。

用本方法制成的豆麻蛋白酥，不仅去除了大豆的苦腥味，而且还突出了豆香味，它酥脆不腻，蛋白丰富，并具有黑芝麻的颜色和作用。

376. 一种用大豆直接生产大豆香酥片的方法

申请号：91100211　　公告号：1063022　　申请日：1991.01.11

申请人：西安市万家乐食品厂

通信地址：（710015）陕西省西安市北关正街184号

发明人：程　华、郭　凯、郭永暖、阎勤虎

法律状态：授　权

文摘：本发明是一种用大豆直接生产大豆香酥片的工艺。它是将精选的大豆浸泡、清洗、磨浆并浆渣分离后，再经球磨、过滤、湿热湿压处理、消泡、盐凝、脱水、球磨、烘干、配辅助原料及添加剂工序处理，然后成型、油炸、喷撒调味料、装袋。其生产工艺是：①将浸泡去皮后的大豆加水在浆渣分离机内进行浆渣分离，再进入胶体球磨机内研磨，用100目筛网过滤；②过滤后置入容器内的浆料在253～304千帕气压，110～120℃的条件下用蒸汽湿热、湿压处理5～10分钟，然后用乳化硅油或油角进行消泡处理；③消泡后加入硫酸钙，以90℃进行盐凝，待液面出现清水后加盖焖20～30分钟；④取出脱水，再进入胶体球磨机内充分研磨后烘干；⑤加入辅助原料，并再加食品添加剂搅拌、成型。

经本工艺加工的大豆香酥片无豆腥味，食后无肠胃不适和胀气感，并富含多种微量元素，更以高蛋白、低胆固醇、口感细腻、豆香味宜人成为一种深加工的大豆小食品。

377. 减肥免疫晶制备方法

申请号：91103298　　公告号：1066965　　申请日：1991.05.23

申请人：安大永

通信地址：(050700) 河北省新乐县青同乡安太庄

发明人：安大永

法律状态：公开/公告　　法律变更事项：视撤日：1994.06.29

文摘：本发明是一种非酒精固体饮料的制备方法。这种减肥免疫晶的制备方法是：①原料成分及添加量配比为：大豆蛋白粉125～150克，白糖30～60克，大枣5～30克，蘑菇40～50克，油树脂8～15毫升，丙醇酸30～35毫升，钾盐3～5克；②将大枣和蘑菇洗净，与油树脂、丙醇酸和钾盐一同加水煎煮，加水量为上述物质总量的3～5倍，煎煮液用140～180目筛过滤，加温浓缩成膏状；③将白糖在40～60℃温度下烘干1～1.5小时，研磨成细糖粉；④将膏状物、糖粉及大豆蛋白质粉混合搅拌，再制成颗粒，并烘干。由此方法制作的饮料冲剂具有在保证不利泻的情况下达到减肥的作用，同时还可增强体力，提高脑力，增加营养，适合各类肥胖人员及正常人服用。

378. 大豆蛋白乳酸菌发酵蛋白饮料

申请号：91104606　　公告号：1068257　　申请日：1991.07.06

申请人：长春市维利康食品厂

通信地址：(130041) 吉林省长春市西四道街56号

发明人：郑朝忠

法律状态：公开/公告

文摘：本发明是一种以大豆蛋白(包括豆粉、豆浆、大豆粗蛋白、分离蛋白粉)为原料，乳酸菌发酵制成的营养饮料。其制作工艺流程为：选料→脱皮→钝化→磨浆→分离→捱劝分离→脱体均质→均质→发酵→灌装→入库。

379. 油炸豆及其生产方法

申请号：92106961　　公告号：1079617　　申请日：1992.06.06

申请人：湖南省桃江县马迹塘贸易公司

通信地址：(413305) 湖南省桃江县马迹塘镇天府庙

发明人：胡炼劳、刘达才、谭树云、汪代云、肖高潮

法律状态：公开/公告　　法律变更事项：视撤日：1995.08.30

文摘：这是一种油炸豆及其生产方法。其生产方法是：以黄豆为原料，将黄豆用热开水浸泡至黄豆皮与肉松散，然后进行搓散、冲洗，边加水边磨浆，磨后的浆用100℃开水进行泡浆、滤浆、煮浆，用0.8%的石膏溶液游浆，最后上箱成型、洗坯、滤坯、起炸、整理包装。

380. 素食馅及制作方法

申请号：92113487　　公告号：1074591　　申请日：1992.11.02

申请人：于金娥

通信地址：(150000) 黑龙江省哈尔滨市南岗区清明4道街103号

发明人：于金娥

法律状态：公开/公告　　法律变更事项：视撤日：1996.02.07

文摘：本发明是一种以大豆粉、鸡蛋为主要原料的素食馅及制作方法。这种素食馅的制作方法的步骤包括：①在大豆粉中加入20%～40%的水，搅拌均匀，进入糊化仓经1～4分钟糊化后，制成糊化豆片；②将豆片粉碎；③将粉碎的豆片与30%～70%鸡蛋混匀；④在20%～

50%食物油中加温煎炒，使其蛋白质固化。现有的素食制品蛋白质含量低，加工过程中营养损失大，保藏性不好。用该方法制得的素食馅作为代肉用品，可在各种包馅食品中代替部分肉制品使用，口感好，营养价值高，同时改变了原有的口味，增加了贮藏期。该方法适用于生产高蛋白低脂肪食品。

381. 豆质方便菜

申请号：93102913　　公告号：1092255　　申请日：1993.03.17

申请人：高成仁

通信地址：(130000) 吉林省长春市税务局夏雁冰收转高成仁

发明人：高成仁

法律状态：实　审

文摘：本发明是一种豆质方便菜。它是以大豆或豆粕、豆饼为主料，以胡萝卜及其他蔬菜为辅料。其制作方法是：先将大豆或豆粕豆饼经过加工制成软块状固化物，尔后用胡萝卜和其他蔬菜经过改刀后进行"冷冻和干燥"处理，制成具有海绵细孔状结构的干品作为辅料。经过改刀后进行"冷冻和干燥"并将主料和辅料封装在一起即成豆质方便菜。食用时将本菜放入容器内加入热水后需1分钟、加凉水需5分钟即可食用，还可拌成凉菜或与蔬菜及肉类做成各种佳肴。而且具有储运、携带、食用方便的优点。

382. 膳食纤维粉

申请号：93105805　　公告号：1083670　　申请日：1993.05.21

申请人：北京市豆制品八厂

通信地址：(100085) 北京市海淀区清河南镇石板房108号

发明人：董子明、傅景山、姜国霞、李兰发、荣永华、王立先、王铁钢、王智裕

法律状态：公开/公告

文摘：本发明是一种膳食纤维粉。这种膳食纤维粉的制作方法及其组分是：以大豆分离出豆乳以后的固形物为基料，将大豆经清杂、浸

泡、水选、粉碎，将粉碎后大豆中的豆乳分离出去做他用，从而获得固形物，对固形物进行脱水、烘干、微粉碎，由35克以上的膳食纤维、20克以上的植物蛋白质、9克以上的植物油脂、23克以上的淀粉组成100克膳食纤维粉；膳食纤维粉还含有59毫克以上的钾、333毫克以上的钙、495毫克以上的镁、29毫克以上的铁、2毫克以上的锰、0.5毫克以下的铜、4毫克的锌、0.04毫克的硒、0.02毫克的钴等无机盐，以及35毫克以上的维生素B_1、21毫克以上的维生素B_2、15毫克以上的维生素E等维生素，从而构成膳食纤维粉成品。本产品具有减肥、通便、降血脂、降血糖、防癌等功能，直接冲调食用，也可作为营养源添加到面粉、挂面、糕点、小食品、肉制品中。

383. 素宝肠及生产方法

申请号：93108663　　公告号：1097557　　申请日：1993.07.20

申请人：河南省洛阳肉类联合加工厂

通信地址：(471001) 河南省洛阳市道北路126号

发明人：曹同庆、吕水献、陶俊华、田加生、王克信、武国庆、杨志超、张学全

法律状态：实　审

文摘：本发明是一种以分离大豆蛋白、植物油为主要原料制得的方便食品——素宝肠及生产方法。其成分为分离大豆蛋白、植物油，适量的水及调味料、热凝固性粘结剂；将分离大豆蛋白与适量的水进行乳化，然后添加适量的植物油、调味料和热凝固性粘接剂继续乳化，得到均匀的胶状物；经KAP自动充填机灌装，高温杀菌，得到的是营养丰富、外观和口感均佳的素宝肠。

384. 大豆冷面及其调味品的制作方法

申请号：93109665　　公告号：1084708　　申请日：1993.08.10

申请人：龙井市清水冷面厂金光锡

通信地址：(133400) 吉林省龙井市安民街

发明人：崔仁杰、崔应春、金光锡、金吉子、朱龙甲

法律状态：公开/公告　　法律变更事项：视撤日：1996.12.11

文摘：本发明是一种大豆冷面及其调味品的制作方法。其制作方法是：首先将大豆经过精选、粉碎及干燥制成100目的大豆粉；其次将大豆粉10%～50%(按重量计，下同)，荞麦粉5%～10%，精粉(白面)10%～30%，淀粉(马铃薯粉)10%～30%及水40%～45%放入和面机中进行搅拌、混合，停置30分钟，进行醒面，随之置于压面机中进行压制，制成面条状；再次将其移置于暗室中停放12～20小时，然后再移置于冷库中进行冷冻，其温度为－20℃，冷冻时间为18小时，最后将其进行自然干燥，切断及包装。其调味品是由大豆粉、苏子、芝麻、松籽仁、核桃仁及食盐经过混合制成，大豆冷面具有爽口味美，营养丰富等特点。

385. 一种营养保健茶干

申请号：93110549　　公告号：1089792　　申请日：1993.01.20

申请人：马鞍山市采石茶干厂

通信地址：(243041)安徽省马鞍山市采石镇

发明人：王长春

法律状态：公开/公告

文摘：本发明是一种营养保健茶干。这种营养保健茶干的加工制作方法是：每加工500千克大豆时，在进行浸泡大豆、制浆、制卤3道工序中分别加入麦饭石浸泡液30～60千克，10～25千克，20～30千克。本制品除含有人体所需17种氨基酸外，还含有硒、钙、铜、锌等10多种微量元素，营养丰富，尤其是心血管病、糖尿病、神经衰弱等患者的保健佳品，有抗衰老作用，能促进儿童生长与智力发育。

386. 鲜豆筋(干大豆丝)

申请号：93114651　　公告号：1112396　　申请日：1993.11.15

申请人：郑　奎

通信地址：(154731)黑龙江省汤原县香兰镇医院

发明人：郑　奎

法律状态：实　审

文摘：该项发明是一种以优质大豆、蛋清为主要原料的鲜豆筋（干大豆丝）。这种以黄豆为主要原料的鲜豆筋的生产工艺是：将黄豆筛选后进行干燥榨油，并将榨油后的豆片粉碎，然后和面并同时加配方，其中包括加蛋清和不加蛋清两种。膨化后和压长片，压丝，经烘干后进行断丝，用塑料袋密封包装。

387. 巧克力豆沙粉

申请号：93119597　　公告号：1088751　　申请日：1993.11.03

申请人：吉林省高等院校科技开发研究中心

通信地址：（130022）吉林省长春市斯大林大街副115号

发明人：李荣和、李煜馨、刘　蕾、刘仁洪、宛淑芳、朱振伟

法律状态：公开/公告　　法律变更事项：视撤日：1997.02.05

文摘：本发明是一种巧克力豆沙粉。属于食品工业中大豆深加工技术领域。它是用脱腥大豆粉与可可粉、糖粉混合制成的。本产品具有口感、色泽与"红小豆豆沙粉"相近，而原材料易得的优点。

388. 植物蛋白胨及其生产方法

申请号：94112516　　公告号：1118661　　申请日：1994.09.14

申请人：鞍山市罐头汽水厂

通信地址：（114013）辽宁省鞍山市铁西区南一道街24号

发明人：刘玉霞

法律状态：公开/公告　　法律变更事项：视撤日：1998.02.18

文摘：本发明是一种植物蛋白胨及其生产方法。这种植物蛋白胨及其生产方法是：大豆蛋白质在盐的作用下发生凝固作用，再加入海藻胶可与钙性盐反应，形成网状薄膜结构的固态天然植物全蛋白胨。该产品使用的是纯天然原料，无任何添加剂，是无毒无害的全蛋白高营养型保健食品，又是具有呈熟蛋白状的固态制品。它色泽乳白，口感细腻柔软，口味清香，便于运输和储存，并可用于煎炒烹炸、凉拌等，是各大饭店及居民餐桌食用的优质菜肴。

389. 膨化蛋白腐棍的生产工艺和方法

申请号：95109436　　公告号：1120400　　申请日：1995.08.07

申请人：黄金城

通信地址：(150050)黑龙江省哈尔滨市太平区新村街25-3号

发明人：黄金城

法律状态：公开/公告

文摘：本发明是一种膨化蛋白腐棍的生产工艺和方法。这种膨化蛋白腐棍的生产工艺流程是：①挑选清洗：将黄豆里面的各种杂物挑选干净，更不能存在变质和破皮的黄豆，然后再进行彻底的清洗；②浸泡：将清洗好的黄豆放到清水池内加清水浸泡10～12小时；③磨豆：将浸泡好的黄豆捞出，用清水洗干净，以豆、水之比为1∶3进行磨豆，1次磨出黄豆浆25千克；④烧浆：将25千克清水烧开，再倒入25千克豆浆，加旺火迅速烧开并立即停火，急加10千克凉水降温；⑤过包：用80～100目的过包布将降温后的豆浆装满包后过包，再用清水将包内渣子洗干净；⑥冲脑：取过包后的豆浆50千克，用发酵好的石膏0.5千克加凉水7.5千克搅匀后，对准50千克豆浆，高出浆面1～2米向下冲脑，再用工具将脑打成糊状；⑦压胚：把套模过水放正，包布也过水并放进套模按平，泼匀糊状冲脑，厚为2～5厘米，再把包布四角折入套模包平、包齐，满榨后慢慢平压，待不流水时方可下榨，打包取坯；⑧改刀成型：将坯子放好，按要求形状进行改刀成型；⑨油炸膨化：投油50千克，在油温烧至160～180℃时，投坯料10千克，油炸时间12～15分钟，即把坯料炸至膨化并外皮发硬，停火、捞出、控油；⑩包装：将控油、晾凉后的膨化蛋白腐品经筛选、称重、装袋、封口、包装。其中关键的工艺是冲脑和油炸。采用本工艺可制作出膨化的蛋白腐棍，其形状各异，置于阴凉避光处，保存期长，食用方法多种多样，营养丰富，易于消化，是老少皆宜、有益健体强身的保健食品。

390. 一种素牛排及其加工方法和用途

申请号：95109771　　公告号：1143470　　申请日：1995.08.22

申请人：承德县国营豆制品厂

通信地址：(067400) 河北省承德县下板城内化街承德县国营豆制品厂

发明人：李爱民、柳玉清

法律状态：实　审

文摘：本发明是一种素牛排及其加工方法和用途。它以优质大豆为原料，经脱脂、粉碎、加热膨化、造型、制得成品。它较腐竹一类的豆制品脂肪含量低，具备大豆的其他全部营养成分，并提高了大豆的利用率，有肉的口感，可作为肉类肠的添加物。

391. 大豆方便面及其制作方法

申请号：95119539　　公告号：1132601　　申请日：1995.12.22

申请人：天津市方便面厂

通信地址：(300060) 天津市河北区志成路二道桥

发明人：张振国、范永刚

法律状态：公开/公告

文摘：本发明是一种方便面及制作方法。这种方便面的主要成分(重量百分比)是大豆粉70%～90%和粉状粮食30%～10%。其制作方法是：脱脂，脱脂率10%～12%；磨粉，粒度60～85目；大豆粉与其他粉状粮食混合；加入浓度分别为1%～1.8%的食用盐、碱水溶液充分搅拌；混合粉与水溶液重量比1：0.45～0.6，在150～160℃温度中熟化并压片；切条后短切；在40～60℃温度中干燥60～90分钟；称量包装。

本发明具有工艺简单，方便耐蒸煮，食用方式多，富含蛋白质和纤维素，低脂肪的显著优点。

392. 合成板栗膏生产方法

申请号：96100046　　公告号：1144054　　申请日：1995.01.11

申请人：马　健

通信地址：(830000) 新疆维吾尔自治区乌鲁木齐市黄河路公路

局收发室

发明人：马　健

法律状态：公开/公告

文摘：本发明是一种既能除去豆腥味又能保持豆类中营养成分，并且具有板栗味的合成板栗膏生产方法。其生产方法按下述步骤进行：①豆膏制作；②焦糖熬制；③豆膏与焦糖化合。其生产方法简单、成本低廉。用本发明所得的板栗膏及其食品，既保持了豆类中的挥发油等丰富营养成分，又具有板栗的香味，并且去除了豆腥味，因此易被广大群众所接受。

393. 一种新型保健食品豆花羹

申请号：96100785　　公告号：1136406　　申请日：1996.02.09

申请人：吕天才

通信地址：(063030) 河北省唐山市新区政府大楼 305 室

发明人：吕天才

法律状态：公开/公告

文摘：本发明是一种新型保健食品豆花羹。本食品主要由大豆、花生、芝麻、核桃、板栗、花椒、胡椒、八角、茴香、生姜、辣椒、大蒜等组成。其主要生产工序为：原料筛选、高温烘烤、研磨加工、高压均质、真空包装。常用本食品可宽中益气、和脾健胃、降低血压和胆固醇，因此它对高血压、心脑血管病、脾胃失调、神经衰弱、营养不良、贫血、便秘、肥胖症、乳汁缺乏等症有一定疗效。本食品生产工艺简单，原料来源广泛，系纯天然绿色食品，无任何污染。

394. 一种大豆保健营养液

申请号：96101611　　公告号：1147345　　申请日：1996.01.31

申请人：胡传璞

通信地址：(510900) 广东省从化市街口青云路广州生命树公司

发明人：胡传璞

法律状态：实　审

文摘：本发明是一种大豆保健营养液。其生产方法为：①精选大豆种子进行清洗，在20～60℃下烘干，粉碎成40～100目的粒度的豆粉；②在一定温度下将有机酸缓冲溶液溶于超滤处理的无菌水中，并将一定量的豆粉加入此溶液中搅拌一定的时间；③将上述的第一次浆渣分离，通过80～150目筛网，取第一次浆液；④将第一次浆液第二次浆渣分离，通过200～400目筛网，取第二次浆液；⑤将第二次浆液浆渣离心分离，取第三次浆液；⑥将第三次浆液于－5～－20℃下沉降1～3小时，去除上浮物，然后将浆液加热到80～110℃后，再冷却至－10℃～－20℃，并沉降3～8小时后取上清液，真空冷冻，干燥浓缩；⑦在浓缩液中加入适量甜味剂，然后用中空纤维超滤柱超滤，加热灭菌灌装，检验合格后入库。

395. 一种人工发菜及生产方法

申请号：96105426　　公告号：1135855　　申请日：1996.04.19

申请人：曹　虹

通信地址：(750001) 宁夏回族自治区银川市南一环路新月小区3号楼3单元502室

发明人：曹　虹

法律状态：公开/公告

文摘：本发明是一种人工发菜及生产方法。其主要的原料是大豆及海带两种原料，各占其组分的35%以上。其生产方法是：将大豆超微粉碎、打浆糊化，海带破碎，加碱沸煮并加酸中和，制成海带胶体，尔后加入少量的经糊化的淀粉及奶粉、色素、食用明胶充分混合保温，然后经加压过滤→加压喷丝→固化定型→鲜品→干品。其组分如下：大豆35%～40%，海带38%～42%，淀粉10%～13%，植物明胶8%～11%，叶绿素加紫色素加高粱色素共1%～3%，纯奶粉2%～3%。用本发明制得的人工发菜不论从口感、外形、色泽、烹调方式均与天然发菜酷似。它保留了大豆、海带的全部营养成分。其蛋白质、微量营养元素均超过了天然发菜。

396. 一种方便营养豆丝面

申请号：96109564　　公告号：1148941　　申请日：1996.09.02

申请人：李鸿芳

通信地址：(100027) 北京市朝阳区辛店武警指挥学校家属楼3门101室

发明人：李鸿芳、黄忠民、吴西昆、王　锋、阎国良、李　斌、秦东房

法律状态：公开/公告

文摘：本发明是一种新型方便营养豆丝面及其制备方法。其制备方法是：以精制大豆为原料，经除杂、烘干、破碎、浸泡、制浆、精磨分离、加热搅拌、灭菌、揭皮、1次干燥、切丝、烘干。上述的烘干是用微波干燥。该方便营养豆丝面食用方便，减少了营养损失，拓宽了制作豆制品的工业化生产，能达到节省投资、省地、省时，提高豆制品的质量。

397. 优质系列豆制品的生产方法

申请号：96112521　　公告号：1149416　　申请日：1996.09.03

申请人：杨光辉

通信地址：(650225) 云南省昆明市北站张官营昆明市星火节能技术研究所

发明人：杨光辉

法律状态：公开/公告

文摘：本发明是一种优质系列豆制品的生产方法。该豆制品的生产方法步骤是：经选料、浸泡、磨碎、过滤、煮浆或原料润水、发酵、浸出滤油及加热配制等工艺加工生产而制成。其在制作中应完全以蒸馏水或超纯水为生产用水。本发明提出的方法可应用于生产各种类型的豆腐、豆腐干、素熟食豆制品、酱油、面酱等，均能取得良好的技术效果，并能取得良好的市场开发前景。

398. 大豆稠酒的制作方法

申请号：96118739　　公告号：1146487　　申请日：1996.07.30

申请人：陕西省动物研究所

通信地址：(710032) 陕西省西安市兴庆路 85 号

发明人：左玉萍、屈春虹、段秀芳、张　海

法律状态：公开/公告

文摘：这是一种大豆稠酒的制作方法。它是以 1∶1 的大米和大豆为原料，按现有稠酒的制作方法进行，并在稀醪发酵前增加大豆发酵环节；大豆发酵的步骤为先酸化，再按干料 3%接入根霉菌种，在 42℃温度条件下固体培养发酵 2 天，其中大豆的加入形式有大豆、大豆粉和大豆发酵成熟品。由于本发明采用根霉菌发酵大豆，从而使大豆蛋白分解成为多肽和氨基酸，更有利于人体的吸收，并降解了大豆中的不良因子，消除了豆腥味，克服了稠酒的沉淀分层现象。用该方法制出的稠酒具有口感好、营养丰富、香味浓郁的特点；并且制作方法简单，技术容易掌握。

399. 大豆肽氨基酸口服液及其制备方法

申请号：96118928　　公告号：1151848　　申请日：1996.12.30

申请人：郭　凯、谢金玉、曹　芳、孙亚玲

通信地址：(710077) 陕西省西安市土门澧惠北路 44 号

发明人：郭　凯、谢金玉、曹　芳、孙亚玲

法律状态：公开/公告

文摘：本发明是一种含低聚肽、短肽、多肽混合物的大豆肽氨基酸口服液及其制备方法。它属于非酒精饮料。这种大豆肽氨基酸口服液包括含低聚肽、短肽、多肽混合物的大豆肽氨基酸 2%～12%(重量)，蛋白糖 0.03%～0.2%(重量)，柠檬酸 0.3%～1.0%(重量)，其余为平衡量水。其制备方法是：用完全脱腥大豆蛋白粉，用选自 1 398 蛋白酶、胰蛋白酶、菠萝蛋白酶中的 1 种，于 30～50℃，pH 2.0～9.0 条件下进行处理，并予以静置，再提取上部清液，得到大豆肽氨基酸，后者再与蛋白糖、柠檬酸配成口服液，从而生产出极有营养和生理功能的产品。这种产品和制备方法为大豆深加工开拓了新路。

400. 营养保健中式快餐食品

申请号：96100974　　公告号：1161166　　申请日：1996.03.09

申请人：谭星朗

通信地址：(730030) 甘肃省兰州市张掖路 202 号

发明人：谭星朗

法律状态：公开/公告

文摘：本发明是一种营养保健中式快餐食品。它是由下述重量配比的主料、辅料及调料调制而成：豆花 35%～45%，精瘦肉 2%～3%，木耳 1%～1.5%，黄花 1%～1.5%，竹笋 1%～1.5%，蘑菇 1.5%～2.5%，海带 1%～1.5%，绿豆芽 0.5%～0.8%，小白菜 3%～4.5%，生菜 1%～1.5%，豌豆苗 0.5%～0.8%，泡酸菜 0.5%～0.8%，粉丝 2%～3%，萝卜丝 0.1%～0.5%，高级清汤 33%～40%，其余量为调料。本发明富含卵磷脂、高蛋白、粗纤维、多种维生素、氨基酸、微量元素，营养成分丰富。该产品是一种低热量、低脂肪食品，并且价格低廉，食用方便、快捷。

401. 五香毛豆及其生产方法

申请号：95109086　　公告号：1144053　　申请日：1995.08.31

申请人：黑龙江省林副特产研究所

通信地址：(157011) 黑龙江省牡丹江市爱民区北山街 15 号

发明人：吴宪瑞、张学义、韩书昌、申世斌、吴洪军

法律状态：公开/公告

文摘：这是一种五香毛豆及其生产方法。它的组分按重量千克计，其水煮配方为：毛豆 100，大料 1～3，花椒 0.5～1.5，桂皮 0.8～3.0，小茴香 0.5～1.5，干姜片 0.5～1.0，食盐 6～15，水 150。其生产工艺是：将毛豆依次经杀青、护色、盐渍、脱盐、配料水煮、真空包装、灭菌、冷却、保温而制成。用以上工艺制成的五香毛豆美味适口，营养丰富，携带、食用方便，而且卫生，并具有养颜、健脑之功效。它的配方及加工工艺简单、易行，是外出、旅游佐餐之佳品。

402. 一种高蛋白营养液的配制方法

申请号：90106454　　公告号：1051487　　申请日：1990.12.07

申请人：吴海元

通信地址：(110003) 辽宁省沈阳市和平区三好街北段圣春巷 12-2 号

发明人：吴海元

法律状态：公开/公告　　法律变更事项：视撤日：1994.01.05

文摘：本发明是一种高蛋白营养液的配制方法。它是用大豆豆浆、鲜牛奶、微量元素锌配制而成。其配制方法包括：①将大豆 150～200 克磨成 1 000 毫升豆浆煮沸 5～10 分钟；②除去浮沫，冷却放置6～10 小时过滤除渣，除去豆腥味备用；③将鲜牛奶与备用的豆浆混合搅拌制成混合液；④在混合液中加入食用乳酸菌 3 微克，微量元素锌 0.01 克，食糖 50～70 克，食用香精 0.10 克，山梨酸钾 0.001～0.0015克，搅拌均匀，装瓶或装罐。用本法配制，简单易行，饮料口感好，保存期限长，一般保存 3 个月不变质、不变味，既能补充身体必须的蛋白质营养，还可预防和治疗儿童缺锌症，促进儿童身体健康生长发育。

403. 彩色蔬菜豆乳粉和牛乳粉的制作方法

申请号：95100240　　公告号：1127084　　申请日：1995.01.18

申请人：胡建平

通信地址：(100005) 北京市外交部街 33 号 3 楼

发明人：胡建平

法律状态：公开/公告

文摘：本发明是一种彩色蔬菜豆乳粉和牛乳粉的制作方法。这种彩色蔬菜豆乳粉和牛乳粉的制作方法是：先将蔬菜进行清洗、灭酶、打浆、超细化处理，加工成为保持蔬菜天然颜色的浆液，然后与大豆浆或牛乳混合，进行均质、浓缩和灭菌处理，再进行喷雾干燥处理，即可得到有色彩的成品。

404. 用大豆为主要原料直接生产大豆面包的方法

申请号：93109107　　公告号：1081571　　申请日：1993.07.29

申请人：西安市万家乐食品厂

通信地址：(710016)陕西省西安市大白扬路28号

发明人：曹　芳、程少华、郭　凯、纪东明

法律状态：公开/公告

文摘：本发明是一种用大豆为主要原料的生产大豆面包的方法。其生产工艺包括：①将浸泡的大豆加水磨浆，并采用离心方法取浆液，然后研磨使其细度达80目以上；②将研磨后的浆液置于405～608千帕气压下处理；③将上述经高压处理后的浆料过100目筛，然后加入可溶性盐进行脱水处理，得大豆物料；④将上述脱水后的大豆物料与面粉等辅料混合后研磨，再搅拌。其中大豆物料与面粉的比例为1：1～4；⑤上述④的混合面在温度为26～30℃、湿度为60%～90%的条件下接种酵母，发酵2.5～6小时；⑥将发酵后的面团进行压轧，并立即分割、滚圆后于26～30℃温度下静置8～20分钟；⑦在温度34～40℃、湿度80%～95%条件下将上述静置后的面团醒发1～3小时；⑧入烘箱烘烤后即得大豆面包。

405. 大豆组织蛋白香肠(火腿肠)

申请号：94119505　　公告号：1114154　　申请日：1994.12.21

申请人：周吉祥

通信地址：(462000)河南省漯河市交通路41号

发明人：周吉祥

法律状态：公开/公告　　法律变更事项：视撤日：1998.09.02

文摘：本发明是一种大豆组织蛋白香肠(火腿肠)。它主要是以大豆组织蛋白为原料，配以食用动物肉，或动物肉汤、骨糊，或蔬菜、果实等，以及油脂、香辛料和调味品辅料，制成各种风味多种形态的香肠(火腿肠)。大豆组织蛋白系全价蛋白质，经处理去除豆腥味，具有明显瘦肉纤维组织状，不含胆固醇，富含赖氨酸等8种氨基酸、多种维生素和微量元素。这种经科学配制精心制成的香肠(火腿肠),物美价廉,营养丰富,食用、携带、运输方便,耐保藏,口感丰富,老幼皆宜,是理想的方便食品。

406. 水果系列杏仁豆腐及加工方法

申请号:96116485　　公告号:1147906　　申请日:1996.08.26

申请人:毕道渊

通信地址:(200093)上海市控江路 645 弄 4 号 303 室

发明人:毕道渊

法律状态:公开/公告

文摘:这是一种含有水果系列杏仁豆腐。这种水果系列的杏仁豆腐是由杏仁豆腐白色凝胶块 90～95 克,黄色凝胶块 15～20 克,糖水 85～90 克,水果配料 20～40 克组成。上述的水果配料可以是 1 种或 1 种以上的橘子、菠萝、哈密瓜、李子、黄桃、草莓、猕猴桃、桂圆、荔枝、苹果、梨、枇杷等罐装食品。杏仁豆腐白色和黄色凝胶块加工方法是:将食用胶、砂糖、柠檬酸等混合后加入清水,加热溶解,煮沸消毒,倒入不锈钢盘,冷却凝固,切成块状;糖水的加工方法是:在双层锅内,放水 100 千克,倒入砂糖、蜂蜜等原料,加热消毒,溶化后过滤,并放入香精而制成。将上述的水果配料与杏仁豆腐白色和黄色凝胶块、糖水混合后,盛入塑料盒内,进行热封、杀菌和食品包装即为成品。

407. 一种方便营养豆精片

申请号:97100247　　公告号:1160500　　申请日:1997.01.13

申请人:李鸿芳

通信地址:(450053)河南省郑州市农业路西段 34 号

发明人:李鸿芳、阎国良、李　彬

法律状态:公开/公告

文摘:本发明是一种方便营养豆精片及其制备方法。它是以优质大豆为原料,经除杂、烘干、破碎、浸泡、精磨、浆渣分离、制浆、加热、搅拌、制皮、1 次干燥、切片、烘干、灭菌、卤制而成。上述的烘干是用微波烘干;干燥时间仅为7~8分钟,这样既可起到杀菌作用,对产品质量又无大的影响。这种产品无论外观、复水性和卫生指标均比热风干燥产品有较大提高。

408. 夹心豆腐干及制作工艺

申请号:95112733　　公告号:1127093　　申请日:1995.10.19

申请人:郑　伟

通信地址:(214035)江苏省无锡市李巷5号602室

发明人:郑　伟

法律状态:公开/公告

文摘:本发明是一种新型的夹心豆腐干及其制作方法。它是在已制作好的豆腐干内至少夹1层其他食品,并且所夹的其他食品可以是果酱、果仁、果冻、蔬菜及鱼虾、禽、畜制品。其制作工艺包括将其他食品夹入豆腐干内,以及将夹有食品的豆腐干再粘合牢,如有必要可以再进行加热或高温消毒后真空包装。它具有口味好,运输方便等特点。

409. 一种大豆蛋白食品及其制备方法

申请号:95102096　　公告号:1110523　　申请日:1995.03.09

申请人:孟静媛

通信地址:(300151)天津市河东区井岗山路1号

发明人:孟静媛

法律状态:公开/公告

文摘:本发明是一种大豆蛋白食品及其制备方法。它是以大豆蛋白、油皮为主料,经水浸、沸水热煮、植物油烹炸,再加以适量盐、糖、味精、姜、香菇、蔬菜、枸杞子、调料精制而成。该食品原料由下列成分组成(重量百分比。下同):大豆组织蛋白30%~35%,油皮25%~30%,植物油5%~8%,孜然粉0.1%~0.2%,香菇0.2%~0.5%,调料0.05%~0.10%,蔬菜1%~2%,枸杞子0.3%~0.5%,黑芝麻0.10%~0.3%,辣椒油0.01%~0.03%,盐0.1%~0.2%,糖0.10%~0.2%,味精0.02%~0.05%,姜0.02%~0.05%,水30%~

40%。该食品营养丰富，对胃病、高血压病、动脉粥样硬化症、糖尿病等均有药理作用，是老少皆宜的佳肴和保健食品，也可作方便食品。

410. 一种制取活性乳酸菌口服液的方法

申请号：94111449　　公告号：1105544　　申请日：1994.09.09

申请人：扬州大学农学院

通信地址：(225009) 江苏省扬州市苏农路12号

发明人：顾瑞霞

法律状态：公开/公告　　法律变更事项：视撤日：1998.06.10

文摘：本发明是一种制取含有活性乳酸菌口服液的生产方法。它的制作步骤按以下次序进行：先将大豆发芽制浆，浆液中含有0.5%～1.5%的蛋白质；在制得的浆液中加入乳糖和双歧杆菌因子（乳糖和双歧杆菌因子的含量分别为0.2%～0.5%和0.1%～0.5%），加温至85～95℃，杀菌15～30分钟；通冷却水冷却至55～65℃，过滤罐装；水浴杀菌85～95℃，时间为30～60分钟；自然冷却，培养18～24小时，再1次水浴杀菌30～60分钟，冷却至37～45℃；采用无菌插入注射，接种混合菌种（混合菌种的含量为2%～5%；混合菌种的组分及比例是：或婴儿双歧杆菌、两歧双歧杆菌、嗜酸乳杆菌、嗜热链球菌组成，其比例为1∶1∶1∶0.5或由婴儿双歧杆菌、两歧双歧杆菌、嗜酸乳杆菌、嗜热链球菌和酵母菌组成，其比例为1∶1∶1∶0.5∶0.1）；保持温度37～42℃，发酵8～20小时；最后冷藏。

411. 同心豆腐

申请号：94102960　　公告号：1109286　　申请日：1994.03.28

申请人：吴叶军

通信地址：(100081) 北京市北京理工大学二系（8号宿舍楼406房间）

发明人：吴叶军

法律状态：公开/公告　　法律变更事项：视撤日：1997.11.19

文摘：本发明是一种带馅而没有开口的同心豆腐食品。其制作方法是在制作过程中就将馅做在豆腐中间，从而使豆腐没有开口，避免馅中的汤汁和调料流出，保证了这种豆腐的完整性和食用效果。这种同心豆腐既有豆腐的营养又有馅的营养，能满足人体对营养的全面需求。它适合于家庭、饭店及旅游等食用。

412. 大豆高蛋白赤豆干散装或罐装食品的制作方法

申请号：94101037　　公告号：1091909　　申请日：1994.02.21

申请人：关文博

通信地址：(150059)黑龙江省哈尔滨市动力区朝阳乡富民村

发明人：关文博、郑大光

法律状态：公开/公告　　法律变更事项：视撤日：1997.05.21

文摘：本发明是一种大豆高蛋白赤豆干散装及罐装食品的制作方法。这种大豆高蛋白赤豆干食品的制作方法是：①首先将大豆磨浆，并用100目的过滤网过滤，然后在普通平纹白布内成型，即制得原料豆腐干；②将豆腐干切成所需形状，然后投入含有5%～10%浓度的碳酸钠水溶液中，加热至90℃，时间为4～5分钟，捞出后用水冲洗后，用风机吹干；③将吹干的豆腐干投入预先制好的用白糖熬制成的温度为90℃的金红色溶液中浸泡7～8分钟，然后在该溶液中加入调料。该调料的各成分的重量百分比是：精盐46%，花椒9.2%，大料22%，肉桂4.6%，白芷2.3%，砂仁4.4%，茴香9.2%，三萘2.3%；④将原料加入加调料后的溶液进行初步入味，时间为7分钟，捞出后在常温下吹干，切成所需的形状，按不同的口味需要分别配以以下不同的配料；⑤配制不同口味的配料各成分的配比是：其一，制相思条：盐7%，糖3.5%，味素3%，花椒粉1.5%，胡椒粉1.5%，葱丝55%，芝麻28.5%；其二，制玉竹鲜：盐4%，味素1.5%，鲜芹菜42%，姜汁34%，辣椒末18.5%；其三，制香八干：盐5%，糖2.5%，味素2%，花椒粉1%，香菜49.5%，芝麻20%，香油1%，辣油10%；其四，制红油片：盐3%，味素1%，青尖椒56%，川椒11%，姜汁18%，辣油11%；其五，制麻条：盐16%，味素6%，花椒粉3%，麻辣油75%。这种新的制作方法解决了现有豆制品口味单一、口感差等问题，采用本发明的方法制作的食品表面富有光泽，有柔韧性，口感好，具有鲜、香、麻辣、回甜等特点。

413. 大豆组织蛋白及其制作方法

申请号：93103902　　公告号：1078105　　申请日：1993.03.30

申请人：三门峡市黄河美乐福联营产销集团总公司

通信地址：(472000)河南省三门峡市黄河中路6号

发明人：刘丁山、王学全

法律状态：公开/公告　　法律变更事项：视撤日：1996.10.30

文摘：本发明是一种高蛋白低脂肪营养食品及制作方法。它是以大豆为原料，经过筛选、脱脂、磨粉、配料、加热、挤压等工序加工成的大豆组织蛋白，具有一般豆制品所含有的卵磷脂、钙、钾、皂苷。该大豆组织蛋白为不规则片状、块状或条状，具有肌肉纤维纹理，水泡后呈鸡脯肉状，它的层状组织结构密实，质地坚韧，有弹性，咀嚼时有类似瘦肉的感觉；每100克大豆组织蛋白中含水分4%～8%，蛋白质含量大于35%，脂肪含量5%～9%，灰分含量小于7%，碳水化合物含量10%～14%，硫胺素含量0.2%～0.4%，核黄素含量0.15%～0.27%，并含有18种氨基酸。该食品营养丰富，蛋白质含量高出肉、蛋、奶几倍到十几倍，并含有人体所需的18种氨基酸。

414. 一种保健豆制品的制作方法

申请号：92103715　　公告号：1078868　　申请日：1992.05.20

申请人：张海琳

通信地址：(230001)安徽省农牧渔业厅农学会

发明人：张海琳

法律状态：公开/公告

文摘：本发明是一种保健豆制品的制作方法。它包括浸泡、磨浆、煮浆，冷却到90～70℃时加入硫酸钠点浆，然后静置成豆腐脑，或经压榨去浆水得豆腐或豆腐干；将煮过的浆冷却到95℃以下时，先加入花粉以充分搅拌后再点浆，或将花粉直接包埋于待压榨的豆腐干胚片之间，从而提高蛋氨酸含量，有利于人体对豆制品中各种氨基酸的吸收。

本豆制品还使用少量富硒大豆为原料，提高了硒含量，从而使本豆制品有较高营养价值，具有延年益寿的保健作用。

415. 用大豆组织蛋白和鸡骨糊生产美鸡食品的方法

申请号：92102169　　公告号：1076594　　申请日：1992.03.24

申请人：王再生

通信地址：(154500) 黑龙江省勃利县药材公司周德忠转

发明人：王再生

法律状态：实　审　　法律变更事项：视撤日：1998.05.20

文摘：本发明是一种用大豆组织蛋白和鸡骨糊综合精制而成的美鸡食品的生产方法。它选用优质大豆→脱皮→脱脂→粉碎→配方→组织成型→热浸→脱水→配料→装袋→抽真空封口→灭菌→保温→检质箱包装的工艺流程。其在制作过程中，应将组织成型的大豆组织蛋白热浸在95～97℃的热水中，浸泡40分钟至1小时，脱水率达80%～90%后，用鸡骨糊和调味品做配料，制成美鸡食品。

该食品没有大豆组织蛋白的豆腥味，食用方便，开袋可食，在37℃以内可保存1年。用这种方法生产的美鸡食品是一种属于高蛋白、低脂肪、低糖分的理想快餐食品。

416. 豆乳室温快速形成食用膜

申请号：91104732　　公告号：1068480　　申请日：1991.07.18

申请人：田　璐

通信地址：(100045) 北京市复兴门外真武庙四里1-4-1

发明人：田　璐、吴兴如

法律状态：公开/公告　　法律变更事项：视撤日：1995.12.27

文摘：本发明是一种适用于工业生产的制取大豆蛋白食用膜的生产方法。它是由大豆脱腥磨成豆乳，加入1%的海藻酸钠混合均匀后，喷涂于不锈钢板或塑料板上，厚度为0.8～1毫米并置于1%氯化钙溶液中，在室温下1～2分钟凝固成膜，再将膜加热煮沸，即为食用豆乳膜。该生产的食用膜具有大豆蛋白的营养和排除胆固醇、防治动脉硬化的新型豆乳快速成型食用膜的生产方法。

417. 制作新型凝固剂的方法

申请号：90100032　　公告号：1053172　　申请日：1990.01.08

申请人：北京市食品研究所

通信地址：(100005) 北京市东城区东总布胡同弘通巷3号

发明人：程修川、何　丽、毛彦忠

法律状态：实　审　　法律变更事项：视撤日：1994.07.06

文摘：这是一种制作新型凝固剂的方法。这种凝固剂适用于制鲜嫩豆腐脑。其制作流程包括：以钙盐、葡萄糖酸-δ-内酯、镁盐、淀粉为原料，经干燥、粉碎或过筛、称量、混合(混合是将含有30%～50%的钙盐，45%～65%的葡萄糖酸-δ-内酯，1%～3%的镁盐，1%～3%的淀粉，4种组分置于多用食品搅拌机中混合均匀)，尔后，包装出成品。以往传统点脑主要使用盐卤、石膏等凝固剂，而盐卤、石膏凝固剂有不同程度的吸潮性，保存期短，所制的豆腐脑风味不好，质量不稳定。用本发明方法制得的凝固剂不易吸潮，有效期3个月以上，使用方便，成本低廉，用它制作的豆腐脑风味纯正，豆香味浓，保水性强，质地均匀，细腻。

418. 豆脑晶的制作方法

申请号：88105766　　公告号：1040489　　申请日：1988.08.27

申请人：李旭念

通信地址：(414200) 湖南省华容县第三中学

发明人：李旭念

法律状态：公开/公告　　法律变更事项：视撤日：1992.01.29

文摘：本发明是一种以大豆为原料的高蛋白食品——豆脑晶的制作方法。这种豆脑晶的制作方法是：以大豆为主要原料，由选料→浸泡→打浆→过滤→蒸煮→浓缩→干燥→粉碎→包装等工艺流程完成的。用该方法制成的豆脑晶，食用方便，蛋白质含量高，是一种理想的营养佳品。

419. 摊铺成型法生产腐竹

申请号：88106451　　公告号：1032100　　申请日：1988.09.01

申请人：刘风权

通信地址：(636000) 吉林省四平市站前街苗圃委七组

发明人：刘风权、刘　昱

法律状态：实　审　　法律变更事项：视撤日：1993.03.17

文摘：本发明是以摊铺成型法生产腐竹的方法。它是由大豆经过筛选、浸泡，将制出的豆浆原汁煮沸后，经过真空浓缩、摊铺成型，再经烘干、剪切等工序加工成腐竹系列产品：腐皮、腐丝、腐卷。用摊铺成型法生产的腐竹比传统法能耗低、产品质量稳定，每100千克大豆可出一级腐竹51～54千克。

420. 豆、谷冷冻食品浆料制作方法

申请号：88103435　　公告号：1031929　　申请日：1988.05.30

申请人：云南省粮油科学研究所

通信地址：(650021) 云南省昆明市虹山路66号

发明人：蒋小华、魏云路

法律状态：实　审　　法律变更事项：视撤日：1995.11.22

文摘：本发明是一种豆、谷冷冻食品浆料的制作方法。它直接以多品种豆、谷为主要原料，其制作工艺流程如下：①原料预处理；②压力蒸煮脱臭、分解软化原料；③配料并微粉碎处理；④冷却、调香备用。该制作方法完全抛弃脱腥豆乳的传统制浆方法，废除浸泡、磨浆、分离、蒸煮、脱臭诸工序，以一道压力蒸煮新工序取而代之。这种制作方法工艺简单，设备投资小，成本低廉，原料利用率达到100%；其产品无豆腥等异味，香气浓郁，适口性强，蛋白质含量高，脂肪及胆固醇含量低，并含多种微量元素和维生素。本发明优点很多，极具推广价值。

421. 夹心(层)海绵豆腐的加工方法

申请号：88102911　　公告号：1021935　　申请日：1988.05.13

申请人：张康德

通信地址：(361002) 福建省厦门市鼓浪屿区晃岩路74号

发明人：张康德

法律状态：公开/公告　　法律变更事项：视撤日：1991.09.25

文摘：本发明是一种夹心(层)海绵豆腐的加工方法。它是将豆腐先发泡成海绵状的海绵豆腐，再在两块以上(含两块)海绵豆腐中间放入馅心并合拢成夹层海绵豆腐；或者先在两块以上(含两块)豆腐中间放入馅心并合拢成夹层豆腐，再将夹层豆腐发泡成夹层海绵豆腐。这种夹心(层)海绵豆腐能利用各种馅心加工出众多花色品种的夹心(层)海绵豆腐，其质地疏松多孔、富有弹性，口感好，为传统的豆腐制品增添了风采。其加工工艺、设备简单，携带、烹调方便，适宜专业或个体户生产。

422. 免浸式微型豆奶机

申请号：95109027　　公告号：1141134　　申请日：1995.07.21

申请人：刘振欧

通信地址：(150076) 黑龙江省哈尔滨市道里区河图街31号

发明人：刘振欧

法律状态：实　审

文摘：本发明是一种微型豆奶机。其主要结构为带有蒸汽喷嘴的喂料控制器和酶失活机，其中酶失活机上带有气包；包括可进行预温萌化的加料槽，以及制浆的电磨，煮浆用的煮浆罐。经过这些装置的处理，可使原料豆不经过浸泡工艺处理，直接投入到豆奶生产上，并在豆奶的生产过程中，高温消除大豆内所含的脂肪氧化酶，从而在根本上消除了大豆有害因子，保证了豆奶的新鲜品质和无豆腥味。本发明适于食堂、小饭店、部队等单位广泛应用。

(二)黑豆加工技术

423. 东方黑豆和模拟乌鸡肉的制作方法

申请号：90107383　　公告号：1049596　　申请日：1990.08.30

申请人：秦大京

通信地址：(056002) 河北省邯郸市滏河北大街甲50号院19楼14号

发明人：秦大京

法律状态：公开/公告　　法律变更事项：视撤日：1993.08.18

文摘：本发明是一种东方黑豆和模拟乌鸡肉的制作方法。它是利用黑豆加工成营养保健食品的新方法。该食品是以黑豆为主要原料，辅以何首乌、黑芝麻、杏仁经浸泡、蒸晒，瞬间加温加压，脱脂、炼合、组织成型，调料、加香等工艺制成的。本制品不仅可以提高黑豆的营养价值，而且还有美容和保健的作用。

424. 黑豆黑米糊系列

申请号：94110973　　公告号：1111100　　申请日：1994.05.06

申请人：沈子明

通信地址：(410304) 湖南省浏阳市官渡供销社

发明人：沈子明

法律状态：实　审　　法律变更事项：视撤日：1997.10.15

文摘：这是一种有较高营养价值的黑豆黑米糊系列。其制作方法是：将黑豆、黑米及优质大米分别粉碎、混合，经膨化处理，加入赤砂糖及防腐剂，再粉碎，其控制细度为：0.125～0.1立方毫米，装袋封口。其原料成分范围(按重量)为：黑豆35%～40%，黑米35%～40%，优质大米20%～30%，外加赤砂糖15～20%，防腐剂0.01%～0.02%。本产品具有滋阴补肾、助肝明目、抗衰老、护青发、防早白发的功效，且润滑清凉，香甜可口，使用方便，用开水冲成糊状，即可食用。它是一种男女老少皆宜的天然滋补品和营养保健食品。

425. 黑豆硒力汁的制作方法

申请号：91102488　　公告号：1065980　　申请日：1991.04.23

申请人：庞　涛

通信地址：(100027) 北京市东城区东中街42号412室

发明人：姜 丽、庞 涛、哲 民

法律状态：公开/公告　法律变更事项：视撤日：1996.07.10

文摘：本发明是一种黑豆硒力汁的制作方法。这种黑豆硒力汁的制作方法是：选用纯黑大豆为原料，将加工的豆汁，经过高温快速灭菌，除掉有害因子后，再添加蒜汁增强剂，最后经过反应转化等手段，使黑大豆硒元素活性物质得到强化，生成多种活性物质而制成的黑豆硒力汁。食用黑豆硒力汁后，可以增强人体免疫，抗病，阻断人体致癌物质——亚硝胺的合成。是一种最新型机体调节型多功能的绿色食品。

426. 保健营养长寿粉的加工方法

申请号：91109154　公告号：1071061　申请日：1991.09.27

申请人：张玉湘

通信地址：(050071)河北省石家庄市机场路城乡街10号地区计生委

发明人：张玉湘

法律状态：公开/公告　法律变更事项：视撤日：1997.05.07

文摘：本发明是一种保健营养长寿粉的加工方法。这种保健营养长寿粉主要是以黑豆、红枣、核桃、芝麻及小米等为原料。其加工方法是：将以上原料分别烘干，然后去掉其皮核，粉碎成粉块，再将其按比例搅拌在一起，其混合比例为黑豆60%～80%，红枣8%～16%，核桃4%～10%，芝麻3%～6%，小米5%～8%，搅拌均匀后装袋即可。该营养粉有补肾益精、抗衰防癌等强身的作用。

427. 一种黑色保健食品冲剂的生产方法

申请号：92106597　公告号：1070806　申请日：1992.07.07

申请人：曹光荣

通信地址：(251116)山东省齐河县胡官乡曹庄

发明人：曹光荣

法律状态：公开/公告　法律变更事项：视撤日：1995.10.25

文摘：这是一种黑色保健食品冲剂的生产方法。该方法完全选用资源丰富、营养价值高的黑色食品为原料。例如：黑豆、红豆、黑芝麻、红枣等，经过科学加工和合理配料，配以辅料淀粉、红砂糖等制成一种以食为主，食疗兼顾的黑色保健型方便食品。

本发明方法工艺简单、原料丰富、产品成本低、效益好。利用本方法生产的这一食品不含任何化学合成物的添加剂，可用开水直接冲食，对幼、少年或老年人分别有助于成长发育和延年益寿的功效。

428. 黑豆复合健康饮品

申请号：93105126　　公告号：1094582　　申请日：1993.05.06

申请人：曹国峰

通信地址：(024000) 内蒙古自治区赤峰市交通技工学校

发明人：曹国峰

法律状态：公开/公告　　法律变更事项：视撤日：1997.10.15

文摘：本发明是一种以具有较高营养及药用价值的黑豆为主的复合健康饮品。该黑豆复合健康饮品以黑豆为主，同时添加山楂、胡萝卜、红枣、纯谷糠、纯玉米皮、海带、茶叶、甘草、枸杞子等配料加工而制成。其中，黑豆为40%～70%，其他配料为30%～60%。饮用或食用本品，可起到强身壮力、防治多种疾病、降低胆固醇，对脑、心血管起到软化和保护作用，滋阴补肾、养阴血、消食化气、养肝明目、解毒去火、生津止渴、消浮肿、润皮肤，有助于延年益寿。

429. 黑豆方便面

申请号：94101244　　公告号：1106226　　申请日：1994.02.02

申请人：王新珉

通信地址：(472000) 河南省三门峡市日用品研究所

发明人：王新珉

法律状态：公开/公告　　法律变更事项：视撤日：1997.05.07

文摘：本发明是一种以黑豆粉营养成分为主的黑色保健食品——黑豆方便面。它是由黑豆粉加少量绿豆、红豆、黄豆等杂豆粉，玉米粉和小麦粉调配均匀按现有技术制作而成的方便波纹面，并配加番茄汁、胡萝卜汁、姜汁、蒜汁和紫菜包、海带包(腌制),以达到适口和食疗保健的目的。

430. 归元口服液

申请号:94118846　　公告号:1124633　　申请日:1994.12.12

申请人:刘丽君

通信地址:(150030)黑龙江省哈尔滨市香坊区公滨路东北农业大学

发明人:刘丽君、洪汉王、刘敏君

法律状态:公开/公告

文摘:本发明是一种归元口服液。它是由黑豆、温普乌饭树、枸杞子、薏仁、二地、山药、当归、党参、芸苓组成。其成分重量百分比为:黑豆10%~30%,温普乌饭树10%~30%,枸杞子2%~9%,二地3%~10%,当归3%~10%,山药4%~12%,党参3%~10%,芸苓3%~10%。本口服液对身体虚弱、眩晕、腰膝酸痛无力等病症有显著疗效;对贫血、肠炎、消化性溃疡有恢复机能之效用;长期服用可滋补人体的五脏,并能疏通经络和气血,增强人体自身的抗体和免疫力,可见强身健体、延年益寿之功效。

431. 黑豆营养糊

申请号:94118850　　公告号:1124590　　申请日:1994.12.12

申请人:刘丽君

通信地址:(150030)黑龙江省哈尔滨市香坊区公滨路东北农业大学

发明人:刘丽君

法律状态:公开/公告　　法律变更事项:视撤日:1998.05.13

文摘:这是一种黑豆营养糊。它主要是由青瓤黑豆、黑香米、红豆组成,还配以薏米、莲子、陈皮、山楂、首乌、黄芪的成分,其中青瓤黑豆、黑香米、红豆组成的重量百分比各占如下比例:青瓤黑豆30~45,黑香米30~45,红豆5~20。本营养食品具有开胃健脾、滋补肝肾、乌发明目的功效。它还能为人体补充蛋白质，连续服用两年左右(每日1餐)白发可转黑，颜面增加光泽；克服了以往一些营养糊功能单一、不能养颜美发的不足。

432. 沙棘豆

申请号：96101991　　公告号：1138425　　申请日：1996.02.29

申请人：李冠祥

通信地址：(830011) 新疆维吾尔自治区乌鲁木齐市阿勒泰路328号木材厂

发明人：李冠祥

法律状态：公开/公告

文摘：本发明是一种集防病治病、滋补强身为一体的沙棘豆医疗保健品。该配方中的主要成分是白醋、黑豆、沙棘，这是在参考民间验方以及查阅大量有关资料的基础上，根据各种成分的功能合理配制而成。本制品具有降血压，防止动脉硬化，补肾，补五脏，减肥，抗衰老等功能，对高血压、心脏病、肝炎、糖尿病等有显著保健疗效。常食可收延年益寿之功。

433. 黑豆沙奶的配方及其制作方法

申请号：96119489　　公告号：1151257　　申请日：1996.10.17

申请人：海城仙禾食品集团有限公司

通信地址：(114200) 辽宁省海城市团结路8号

发明人：曹永巡、刘汉杰、周兴亮、朱宝宣

法律状态：公开/公告

文摘：本发明是一种黑豆沙奶的配方及其制作方法。其配方重量比是：黑米8～12克，黑豆8～12克，脱脂奶精3～5克，巧克力粉1～3克，蛋白糖0.05～0.15克，维生素A，维生素B_1，维生素B_2，维生素D微量。其制作方法是：①黑米经粉碎到小于0.6毫米的细粉，备用；②黑豆经筛选去杂物，用脱皮机去皮，将黑豆粉碎到小于0.6毫米细粉，备用；③按上述配方称取适量黑米粉和黑豆粉，在搅拌机中混合，再经膨化机膨化成多孔条状，用切粒机切成粒状，备用；④将膨化粒状的黑米和黑豆放入粉碎机中2次粉碎到小于0.2毫米的粉，备用；⑤按配方比例称取粉碎后的黑米黑豆粉、巧克力粉、脱脂奶精、蛋白糖、维生素，放入搅拌机中充分搅拌、混匀，用罐装机装罐、封口、入库。

(三)绿豆加工技术

434. 速溶绿豆晶的制作方法

申请号：90108196　　公告号：1049444　　申请日：1990.10.12

申请人：长春市粮食科学研究设计所

通信地址：(130052)吉林省长春市宽城区铁北二路47号

发明人：金丽梅、刘宝华、张　彬

法律状态：授　权　　法律变更事项：因费用终止日：1995.11.22

文摘：本发明是一种以绿豆为原料制造速溶绿豆晶饮料的方法。其制作方法是：①清洗：将绿豆除去杂物及石子并用水洗净；②蒸煮：清洗后的绿豆放入高压蒸煮锅内，在100～152千帕气压、110～130℃温度下，加热30～45分钟，使淀粉γ化；③烘干：蒸煮后的绿豆送入振动式烘干机中，在90～110℃温度下烘干去湿，使水分降至8%～13%；④超细粉碎：去湿的绿豆用超细粉碎机粉碎成200～300目的细粉；⑤配料：将绿豆粉与作为赋形和崩散剂的砂糖粉，以及作为乳化剂的蔗糖酯按下配方称量后，充分混合均匀。其配方(重量百分比)：绿豆粉39%～43.5%，糖粉55%～60%，蔗糖粉1%～1.5%。上述的糖粉需先粉碎至粒度为80～100目的细粉；⑥造粒：配制的混合料送入喷淋式着水机内进行喷淋着水，使物料含水量为25%，经造粒机制成12～20目的颗粒状物；⑦再经干燥、包装：用沸腾式干燥机，在90～110℃的温度下干燥去湿，使其含水量不大于4%，待凉至室温时称重、包装，即得速溶绿豆晶产品。

该方法工艺流程简单、成本低，有较好的经济效益，制得的产品能保持绿豆原有的营养价值和药理功能。且产品中的添加剂为食品型天然乳化分散剂，对人体无害。

435. 方便绿保乳的配方及其生产方法

申请号：90109652　　公告号：1053171　　申请日：1990.12.03

申请人：河南省农业科学院科学实验中心食品加工室、郑州轻工业学院食品工程系

通信地址：(450002) 河南省郑州市农业路1号

发明人：柏桂英、陈月玲、李光耀、秦金栓、苏东海、张　欣

法律状态：实　审　　法律变更事项：视撤日：1994.05.11

文摘：本发明是一种以绿豆为主要原料生产方便绿保乳(饮料)的配方及工业生产方法。它的主要配料为绿豆、白糖、水、稳定剂等。其生产方法是：先对绿豆进行清洁处理，去皮、浸泡、磨浆、浆渣分离、蒸汽糊化、冷却老化、再加热再冷却、过滤、均质、装瓶、高压灭菌等。其生产配方为：①绿豆与水之比为1∶12(成分重量比)，即绿豆与水之比为7.6∶92.4(重量百分比)；②绿豆浆与白糖之比为93.5∶6.5(重量百分比)，即每100千克绿豆浆液中加入7千克白糖；③糖浆液与稳定剂之比为99.97～99.94∶0.03～0.06(重量百分比)，即稳定剂为万分之三到万分之六。用该发明生产出的方便绿保乳营养丰富，保留了绿豆粥的自然风味，且长期存放不变质、不结块。

436. 绿豆衣茶制作方法

申请号：90109744　　公告号：1062275　　申请日：1990.12.10

申请人：王绍璋

通信地址：(054200) 河北省内邱县南关城建北楼

发明人：李　辉、王　立、王　凌、王绍璋、王　欣、武敬闪、杨波、张英梅

法律状态：授　权

文摘：本发明是一种绿豆衣茶制作方法，属于传统食用资源开发技术。绿豆衣茶的制作方法是：从农作物绿豆中分离出绿豆衣，即绿豆皮，然后用粉碎研磨机械进行加工，在50～140℃温度下加工成20～140目大小的混合粉状物，或在加工成上述粉状物后再用蒸汽蒸制3～

40分钟，再行烘、炒、干燥处理，使天然的营养成分成为具有保健作用的成分及抗菌物质，并能很好保存，易于析出，且具有适口清香。本发明的产品可直接冲饮，或配方生产其他食品、冷饮，食用后可收到“解热毒，补元气，调五脏，安精神，滋润皮肤”的功效。

437. 即食绿豆的制作方法

申请号：91111405　　公告号：1072571　　申请日：1991.11.28

申请人：李宗相

通信地址：(351200) 福建省仙游县城东乡玉井村

发明人：李宗相

法律状态：公开/公告　　法律变更事项：视撤日：1997.07.16

文摘：本发明为一种即食绿豆的制作方法。其制作方法是：把绿豆原料用水洗净后放在热水中浸泡至使豆粒稍有膨胀但豆皮筒未裂开为止，然后把它送入烘干机中进行烘干，取出按口感加入适量的糖或者其他符合食品要求的甜味剂至成品达到可食用的甜味，均匀搅拌后送到膨化容器中进行膨化加热至绿豆爆开为止。这种制作方法工艺简单，成本低，食用方便，可口、卫生，营养价值高。

438. 超薄纯绿豆方便粉皮

申请号：92100953　　公告号：1063999　　申请日：1992.02.21

申请人：陈兴君

通信地址：(476200) 河南省柘城县税务局城关分局

发明人：陈兴君、黄保兰、刘春新、刘来康、刘万敏、刘秀荣、王德峰、王德领

法律状态：实　审　　法律变更事项：视撤日：1995.05.24

文摘：本发明是一种属于食用超薄纯绿豆方便粉皮的生产方法。其生产方法是：①用绿豆淀粉加适量的水调稀，放入容器内，加热不断搅拌成稀糊状，温度控制在100℃，5分钟后即可取出；②将加热后的稀粉浆取出倒在耐高温的长型平板玻璃上，用挡板推成长方形薄片，冷却5分钟，待粉皮定型后卷起；③把卷起的粉皮滚放在烤箱上面，用滚

刀切成长方形条状，放入140℃烤箱中，时间10～15分钟。粉皮烘干后，即可成品包装。本发明的关键是改变了传统生产工艺，采用了制成薄皮、滚切、烘烤新工艺，粉皮可大批量地进行工业化连续生产，提高工效快。其产品质量高，久煮不化，食用时口感舒适，便于携带和保存。

439. 一种薹菜粉丝的生产方法

申请号：92110367　　公告号：1083669　　申请日：1992.09.05

申请人：苍南县兴达食品厂

通信地址：(325800) 浙江省苍南灵溪镇莲池南路75号

发明人：郑书侃

法律状态：公开/公告　　法律变更事项：视撤日：1997.02.12

文摘：这是一种薹菜粉丝的生产方法。产品原料为绿豆和薹菜。这种薹菜粉丝按下述过程进行制作：①将绿豆净化处理后，选择水温在18～32℃范围内浸泡18～24小时，将豆捞出后粉碎过滤，加入绿豆酵母菌和水搅拌沉淀，脱水后为绿豆干淀粉；②新鲜青薹菜，漂洗去杂，脱水烘干磨细、筛分后形成薹菜粉；③按绿豆干淀粉85%～97%，薹菜粉15%～3%的重量百分比，加水混合搅拌均匀，置入自熟粉丝机中拉制成薹菜粉丝。该薹菜粉丝具有高营养及保健作用，且口感好，深受饮食界及家庭的欢迎。

440. 一种绿豆银耳羹及其生产方法

申请号：92111947　　公告号：1072829　　申请日：1992.10.16

申请人：自贡市自流井区粮油工业公司

通信地址：(643000) 四川省自贡市自流井区自由路89号

发明人：刘守林、王学东、杨　臻、詹　明、德周皓

法律状态：公开/公告　　法律变更事项：视撤日：1996.02.07

文摘：本发明是一种绿豆银耳羹及其生产方法。它是由精选、配合拌和、破碎、熟化和加入糖分组成。其生产方法是：将绿豆、银耳、花生仁和大米分别精选或淘洗后烘干，按重量比：绿豆46%，花生仁8%，银耳4%，大米12%计量配合拌和、破碎，放入脱腥机中，在温度150～

180℃、压力101.32～1013.25帕和加热时间8～10秒钟的条件下进行脱腥、脱涩味和熟化处理，出机冷却后再破碎和磨粉，加入30%白砂糖拌和而制成。其所得的产品既保持了绿豆、银耳的纯天然营养成分，又去掉了绿豆的腥、涩味，不含任何化学物质，是一种营养丰富、清热解暑、生津清肺的保健快餐食品。

441. 绿宝露的生产方法

申请号：92112150　　公告号：1084361　　申请日：1992.09.23

申请人：范国峰

通信地址：(025350)内蒙古自治区克什克腾旗技术监督局范永生转

发明人：范国峰

法律状态：公开/公告　　法律变更事项：视撤日：1996.01.03

文摘：本发明是一种把绿豆经过工艺磨浆而制成的营养保健饮品——绿宝露的生产方法。它是把绿豆经过工艺磨浆，制成浆状物，加上糖等辅助佐料而制成的绿宝露。这样制作能够使绿豆的营养及解毒、清热、祛火等保健作用得以充分发挥，对人们的身体健康十分有益。

442. 绿豆蔬菜丝面及其制备方法

申请号：93115965　　公告号：1104445　　申请日：1993.12.14

申请人：阜新新绿食品有限公司

通信地址：(123006)辽宁省阜新市清河门区新平路5号新绿食品公司

发明人：陈久顺、张忠诚

法律状态：公开/公告　　法律变更事项：视撤日：1997.11.19

文摘：本发明属于营养保健食品。它是一种以绿豆粉为主料，加入蔬菜如青椒、芹菜、菠菜等辅料，经清洗、碎切打浆、和面、熟化、膨化成丝、热风干燥、蒸丝、热风干燥、油浸、烘干、冷却、称重检质至成品等生产工艺而制成。绿豆蔬菜丝面原料配方组成(重量计)为：绿豆粉100，淀粉20，青椒5～7，芹菜5～7，菠菜8～12，碱0.3，食盐2，水适量。这一经科学加工而制成的食品，复水性好，方便速食，可泡食、煮食、即食；它含有人体所需的多种营养成分，具有营养互补作用；本发明为提高食品的生理营养价值提供了一种营养保健食品。

443. 绿豆粥

申请号：95106216　　公告号：1135302　　申请日：1995.05.11

申请人：姜艳华

通信地址：(028000) 内蒙古自治区通辽市机关团体粮油供应管理站

发明人：姜艳华

法律状态：公开/公告

文摘：本发明是一种即食绿豆粥及加工方法。这种绿豆粥是采用纯绿豆为原料，经清洗、低温烘烤、低温膨化、粉碎、封装再与单独包装的调料一起包装而成。该食品营养丰富，携带方便，用热水或凉水皆可冲成粥状，口感粘稠，味道清香，且具有解毒去暑的功效，是一种新型即食佳品。

444. 绿豆蛋白露及其制作工艺

申请号：95116453　　公告号：1146877　　申请日：1995.10.05

申请人：王登之

通信地址：(100080) 北京市 8704 信箱

发明人：韩　婕、王登之

法律状态：公开/公告

文摘：本发明为一种绿豆蛋白露及其制作工艺。其制作原料主要用绿豆，食糖和水。它与传统的绿豆系列饮料不同之处，是将绿豆经过两级生化处理，将绿豆中淀粉转化为低聚糖和单糖，将绿豆中蛋白质转化为小分子肽和氨基酸，还加入绿色植物提取物——茶多酚。其制作工艺的特点是：将绿豆两次磨浆，在胶体磨中磨到很微细，还经过两级生化处理才加糖调配，均质处理。本产品由于经生化处理含有低聚糖、单糖、小分子肽、氨基酸等物质，所以很容易被人体所吸收。

445. 无脂香肠

申请号：95121310　公告号：1133141　申请日：1995.12.23

申请人：郝玉明

通信地址：(057150) 河北省邯郸市永年县永合会派出所

发明人：郝玉明

法律状态：公开/公告

文摘：本发明是一种无脂香肠。它主要由精瘦肉、玉米油、芝麻油、绿豆粉、精盐、调味剂及锌、碘、钙等有关微量元素和水构成，它是通过普通的加工工艺制成能长期保存的无脂香肠。该香肠能预防儿童肥胖症、缺钙症以及老年人高血压、高血脂。这也是女士们健美食用的理想肉食品。

446. 绿豆饼及其制作方法

申请号：95106444　公告号：1116057　申请日：1995.07.01

申请人：刘新宇、袁树峰

通信地址：(150076) 黑龙江省哈尔滨市道里区安顺街68号2单元

发明人：刘新宇、袁树峰

法律状态：公开/公告

文摘：本发明是一种绿豆饼及其制作方法。它是由绿豆粉、面粉、鸡蛋、淀粉组成。其制作方法是：将绿豆粉碎后去皮，磨成水浆，将面粉、鸡蛋、淀粉放到绿豆浆内搅匀，将混合浆放到平锅内炒烤成饼，取出封装即可。其中，绿豆粉、面粉、淀粉组成的重量百分比为：绿豆粉80%～90%，面粉10%～20%，鸡蛋1%～5%，淀粉1%～5%。本发明的绿豆饼，不但能做主食，还能做菜肴，经常食用有清热解毒、助消化的功效。

447. 绿豆油炸丸子及其制作方法

申请号：95103323　公告号：1117357　申请日：1995.04.04

申请人：袁树峰、刘新宇

通信地址：(150016) 黑龙江省哈尔滨市道里区安顺街 68 号 2 单元 3 楼 3 号

发明人：袁树峰、刘新宇

法律状态：公开/公告

文摘：本发明是一种绿豆油炸丸子及其制作方法。它是以绿豆粉为主要成分。其制作方法是：先将绿豆去皮后磨成粉浆，将辅料小麦粉、萝卜、虾皮、葱、粉丝、调料放到绿豆粉浆内搅拌均匀倒在模具内成型，经油炸熟后用真空塑封包装，再辐射灭菌。其中上述辅料的重量百分比分别为：绿豆粉 40%～80%，小麦粉 5%～20%，萝卜 5%～20%，虾皮 5%～10%，葱 3%～6%，粉丝 8%～15%，调料 1%～3%。本发明的丸子以绿豆为主要原料，不含脂肪肉，所以它口味好，营养价值高，保质期长。长期食用对人体有清热明目的功效。

(四)杂豆加工技术

448. 即食豆沙馅及其制作方法

申请号：94100537　　公告号：1091601　　申请日：1994.01.24

申请人：薛德振

通信地址：(302754) 河北省霸州市胜芳镇红星河沿 188 号

发明人：薛德振

法律状态：公开/公告　　法律变更事项：视撤日：1997.11.19

文摘：本发明是一种即食豆沙馅及其制作方法。它是由蚕豆沙、食糖、可可粉、甘草和茶叶经磨细混合而制成。该豆沙馅具有营养丰富、香甜可口的优点。

449. 营养菜素粉丝及其生产工艺

申请号：94100897　　公告号：1104864　　申请日：1994.01.07

申请人：云南恒光物业管理公司

通信地址：(650041) 云南省昆明市春城路 125 号福保大厦 5 楼

发明人：李卫毛、肖健壮、周　伟、周　亚

法律状态：公开/公告　　法律变更事项：视撤日：1997.05.07

文摘：本发明是一种粉丝及其生产工艺。它的组分为(重量比)100份蚕豆淀粉和20～35份蔬菜所挤压得的菜汁；可根据菜汁的颜色加入0.15～0.35份天然色素和3～6份色稳定剂。上述的蔬菜也可以是青菜、胡萝卜、番茄等。本发明的工艺是在勾芡工序中将菜汁等加入，搅拌均匀后再挤压成型，其余工序与现有技术相同。该粉丝营养成分十分丰富、且可做成多种口味多种颜色，改变了现有的粉丝营养成分、口感风味及色泽单一的状况。

450. 菜素粉丝及加工工艺

申请号：94104160　　公告号：1110521　　申请日：1994.04.18

申请人：昆明市宜良制粉厂

通信地址：(652100)云南省昆明市宜良县北古城镇北墩子办事处花果山

发明人：黄世俊、卢家祥

法律状态：公开/公告

文摘：本发明是一种菜素粉丝及加工工艺。其制作方法是：以优质蚕豆为主要原料，以5%～10%的豌豆和绿豆为配料，经浸泡20～24小时，磨浆至100～200目，沉淀10～20分钟，振动脱水，甩干至含水量5%～10%，制成淀粉；再加入10%～20%经过高温和勾芡的含天然植物色素的蔬菜原汁后，在40～50℃温度下加温揉拌均匀，真空压缩成型，再在90～100℃的高温下煮沸，阴晾8～10小时，浸泡24～30小时，再经洗净、阳光干燥、包装等工艺即得成品。它可随加入天然蔬菜的色素，颜色相应呈现出多种色调的粉丝，不仅改变了单纯的淀粉粉丝质量，增加了人体所需的叶绿素、维生素、胡萝卜素等多种营养元素，同时粉丝还保持了蔬菜原汁的味道。该产品具有根条细匀、拉力强、晶亮透明、久储不脆、久煮不浓、味道爽滑的特点。

451. 酥香蚕豆及其制备方法

申请号：96123074　　公告号：1159295　　申请日：1996.12.31

申请人：云南保山森力神有限责任公司

通信地址：（678000）云南省保山市升阳小区人民东路森力神有限公司

发明人：肖名裕、蔡　江

法律状态：公开/公告

文摘：本发明是一种酥香蚕豆及其制备方法。其制备方法为：用划过种皮和不划种皮的干豆，使其吸足水分，加入一定量的起酥剂和助酥剂，经沥水后，放入温度保持在100～250℃的油中炸5～30分钟，再加入调味料即可。用此方法制得的蚕豆表面呈金黄色，从表皮至豆心皮豆香酥。

452. 一种蜜饯类芸豆食品的制作方法

申请号：90104724　　公告号：1058329　　申请日：1990.07.21

申请人：北京市食品研究所

通信地址：（100005）北京市东城区东总布胡同弘通巷3号

发明人：黄　强、孙培兰

法律状态：授　权　法律变更事项：因费用终止日：1996.09.04

文摘：本发明是一种蜜饯类芸豆食品的制作方法。生产这种蜜饯类芸豆食品的操作流程包括：原料干芸豆挑选、浸泡复水、软化、真空渗糖。其中的浸泡复水是将挑好的干芸豆在室温下用水浸泡到吸足水分，浸泡时间随季节而定：夏季为18～20小时，冬季为30～48小时，春、秋季为23～24小时；其中的软化是将上述芸豆放入锅内加热煮制到绵软而熟透，煮豆时间是自水沸后维持100℃左右，40～60分钟；其后，捞出煮好的豆，用自来水冷却，并控去水分；其中的真空渗糖，即是将上述控水后的芸豆放入真空罐内，抽真空，使罐内的真空度达80.0～93.3千帕，维持10～30分钟，同时利用罐内负压将浓度为60%～70%的糖液吸入罐内，接着，在常压下继续浸渍18～20小时；尔后，真空包装，将豆从糖液中捞出，控去多余的糖液，用聚乙丙烯复合袋进行真空封袋，并计量100克/袋，最后进行常压灭菌30～60分钟，冷却后即得成品。本发明制作的产品具有糖度低的优点，且加工成本较一般蜜饯低，适用于小食品加工厂应用。

453. 高磷脂豆沙酱的制备方法

申请号：91106430　　公告号：1067158　　申请日：1991.05.29

申请人：山东省粮油科学研究所

通信地址：(250013) 山东省济南市解放路2号

发明人：杜向东

法律状态：公开/公告　　法律变更事项：视撤日：1994.06.29

文摘：本发明是一种高磷脂豆沙酱的制备方法。该制作方法以红小豆(或是绿豆、豌豆)、白砂糖、植物油为原料,经制沙、炒沙工序制成豆沙酱料,再配以大豆浓缩磷脂,在加热、搅拌条件下熬制而成。其原料配比为:红小豆20%～30%,糖15%～35%,植物油5%～20%,磷脂10%～60%,奶油0%～5%。熬制温度为90～100℃,时间10～20分钟,搅拌速度10～40转/分。用该方法制作的高磷脂豆沙酱,营养丰富,口感好,成本低,特别适合老人、儿童食用。

454. 天然沙棘豌豆系列食品

申请号：93114293　　公告号：1086678　　申请日：1993.11.12

申请人：李占钧

通信地址：(037005) 山西省大同市操场城北街9号院

发明人：安幼卿、陈祖钺、李占钧、潘瑞莲、王书林

法律状态：授　权

文摘：本发明是一种沙棘豌豆系列食品及其制作方法。该食品的品种包括天然沙棘豌豆馅、天然沙棘豌豆酱和天然沙棘豌豆糕。它的制作方法是:用常温自来水加食用碱浸泡豌豆10～14小时,水：豆：碱的重量比例为2.5：1：0.01,加温煮豆至熟烂后破碎,用50目筛网的皮沙分离机,在注水的同时清除豆皮去豆腥味而完成的。本食品富含氨基酸和蛋白质,有利于人体的消化和吸收,是一种有着广阔发展前景的新型食品。

455. 粉丝耐煮开粉组合物

申请号：95113014　　公告号：1146301　　申请日：1995.09.29

申请人：邹光友

通信地址：(621000) 四川省绵阳市临园路东段59号

发明人：邹光友

法律状态：实　审

文摘：这是一种粉丝耐煮开粉组合物。它是由豌豆淀粉、葡甘聚糖、氯化钙、虫胶蜡、海藻酸钠、低分子量聚乙烯蜡、柠檬酸和硫酸铝钾等组成。将本发明的产品添加于各种淀粉中，生产的粉丝伸直且光滑透明，与现有技术相比，断条率降低90%左右，生产效率提高5倍，耐煮性延长2倍以上。

456. 一种炸制蚕豆的制作方法

申请号：88102970　　公告号：1037637　　申请日：1988.05.17

申请人：中国粮油食品进出口公司河北省分公司

通信地址：(050071) 河北省石家庄市机场路8号

发明人：边会民、董增才、贾建华、谢为勇

法律状态：实　审　　法律变更事项：视撤日：1993.04.14

文摘：本发明是一种炸制蚕豆的方法及一种专用刀具。这种刀具具有1对平行的相距3～10毫米的刀体，刀体的刀刃高于刀床0.5～3毫米。经充分浸泡的蚕豆横放在双刀刃的一端，用手压住向另一端搓动，使蚕豆沿刀刃滚动1周，便使蚕豆表皮沿腰部被切开两道平行的周圈切口，然后去除蚕豆两端表皮，便得到仅腰部有周圈表皮的“玉带”状的蚕豆。这样的蚕豆再经炸制、去除余油、拌料，即可得到形体美观整齐、拌料均匀、食用酥脆可口、长期保存不变质的蚕豆。

457. 多味珍珠豆制作方法

申请号：94111707　　公告号：1110099　　申请日：1994.04.13

申请人：四川德阳蟠龙食品厂

通信地址：(618009) 四川省德阳市中区蟠龙场镇

发明人：张晓聪

法律状态：公开/公告　　法律变更事项：视撤日：1997.12.31

文摘：本发明是一种颗粒状的多味珍珠豌豆食品制作方法。它的制作方法包括以下步骤：①选用成型完好的豌豆，用清水浸泡至饱和状；②将饱和状豌豆放入糖衣机中并加入适量净水；③启动糖衣机，随着糖衣机的转动不断地撒进糯米粉，使糯米粉裹覆在湿状的豌豆颗粒表面上形成珍珠状的白色颗粒；④将珍珠状白色颗粒放入烧沸的油锅中进行油炸熟化处理后捞出冷却；⑤用白糖、清糖和适量的精盐及花椒、海椒、八角、桂皮等天然香料，加水熬成酱状的多味调料酱；⑥将步骤④所得的油炸颗粒和步骤⑤所得的多味调料酱一并倒入搅拌器中搅拌均匀，即得多味珍珠豆的产品。

该多味珍珠豆具有外观精美、口感适度、酥脆可口、色香味俱佳之特色。它特别适合于居家、旅游食用。

458. 快餐豆丝

申请号：95107204　　公告号：1117355　　申请日：1995.06.09

申请人：吴艳明

通信地址：(442001) 湖北省十堰市东风汽车制造公司企业导刊编辑部

发明人：吴艳明

法律状态：公开/公告

文摘：本发明是一种快餐豆丝。它是由下列组分组成(重量百分比)：大米 50%～80%，面粉 5%～25%，豆类 10%～35%。其中的豆类可包括绿豆、豌豆或其他豆。该快餐豆丝具有营养丰富、使用方便等优点。它适用于家庭或外出旅行使用。

(五)豆芽生产技术

459. 富锌豆芽的生产方法

申请号：88100006　　公告号：1034476　　申请日：1988.01.05

申请人：北京市食品工业研究所

通信地址：(100075) 北京市永定门外安乐林路 54 号

发明人：肖　平

法律状态：公开/公告　　法律变更事项：视撤日：1991.06.12

文摘：本发明是一种采用生物强化法生产含有丰富营养元素锌的营养品——富锌豆芽。这种富锌豆芽的生产方法是：在 15～35℃的温度范围内，将豆种放入锌浓度小于 800 ppm、pH 4.5～6 的锌盐溶液中浸泡，然后用水发芽，或用浓度小于 800 ppm 溶液浸种和发芽，或用上述溶液浸泡并用此溶液和水发芽。应用这种方法不但能得到含有丰富有机锌的豆芽，且生产工艺简单，易于推广普及，成本低廉。它是采用将豆种用含有一定浓度锌的溶液培养后发芽为锌豆芽，所以，锌豆芽可作为食品添加剂或药用，以满足人体对锌的需要。

460. 富铁豆芽的生产方法

申请号：88100007　　公告号：1034477　　申请日：1988.01.05

申请人：北京市食品工业研究所

通信地址：(100075) 北京市永定门外安乐林路 54 号

发明人：肖　平

法律状态：授　权

文摘：本发明是用生物强化法生产含有丰富营养元素铁的营养品——富铁豆芽的生产方法。这种富铁豆芽的豆子在 15～35℃的温度范围内，将豆种放入含铁小于 1 200 ppm、pH 3.5～5.5 的铁盐溶液中浸泡，然后用水发芽，或用此溶液浸种和发芽，或用此溶液浸种，并用此溶液和水发芽。应用这种方法不但能得到含有丰富有机铁的豆芽，且生产工艺简单，易于推广普及，成本低廉。本发明将豆种放入含有一定浓度铁的溶液培养后发芽，形成富铁豆芽。这种富铁豆芽可作为食品添加剂或药用，以满足人体对铁的需要。

461. 不用植物生长调节剂等生产无根豆芽的快速制作方法

申请号：90104889　　公告号：1058517　　申请日：1990.08.01

申请人：殷振鹏、孙庆云

通信地址：(221002) 江苏省徐州市市中心二眼井南巷22号东外室

发明人：孙庆云、殷振鹏

法律状态：公开/公告　　法律变更事项：视撤日：1993.07.21

文摘：本发明是一种不含任何植物生长调节剂等化学药品成分生产无根豆芽的快速制作方法。其快速生长的制作方法，包括满足豆类芽菜浸泡、浸沥生长时，与不同生长发育期中对自身生长所需气温、水温、自温、水分等综合生长要求的快速生长容器的制作，以及对芽菜在不同生长发育期间的胚轴，置于容器中充满水，进行3～5次的人工物理脱衣，脱须根处理。其关键的条件是快速生长容器原材料的选择与制作尺寸，即选用食品用聚乙烯或聚氯乙烯筒状塑料布制作成容器，以满足芽菜快速生长的要求；其尺寸为：高度80厘米，直径100厘米，泄水孔在底层6等分，孔径为3厘米。其在脱须根的过程中，应将水充满生长容器，手顺随水势，上下翻动，致使芽菜胚轴上的须根、容器底部的豆衣自动浮起脱离，利用3～4天的生长期，采用3～5次的上述方法进行人工物理脱须根处理，以生产不含任何植物生长调节剂等化学药品成分的无根豆芽。食用该无根豆芽有益于人们的身体健康。

462. 生发各种新型芽菜的新方法

申请号：90106185　　公告号：1061700　　申请日：1990.11.27

申请人：王兴余

通信地址：(611930) 四川省彭县电影公司

发明人：江　静、王从越、王兴余

法律状态：实　审　　法律变更事项：视撤日：1993.11.24

文摘：本发明是一种生发各种芽菜的新方法。这种生发各种新型芽菜的新方法是：①首先将各种新型芽菜的“种子”进行磁化(以下简称“种子”)；②然后用大蒜液、食用醋、食盐混合对“种子”进一步磁化，并加热至一定温度浸泡；③将浸泡种子滤干后加入生石膏(或熟石膏)放入芽菜机内进行生发；④再经受磁化、光合作用、色素干涉、音乐的激活，致此快速生长出无根、无毒、无味的粗状鲜嫩的各种植物芽菜。此方法与现有生发黄、绿豆芽方法相比产量提高30%，并为人们提供了多种营养丰富的食用蔬菜。它可广泛适用于能食用的瓜、果、谷、薯、豆根、茎等类的植物种子。

(六)多种豆类混合加工技术

463. 豆类固体速食甜汤料的制备方法

申请号：87108084　　公告号：1033348　　申请日：1987.11.28

申请人：蚌埠市食品研究所

通信地址：(233000)安徽省蚌埠市胜利路83号

发明人：叶林森

法律状态：公开/公告　　法律变更事项：视撤日：1991.09.04

文摘：本发明提供一种豆类固体速食甜汤料的制备方法。其制备方法是：以绿豆(赤豆、芸豆等)为基料，使豆体经充分吸水膨胀→蒸或煮制→糖饯→添加营养剂→干燥→强化风味→包装→检验等工艺制备而成。其甜汤料，用开水冲泡3分钟即可食用。该甜汤不但保持了原豆的色、香、味和整体形状，而且强化了营养和风味，这是一种经济、实惠、适合于工业化生产的汤类固体快餐食品的制备方法。

464. 速冻法制粉丝技术

申请号：91101349　　公告号：1064394　　申请日：1991.03.02

申请人：安徽省凤阳县粉丝厂

通信地址：(233100)安徽省凤阳县县城凤阳县粉丝厂

发明人：孙登发

法律状态：公开/公告　　法律变更事项：视撤日：1994.05.11

文摘：这是一种速冻法制粉丝技术。该粉丝的制作方法是由制粉、制粉芡、制湿粉丝等工序组成，先把煮沸后的湿粉丝放到淀粉浆液中降温；将降温后的湿粉丝迅速放到冷冻室内冷冻；尔后把在冷冻室内经过冷冻的粉丝放到温水中解冻，然后晾干。这是对传统制粉丝方法的改进，把湿粉丝迅速放在低温中经过一段时间的冷冻，然后再晾干。这样生产出来的粉丝，透明度高，有晶亮感，不弯曲，断条率低。

465. 豆宝天然营养饮料的制作方法

申请号：92102764　　公告号：1077865　　申请日：1992.04.20

申请人：李墨林、王德祥

通信地址：(150038)黑龙江省哈尔滨市新香坊哈尔滨煤矿机械研究所

发明人：李墨林、王德祥

法律状态：实　审　　法律变更事项：视撤日：1995.12.27

文摘：本发明是一种豆宝天然营养饮料的制作方法。它是以豆类为原料，经浸提、分离、转化、均质、质控、灭菌等工艺过程而制得的富含有机酸、多种氨基酸、维生素、微量元素的营养型饮料。该饮料不含任何化学添加剂，纯属天然制品。长期饮用，有利于滋补身体，可促进儿童生长发育。

466. 快熟豆的加工工艺方法

申请号：92106260　　公告号：1066763　　申请日：1992.06.20

申请人：赵　经

通信地址：(114034)辽宁省鞍山市深沟寺七区7702栋70号

发明人：赵　经

法律状态：公开/公告　　法律变更事项：视撤日：1995.10.04

文摘：本发明是一种快熟豆的加工方法。其快熟豆的生产工艺方法是：将豆粒去杂清洗，然后放入沸水中浸煮3～5分钟，再停火，用100℃的原汤汁浸泡10～100分钟，使豆粒含水量达到40%，或达到豆粒呈饱和状态，豆粒浸泡后要沥净水，装到蒸釜或蒸笼中，在100℃温度下蒸制5～30分钟，蒸熟后将豆粒送到干燥机中，在60～75℃下干燥，将豆粒内所含水分调节到8%以下。本快熟豆具有可形成丰富多彩的豆饭、豆粥、快熟加糖豆汤等混合原料的小包装，可以使顾客随用随购，各料1次购全，更主要的是蒸煮加工方便，这样能符合消费者既经济又方便的心理要求。同时也便于零售和运输贮存。

467. 无渣速溶大豆(包括绿豆、红小豆)粉(或豆奶)生产新技术

申请号：92111651　　公告号：1079115　　申请日：1992.10.21

申请人：吉林省高等院校科技开发研究中心

通信地址：(130022) 吉林省长春市斯大林大街副115号

发明人：李荣和、刘　蕾、刘　仁、洪齐斌、隋少奇、孙　震、宛舒方、朱振伟

法律状态：公开/公告

文摘：本发明是一种无渣速溶大豆(包括绿豆、红小豆)粉(或豆奶)生产技术。它是将原料大豆经去皮、去杂、脱脂(包括全脂或半脱脂)后，全部进行超微磨粉，细度不低于300目，然后将超微豆粉加水加糖(或不加糖)搅匀成浆，煮浆脱腥，均质后可直接生成豆奶，也可将均质后的豆浆浓缩、喷雾干燥成为无渣速溶大豆粉。全部生产过程则无豆渣生成。

468. 一种速溶大豆(包括绿豆、红小豆)粉的生产方法

申请号：92111652　　公告号：1090138　　申请日：1992.10.21

申请人：吉林省高等院校科技开发研究中心

通信地址：(130022) 吉林省长春市斯大林大街副115号

发明人：李荣和、刘　蕾、刘仁洪、齐　斌、隋少奇、孙　震、宛舒方、朱振伟

法律状态：实　审　　法律变更事项：视撤日：1998.10.21

文摘：本发明是一种速溶大豆(包括绿豆、红小豆)粉的生产方法。它对大豆(包括红小豆、绿豆)进行没有水与水蒸气参与的干法脱腥，脱

腥后进行脱脂(或全脂、或半脱脂)、超微磨粉,再将脱腥后的豆粉加水与糖通过均质机均质,均质后低温浓缩、喷雾干燥的制取大豆蛋白粉。其生产方法是:①大豆(包括绿豆、红小豆)通过瞬时高温、急骤变压(通过时间1秒~5分钟,温度100~220℃,1013~3040千帕气压,减至常压)的设备进行大豆脱腥;②使被处理的大豆(包括绿豆、红小豆)通过高频电场(包括微波场)实现大豆脱腥。经①或②处理后的大豆,再经通用设备均质机与喷雾干燥设备处理,即可获得高收率(大豆利用率70%~80%)、速溶、无沉淀、无分层的"干法脱腥、喷雾干燥、速溶大豆(包括绿豆、红小豆)粉"。本生产方法的新技术是将干法脱腥与喷雾干燥相结合。

469. 一种空心圆片豆制品保健菜的制作方法

申请号:92112091　　公告号:1085051　　申请日:1992.10.09

申请人:裴效度

通信地址:(014060)内蒙古自治区包头市郊区沙河镇乡镇企业公司院内

发明人:裴效度

法律状态:公开/公告　　法律变更事项:视撤日:1996.01.17

文摘:本发明为一种空心圆片豆制品保健菜的制作方法。它是以黄豆、黑豆、黑木耳、黄花、蘑菇为主要原料。其制作方法是:以食盐、白糖、五香粉、芝麻油、味精、辣椒、葱、姜为辅料的混合调料,经选料、清洗、浸泡、浆渣分离、加压成片、卷棒盐渍、辅料水煮、熏制、切片、质检包装、高温溶解而制成。本产品可实现连续化生产,制成的产品口味好,既可食用又可防病,长期食用可治疗许多种疾病,是一种延长人体寿命的保健菜。

470. 含天然药物的中老年保健粉丝及其制法

申请号:93102758　　公告号:1077600　　申请日:1993.03.25

申请人:刘展源

通信地址:(476900)河南省睢县文化路95号粉丝公司1号楼

发明人：刘展源

法律状态：公开/公告　　法律变更事项：视撤日：1997.02.05

文摘：本发明是一种适用于中老年人的保健食品。这种食品是在粉丝、粉皮中，掺入经严格筛选配方的天然药物生山药、白木耳、生百合、藕粉、白菊花等以淀粉为主要成分的保健食品。这种含天然药物组合物4%～6%(重量)的淀粉粉丝，也可以是粉皮。上述的天然药物组合物的组成(重量百分比)为：生山药15%～25%，白木耳25%～35%，生百合30%～20%，藕粉25%～15%，白菊花3%～10%。它含有多种氨基酸、维生素及微量元素，为营养丰富、软硬适度、口感爽滑的食品。这种粉丝(粉皮)具有补益气血、健脾补肺、增强机体功能的功效。经常食用，对中老年人有较好的抗衰老保健作用。

471. 海植蛋白食品的制备方法

申请号：93103929　　公告号：1092950　　申请日：1993.04.01

申请人：张洪献、孙德生、张宪文

通信地址：(100034)北京市西四北大街175号

发明人：孙德生、王银良、周秀生

法律状态：实　审　　法律变更事项：视撤日：1998.06.17

文摘：本发明是一种海植蛋白食品的制备方法。它是以大豆、花生米、海藻酸钠为主要原料。其原料组成为(重量百分比)：大豆75%～80%，花生米6%～8%，海藻酸钠10%～13%，食品增白剂0.2%～0.5%，柠檬酸1.7%～2.5%，抗坏血酸0.08%～0.1%。将经过筛选的大豆、脱皮花生米浸泡，加热40～50℃，研磨制浆，沉淀提取浆液，然后与用2%～5%柠檬酸水溶液溶解的海藻酸钠混合搅拌，制成的乳状液通过成型器流入3%～6%的氯化钙水池中凝固成型，然后用清水浸泡，取出固体成型植物蛋白切割成段，装瓶封装，放入杀菌锅内在100～140℃高温下消毒灭菌。本发明的产品蛋白质含量大于30%，经国家食品质量检验中心鉴定，该产品含有人体所需18种氨基酸，营养价值高，具有保健、减肥、降低胆固醇、防衰老的功能。

472. 以豆类、香菇为原料仿制动物蛋白食品的工艺

申请号：93104183　　公告号：1093539　　申请日：1993.04.14

申请人：林铭华

通信地址：(350003) 福建省福州市五四北路思儿亭 14 号

发明人：林铭华

法律状态：公开/公告　　法律变更事项：视撤日：1996.09.11

文摘：本发明是一种以豆类、香菇为原料仿制动物蛋白食品的工艺。其制作工艺是：将经浸泡后的豆类去皮、蒸煮、粉碎，再将经浸泡后的香菇粉碎，尔后将粉碎的豆粉、香菇粉按 3∶1～4∶1 的重量比均匀混合，放入烤箱烘烤至含水量 16%取出，放入调料拌匀后烘烤，再用粘结剂粘结成块状，最后经压力机压缩成型。从而制成味道鲜美、不含胆固醇的植物蛋白的“肉干”、“鸡腿”食品。

473. 豆腐皮制作工艺

申请号：93105570　　公告号：1094583　　申请日：1993.05.06

申请人：吴建平

通信地址：(344500) 江西省南丰县委大院

发明人：吴建平

法律状态：公开/公告　　法律变更事项：视撤日：1996.09.11

文摘：本发明为一种豆腐皮制作工艺。这种豆腐皮的制作工艺是：首先将黄豆进行筛选，然后放入浸泡罐中浸泡，再用水清洗后进行碾碎，并将碾碎后的渣浆进行分离，同时将浆进行恒温蒸发，在浆的表面形成一层皮，挑起、晾干即成为豆腐皮，最后进行真空包装。

本发明制作工艺简单、方便，不加任何化学物质。利用本发明制作的豆腐皮具有口感好、营养成分高、味道好、易于存放、食用方便等优点。

474. 香酥豆负压加工方法

申请号：93110140　　公告号：1091600　　申请日：1993.03.03

申请人：马英卓

通信地址：(130021) 吉林省长春市吉林工学院基础部

发明人：马英卓

法律状态：公开/公告　　法律变更事项：视撤日：1997.11.12

文摘：本发明是一种香酥豆负压加工方法。香酥豆的加工工艺是：浸泡→蒸煮→浸泡香味→真空和远红外(或微波)脱水及变热。上述的浸泡是指将经过挑选的豆类在15～20℃的温度中在水里浸泡8～10小时；蒸煮是指将浸泡过的豆类蒸煮到半生熟状态；上述的浸泡香味是指将经蒸煮过的豆类在香料溶液中浸泡3～5小时，开始时温度为60℃，然后让其自然冷却；所谓真空和远红外(或微波)脱水及变熟是指将经浸泡香味的豆类放入真空箱内抽真空，真空度为负0.08～0.085兆帕，同时进行远红外(或微波)加热。远红外(或微波)加热分为两步：第一步为强加热，8～10分钟；第二步为弱加热，4～8分钟，并在弱加热的时间内，再启动第二个真空泵同时向真空箱内间断放气，间断放气的目的是使真空箱内的水分尽快排除，启动第二个真空泵时，真空箱内的真空度保持在负0.06兆帕左右。经这种方法加工的香酥豆具有不含油质、保质期长、可加入多种香味和豆类外皮不破损、外观完整等特点。并可大规模生产。

475. 豆香系列保健茶

申请号：93115320　　公告号：1104437　　申请日：1993.12.31

申请人：陈勋洛、陈　宇

通信地址：(230061) 安徽省合肥市芜湖路267号

发明人：陈勋洛、陈　宇

法律状态：实　审

文摘：本发明是一种豆香系列保健茶。它是由鲜叶或干茶同佐料经炒制或窨制而成。所述的佐料是豆科植物的豆籽如黄豆、绿豆、赤豆、黑豆、扁豆等经烘炒后的熟豆籽或加工成的豆粉或豆糊。这种豆香系列保健茶的制作方法是：①取1种或2种以上混合的熟豆籽作佐料，或者将所述的熟豆籽粗破后作佐料拌入干茶中进行窨制，窨制后经分离所得的富含豆香的干茶；②将1种或2种以上混合的豆粉或豆糊作佐料，其一，取豆粉或豆糊或两者混合物拌入鲜叶加工过程的制品中；其二，取豆粉拌入回潮后的干茶中；其三，取豆糊拌入干茶中，拌入后进行炒制，炒制后经解块、干燥，得到富含豆香的干茶；③佐料用量，在窨制中，以干茶计，应大于50%；炒制中以鲜叶或干茶计，应大于5%。本发明为茶类饮料增添一个新品种，既保留原来茶叶的风味、作用和饮用习惯，又增加了新的保健功能；既提高了茶叶的档次，又提高了豆籽的经济价值，而且原料易得，工艺简单。

476. 含奶、蛋、豆类蛋白质酒及其制作方法

申请号：93118027　　公告号：1085947　　申请日：1993.09.23

申请人：辜煌章

通信地址：(530022)广西壮族自治区南宁市新民路6号

发明人：辜煌章

法律状态：公开/公告　　法律变更事项：视撤日：1997.02.12

文摘：本发明介绍了一种含奶、蛋、豆类蛋白质酒的制造方法。它是将奶、蛋、豆类碱性物质，经脱脂、豆类先磨浆再脱脂，与未经勾兑的白酒或食用酒精调配，制成奶酒、蛋清酒、蛋黄酒、全蛋酒、豆浆酒或奶蛋豆复合酒等系列配制酒：①奶酒：将脱脂奶粉用热开水或热蒸馏水对成奶液，也可直接用脱脂鲜奶，加入白酒或食用酒精，搅拌均匀得淡奶酒，若加糖则需多次搅拌至充分溶解，制得甜奶酒；②豆酒：将碱性的豆类脱壳磨浆，去渣、脱脂，加入白酒或食用酒精，搅拌而制得；③蛋清酒：将新鲜蛋清用常温冷开水或常温冷蒸馏水稀释，加糖搅拌，最后用白酒或酒精适量地加到有甜度的稀释的蛋清液里去，搅拌至充分溶合而制得；④全蛋和蛋黄酒：将全蛋和蛋黄先脱脂，以后制法与奶酒基本一样；⑤蛋、奶、豆复合酒：将脱脂后的奶、蛋、豆任意互相调配，多少、先后、甜淡均可，配酒的方法与以上相同。

这些酒甜淡随意，浓稀由人，由于这类蛋白质酒的浓度比一般酒高，里面含有各种蛋白质，所以各种口味独特，营养丰富，且不沉淀，不分离，口感很好。

477. 三豆粉及其制作方法

申请号：93118273　　公告号：1088402　　申请日：1993.09.28

申请人：王　刚

通信地址：(150040)黑龙江省哈尔滨市动力区和平路14号

发明人：王　刚、伍明臣

法律状态：公开/公告　　法律变更事项：视撤日：1998.05.20

文摘：本发明是一种三豆粉及其制作方法。该三豆粉的制作方法是：①选豆：对三种豆(黄豆、绿豆、黑吉豆)进行筛选，去掉破碎坏豆；②浸泡：将选好的豆放在水温30～35℃温水中浸泡24小时；③水粗磨、精磨：将泡好的豆，加入热水，先进行粗磨，然后再进行2次精磨，使豆成浆状；④分离：磨好的豆浆，用分离机分离出渣，使干物质含量为7%～8%；⑤杀菌：分离好的豆浆，用蒸汽加热到96～98℃，并保温10分钟进行杀菌；⑥取样检验尿酶为阴性方可；⑦按配方比例加入的糖和麦芽糊精，混合后，在89℃下再次杀菌；⑧添加各种维生素和微量元素，并搅拌；⑨在蒸发器内进行浓缩：分2次进行：一放蒸发温度为68～74℃，抽真空度为56.0～69.3千帕；二放蒸发温度为48～50℃，抽真空度为82.7～85.3千帕，浓缩后的浓度为含干物质55±2%；⑩喷雾干燥：进风温度为135～160℃，排风温度为70～80℃，高压泵的压力控制在10～18兆帕，干燥塔内负压为3.3～4.7千帕，进行高压喷雾干燥；⑪干燥好的粉，冷却后筛粉，按配方比例加入白芝麻，搅拌均匀后，检验分装出成品。此豆粉便于携带，食用方便，营养丰富，对强身健体有很好效果。

478. 莉卜肠及其加工方法

申请号：93120917　　公告号：1104046　　申请日：1993.12.20

申请人：楚湘锋

通信地址：(450004)河南省郑州市商城路7号

发明人：楚湘锋

法律状态：公开/公告　　法律变更事项：视撤日：1997.05.07

文摘：本发明是一种莉卜肠及其加工方法。它是由黄豆、绿豆、黑豆并添加胡萝卜汁及蒜汁、海藻酸钠为主要原料与水加工制成的一种自带包衣的肠型保健食品，其原料成分(重量)含有：黄豆3份，胡萝卜汁2～6份，绿豆3份，大蒜汁1份，黑豆4份，海藻酸钠3.4份，石膏0.04份。这种自带包衣的肠型营养保健食品，味道爽滑可口，可作主食，也可加调味品加工或配制成多种花色品味的副食。长期食用这种莉卜肠对治疗肠道系统疾病、胆囊炎、胆结石、糖尿病及高血压等疾病有一定效果。同时还具有去粉刺、减肥、助消化，促进儿童正常发育的作用。

479. 红茶菌保健食品、饮料及其加工方法

申请号：94104353　　公告号：1110903　　申请日：1994.04.28

申请人：沈荣光

通信地址：(723000)陕西省汉中市二中家属楼302号

发明人：沈荣光

法律状态：实　审

文摘：本发明为一种红茶菌食品、饮料及其加工方法。它是把5%～20%的红茶菌液加入到现有各种饮料和果冻原料之中，制成一种红茶菌饮料和果冻；把5%～10%的红茶菌液加入到多种果酱(或豆沙泥、枣泥、蛋奶)中，加工成不同类型的红茶菌酱，然后再加工成夹心食品。本发明的优点是：①使红茶菌的饮用和食用大为方便；②拓宽了饮料和食品的品种范围；③作为一种保健饮料和食品，有助于人们健康水平的提高。

480. 一种全天然全营养减肥食品及其制备方法

申请号：94105053　　公告号：1121781　　申请日：1994.05.13

申请人：王金萍、李正义

通信地址：(300060)天津市河西区体院北道3号4栋301

发明人：王金萍、李正义

法律状态：实　审

文摘：本发明是一种全天然全营养减肥食品及其制备方法。它是由脱脂大豆粉、脱脂可可粉、膳食纤维精粉、蚕豆粉、昆布粉、甜菊甙和维生素等组成。其中各组分所占的重量份数如下：脱脂大豆粉 40～70，脱脂可可粉 2～5，膳食纤维精粉 10～25，蚕豆粉 10～20，昆布粉 4～10，甜菊甙 0.2～0.9，维生素 0.2～0.7。它具有高蛋白、高膳食纤维、低脂肪、低糖、低热能、无饥饿感、无副作用等特点，且富含人体所必需的多种维生素和微量元素。制备科学合理、简单易行。

481. 保健快餐菜及制备方法

申请号：94108080　　公告号：1116501　　申请日：1994.08.09

申请人：李全能

通信地址：(100080) 北京市海淀区海淀大街 49 号

发明人：李全能

法律状态：公开/公告

文摘：这是一种保健快餐菜。它是由大豆、豌豆、蚕豆、芝麻等为原料，再配以名贵中草药绞股兰、金针菇、山楂、白木耳、杏仁而制成。这种快餐保健食品，具有防止心血管疾病、消除疲劳、抗衰老、抗癌、抗缺氧等作用，对于提高免疫力，增强记忆力也有显著效果。

482. 精细豆沙生产新工艺及设备

申请号：94110115　　公告号：1107004　　申请日：1994.03.15

申请人：姜长征

通信地址：(110031) 辽宁省沈阳市皇姑区昆山中路嘉陵江街 42 号楼 4 单元 8-2 号

发明人：姜长征

法律状态：公开/公告

文摘：本发明是一种机械化连续性生产含皮精细豆沙的生产新工艺及设备。这种生产含皮精细豆沙新工艺的整个过程为连续性机械化生产，其原料豆子经去石设备去除砂石杂物，再经清洗设备清除污垢杂物，然后用蒸煮汽锅将豆子煮熟；用精细研磨机进行带皮研磨，研磨后呈高粘稠胶质性物料，再直接进入旋风干燥机内干燥成豆沙。此工艺技术先进，生产效率高，比引进的日本生产线高出1～2倍，较国内手工工艺高10倍以上。为实施上述工艺而制造的专门设备——旋风干燥机，其结构合理，操作简单，节约能源，干燥效果好。采用此工艺及设备生产的精细豆沙营养丰富、色泽鲜艳、口感好。

483. 一种富碘饮品的配方及制作方法

申请号：94118077　　公告号：1123104　　申请日：1994.11.22

申请人：陈尚卓

通信地址：(530023) 广西壮族自治区南宁市燕子岭上15巷36号

发明人：陈尚卓

法律状态：公开/公告

文摘：本发明是一种富碘饮品(富碘绿豆沙、富碘红豆沙、富碘红枣茶等)的配方及制作方法。它的配方及制作方法是：采用海带经处理后磨成粉状，按比例与饮品主料(绿豆粉、红豆粉或红枣粉)、白砂糖混和煮熟，再加入稳定剂搅拌均匀后制成富碘饮品。在制作本品时，应加入富含天然碘元素的海带精粉原料。这种富碘饮品的特点是每千克含碘量4 000微克以上，它是一种富含天然碘元素的保健型饮品。

484. 蚕豆脱壳机

申请号：97207380　　公告号：2289602　　申请日：1997.03.14

申请人：梁振西

通信地址：(226213) 江苏省启东市王鲍乡聚星村八组

发明人：梁振西

法律状态：授　权

文摘：本发明是一种把蚕豆变成豆瓣用的蚕豆脱壳机。它是由机架、料斗、固定磨片座、固定磨片、转动磨片、转动磨片座、磨片间隙调节螺母、传动轴、皮带盘、磨片电机、筛子、吸壳风机和风机电机组成。料斗装在固定磨片座上，固定磨片用螺钉固定在固定磨片座上，转动磨片用螺钉固定在转动磨片座上，从动皮带盘装在传动轴上，传动轴与转动磨片座间用螺纹联接，磨片电机通过主动皮带盘、皮带、从动皮带盘与传动轴相联，传动轴装在机架上的轴承座上，筛子斜装在转动磨片座下面的平板上，筛子的下端与吸风机的吸风管相联，风机电机轴和吸壳风机轴相联，筛子是不振动的，吸壳风机吸风管上装有风量调节器，转动磨片座下端与传动轴相联的螺杆上装有磨片间隙调节螺母。电机用单向电机，耗能小，适合小单位使用。

485. 孕妇补充营养素

申请号：95110002　　公告号：1119916　　申请日：1995.01.03

申请人：何万华

通信地址：(111300) 辽宁省灯塔县华康卫生保健品有限公司

发明人：何万华

法律状态：公开/公告

文摘：本发明是一种孕妇补充营养素。这是为孕妇和胎儿补充营养的营养食品。它是以既能食用，又能药用的天然材料及强化部分(大豆、黑豆、小豆、红枣、黑枣、蜜橘、胡桃仁、莲子、芡实、茯苓、枸杞子、芝麻、山药、桂圆、昆布、银耳、胡萝卜、豆蔻等)微量元素和维生素等为主要原料；其配方及用量为：大豆30克，黑豆40克，小豆10克，红枣20克，黑枣20克，蜜橘60克，胡桃仁40克，莲子20克，芡实20克，茯苓20克，枸杞10克，芝麻10克，山药10克，桂圆10克，昆布40克，银耳30克，胡萝卜100克，豆蔻10克，糖300克，大豆分离蛋白400克，活性钙(60%)20克，药用葡萄糖酸亚铁6.5克，药用葡萄糖酸锌6.5克，维生素B_1 0.02克，维生素B_2 0.01克，维生素B_6 0.02克，维生素B_{12} 40微克，维生素D 200微克，叶酸12.8毫克。

486. 一种醋豆保健食品及其制备方法

申请号：96105191　　公告号：1142911　　申请日：1996.05.31

申请人：汪寿荣

通信地址：(311100) 浙江省余杭市九曲营4-103

发明人：汪寿荣

法律状态：公开/公告

文摘：本发明是一种醋豆保健食品及其制备方法。该醋豆是通过将豆浸泡在食用醋中若干天后取出烘干，反复数次后而制得的。本发明的醋豆保健食品具有显著提高人体免疫功能及抗癌之功效，营养价值高，富含高蛋白及多种微量元素和维生素。这种制备方法工艺合理，简单易行，成本低，经济效益高。

487. 五色、五行豆粉

申请号：96121443　　公告号：1161162　　申请日：1996.12.19

申请人：岳　东

通信地址：(150016)黑龙江省哈尔滨市道里区安化街31号3单元6-1

发明人：岳　东

法律状态：公开/公告

文摘：这是一种五色、五行豆粉，属于食补养生食品。它是由葡萄、白糖、熟绿豆粉配制成1号豆粉；红茶、红糖、熟赤小豆粉配制成2号豆粉；茴香籽、白糖、熟黄豆粉配制成3号豆粉；生姜、白糖、熟白豆粉配制成4号豆粉；食盐、白糖、熟黑豆粉配制成5号豆粉；由1～5号豆粉组成五色、五行豆粉。其重量百分比分别为：①葡萄粉为6%～7%，白糖为8.5%，余量为熟绿豆粉混匀配制成1号豆粉；②红茶粉为2.5%～3.0%，红糖为11.2%，余量为熟赤小豆粉混匀配制成2号豆粉；③茴香籽粉为1.7%～2.3%，白糖为14.5%，余量为熟黄豆粉混匀配制成3号豆粉；④生姜粉为9.5%～11%，白糖为8.2%，余量为熟白豆粉混匀配制成4号豆粉；⑤食盐为1.7%～2.3%，白糖为8.9%，余量为熟黑豆粉混匀配制成5号豆粉。将1号豆粉、2号豆粉、4号豆粉及5号豆粉分别按同一个剂量装袋，3号豆粉按比其他豆粉多1/7的剂量装袋后，组成五色、五行豆粉。该豆粉能使人体五脏气血相生相补，提高人体抵抗疾病的能力，是一种食补养生的理想食品。

488. 野参系列高蛋白绿色保健食品

申请号：93107060　　公告号：1096171　　申请日：1993.06.10

申请人：李汉臣

通信地址：（075000）河北省张家口市桥东建设东街36号

发明人：韩翠鸾、李冬梅、李汉臣

法律状态：实　审　　法律变更事项：视撤日：1998.07.15

文摘：本发明是一种野参系列高蛋白绿色保健食品。它是开发利用天然野生无污染的饲草植物中含高蛋白质的豆科籽实作为人类食品的新资源。目前，首选含蛋白质36%左右的苜蓿、草木犀、胡枝子、三叶草等籽实作为原料，经化学法加酸加碱结合物理湿热法除腥、灭酶、解毒；采用先进且简易的加工工艺，经原料精选、浸泡、蒸煮、粉碎、过滤，添加增稠乳化剂，经混料、均质后，分别制成各种形状的多种食品。如高蛋白绿色食品的罐头、肠、饮料、口服液和精粉等。它亦可采用大豆制品的传统工艺生产豆腐、豆浆等传统蛋白食品；还可综合开发利用这些草籽作为榨油、制淀粉、制精饲料的新兴原料；被废弃的野生蘑菇渣也可采用本发明的主要工艺制成野参系列高蛋白绿色保健食品。也可在以上产品中掺入30%的动物蛋白质，更大地提高其营养生物价值。本发明的产品其色、味、口感及弹性均似水发海参，其营养生物价值达到或超过大豆制品。

489. 方便酸辣粉的生产方法及产品

申请号：98111870　　公告号：1190540　　申请日：1998.02.26

申请人：黄顺邦

通信地址：（642366）四川省安岳县千佛多鞭参杞酒厂

发明人：黄顺邦

法律状态：公开/公告

文摘：本发明是一种方便酸辣粉的生产方法及产品。其生产方法是：①采用薯类或豆类淀粉制得的干粉丝为主要原料，将干粉丝放在含有食用有机酸的沸水内煮熟，捞出沥去水分；②将沥水后的粉丝进行干燥脱水至含水量为20%～30%；③混入食用植物油，使油均布粉丝表面；④置入调味品及辅料，经灭菌、抽真空封装。置入的调味品及辅料至少包括辣椒、醋和食盐。该产品是一种易保存、经沸水浸泡数分钟即可食用的方便食品。

490. 多酶体系制备植物胚芽乳汁和干粉的方法

申请号：93120927　　公告号：1104044　　申请日：1993.12.21

申请人：吴文才

通信地址：(100080)北京市海淀区海淀港沟11号

发明人：吴文才

法律状态：实　审

文摘：本发明为一种应用多酶体系制备植物胚芽乳和干粉的方法。其制备方法分以下步骤：将植物胚芽培育、打浆、精磨、生物酶促水解、微生物淬灭及制剂等。多酶体系包括由超高活性的蛋白酶、淀粉酶、果胶酶、纤维素酶、半纤维素酶、脂肪酶、葡萄糖转化酶和溶菌酶8种生物酶。应用本发明制备的植物胚芽乳液和干粉，可使产汁率和原料利用率从传统方法的40%～85%大幅度提高到95%～99.9%，并几乎完全保持原料的风味和营养成分。产品对原料没有选择性，可处理各类粮食种子、坚果、豆类的胚芽，使之成为营养食品。

491. 糖尿病专用治疗食品及其生产方法

申请号：94104115　　公告号：1110098　　申请日：1994.04.14

申请人：王滨鸿

通信地址：(150010)黑龙江省哈尔滨市道里区经纬街22号4单元302室

发明人：杜　英、王滨鸿、王凤杰、周恒军

法律状态：实　审

文摘：本发明是一种糖尿病专用治疗食品及其生产方法。它是粮食和中药的混合物。其组成成分是：粮食包括有豆粕、麦芽胚，中药成分主要是玉米须、桔梗、玉竹。添加可可粉和甜味素调味，经发酵和膨化而制成的一种可供糖尿病人长期服用的专用食品。本产品不仅具有丰富的人体所需营养成分，其药物成分能使糖尿病人的胰岛细胞变形，具有调节糖代谢、脂代谢的作用。

492. 营养鸡豆粥

申请号：95100886　　公告号：1110522　　申请日：1995.03.03

申请人：白景禄

通信地址：(831100)新疆维吾尔自治区昌吉回族自治州药检所

发明人：白景禄、郭永刚、贾志艳、刘　强、杨卫星

法律状态：公开/公告

文摘：这是一种集食用和保健于一身、口感好、色香味俱佳的营养鸡豆粥。它按以下步骤进行生产：①选择鹰嘴豆，并漂洗干净，然后蒸煮至半熟；②选择三黄鸡，将之活杀，除去毛、内脏、头、爪，并清洗干净，然后切成块状，炖煮至半熟；③将所需量的蒸煮半熟鹰嘴豆、炖煮半熟三黄鸡和食盐及水放在一起，再煮鹰嘴豆和三黄鸡肉后，冷却至常温；④灌装并进行常规消毒就得到成品。其成分重量百分比是：由35%～65%的鹰嘴豆，4%～10%的三黄鸡肉，1%～1.5%的食盐和余量为水而构成。该营养鸡豆粥具有肉质嫩、味道鲜美、营养丰富、食用方便等特点，特别适合中老年及儿童食用。

493. 解毒保健茶及其制备方法

申请号：93112086　　公告号：1082331　　申请日：1993.07.21

申请人：张小红

通信地址：(110011)辽宁省沈阳市沈河区中街路14号刁佩德转

发明人：张小红

法律状态：公开/公告

文摘：本发明是一种解毒保健茶。该茶所含组分重量比为：甘草与黑豆、茶叶之比为1∶1～5∶1～10。将上述比例的原料，净选后按比例混匀粉碎，过20～80目筛，分装茶袋制成袋泡茶即可，每袋装2～6克。该方法制备工艺简单，容易加工。这种解毒保健茶饮用口感好，具有较

强解毒保健效果。

494. 豆科植物葛的块根提取淀粉

申请号：95109072　　公告号：1143471　　申请日：1995.08.22

申请人：赵祖国

通信地址：(415400) 湖南省津市市司法局

发明人：赵祖国

法律状态：公开/公告

文摘：本发明是从一种豆科植物的中华葛加工提取的淀粉食品。该品除食用外，还具有很强的保健、养颜、药用之功效。它能生津止渴、清热除烦，还能治血压颈项强痛、喉痹、齿痛、热痢、泄泻等病，并有醒酒的功效。它特别适合老少体弱者食用。

495. 红豆奶饮料及其制作方法

申请号：95114240　　公告号：1149402　　申请日：1995.10.30

申请人：韦　巍

通信地址：(547000) 广西壮族自治区河池市河池地区综合研究所

发明人：韦　巍

法律状态：公开/公告

文摘：本发明为一种红豆奶饮料及其制作方法。这种红豆奶饮料是以红豆为主要原料，与各种辅料配比调制而成。该饮料含红豆、奶粉、糖、增稠剂、消泡剂、调味剂、碳酸氢钠，其配方为(以 1000 千克产品计)：红豆 25～100 千克，奶粉 10～20 千克，糖 20～120 千克，增稠稳定剂 0.2～1.0 千克，消泡剂 0.25～1.0 千克，碳酸氢钠 0.1～0.6 千克，调味剂 0.1～3 千克。其制作工艺是：红豆→清洗、浸泡→磨浆分离→加热→调制→过滤→均质→灌装→灭菌→冷却。该产品含有多种营养成分，不仅味道纯正、可口，而且具有消食、利尿、健脾胃等多种功效，是一种保健型的红色食品。

496. 大豆植物用于制作食品、保健品、药品的方法及其产品

申请号:95117032　　公告号:1147904　　申请日:1995.10.19

申请人:杨士伟

通信地址:(150036)黑龙江省哈尔滨市香坊区香茗街16-7312

发明人:杨士伟

法律状态:公开/公告

文摘:本发明是一种大豆植物用于制作食品、保健品、药品的方法及其产品。其制作的主要步骤是:把大豆植物的茎、叶、豆荚等地上部分,经净选后粉碎成0.5～2厘米的碎段,加重量倍数为7～10倍的水煎煮2次:第一次2小时,第2次1小时,过滤煎煮液,浓缩至相对密度为1.10～1.20(50℃时测定),再加95%的酒精,至溶液的含醇量为50%～70%时,放置1夜以上,过滤上清液,回收上清液酒精,浓缩至相对密度为1.15～1.20(50℃时测定),经干燥成粉粒;或将上述过滤后的煎煮液流经大孔树脂柱,流过煎煮液后,用水冲洗大孔树脂柱,然后用50%～80%酒精流过大孔树脂柱洗脱,回收洗脱液酒精,浓缩至相对密度为1.15～1.20(50℃时测定),经干燥成粉粒。本发明所用原料易得,价廉,工艺简单,具有广泛的推广价值。

497. 酵母菌营养食品

申请号:95118053　　公告号:1150531　　申请日:1995.11.17

申请人:李荣秀

通信地址:(050071)河北省石家庄市机场路14号

发明人:李荣秀

法律状态:公开/公告

文摘:本发明为一种酵母菌营养食品。它属于妊娠期妇女服用的纯天然营养保健食品,富含叶酸、维生素A、维生素E等多种维生素及微量元素。一般普通膳食中缺乏叶酸、碘等营养元素,易造成胎儿发育不良及孕妇贫血、缺钙等疾病。该食品能解决妊娠期妇女补充合理、均衡、完善上述缺乏的营养素。本产品特点为纯天然食品,其安全性优于

强化食品。

498. 百合保健奶粉

申请号：96118323　　公告号：1151828　　申请日：1996.08.30

申请人：刘定楼

通信地址：（422200）湖南省隆回县桃洪镇双井路3巷17号

发明人：刘定楼、刘定伟

法律状态：公开/公告

文摘：本发明是一种百合保健奶粉。它是以中药和豆奶或牛奶配合制成，它的主要组分份数是：百合1～8份，绞股蓝皂甙粉0～1份，牛奶或豆奶2～8份，薏苡仁0～2份，枸杞子0～3份，花生仁1～2份，糖2～4份。本发明的产品集营养性与医疗保健作用为一体，不仅能滋补身体，还能防病治病，并可抗癌，对健脾、润肺、利湿均有较好的效果，适合男女老少饮用。

三、薯芋类加工技术

（一）甘薯加工技术

499. 红薯系列食品及生产工艺

申请号：93110636　　公告号：1092260　　申请日：1993.03.12

申请人：彭正清

通信地址：（422900）湖南省新邵县邵阳职工疗养院

发明人：潘玉萍、彭向阳、彭正清、彭忠诚、彭忠秀

法律状态：公开/公告　　法律变更事项：视撤日：1996.12.11

文摘：本发明是一种红薯系列食品及生产工艺。它是以红薯、米（面）粉为主要原料的系列食品。在配料中加入治酸化食的中药，如陈皮、山楂、麦芽、生姜等各种药材，并根据配料不同，采用不同方法，生产出红薯胃痛停食品、红薯儿童乐食品、红薯佳味糖片、红薯罐头。食用该

红薯系列食品后不泛胃酸，对胃痛、小儿消化不良、老年性便秘等均有辅助治疗作用。

500. 一种红薯食品的制作方法

申请号：91111494　　公告号：1073077　　申请日：1991.12.12

申请人：程福来

通信地址：(300381) 天津市河西区体院东纪庄子南里3条30号

发明人：程福来

法律状态：公开/公告　　法律变更事项：视撤日：1995.03.08

文摘：本发明是一种红薯食品的制作方法。它是以红薯为主要原料，其制作方法是：首先将红薯洗净，经高温蒸煮至熟，剥皮，去掉两端头，放入容器中；将一定比例的香精、柠檬酸、食糖和少量水倒入容器中搅拌，使红薯成膏状；尔后将膏状红薯成形、包装，即为红薯精食。这种膏状红薯食品还可以进一步烘烤成为红薯干食或调成粥状物速冻为红薯冰食。本发明的工艺方法简便易行，制出的食品可保留红薯的独特风味和营养价值，并且能适合不同年龄层次的人食用。它有较长的保存期限，保证人们随时都可吃到不同风味的红薯食品。

501. 山楂大枣甘薯食品的制法

申请号：91104082　　公告号：1056625　　申请日：1991.06.22

申请人：赵永林

通信地址：(072100) 河北省满城县神星镇市头村

发明人：赵永林

法律状态：公开/公告　　法律变更事项：视撤日：1994.10.19

文摘：本发明是一种山楂、大枣、甘薯保健食品的制法。该食品的制法是：①将优质洗净的甘薯、山楂、大枣分别加热至熟，去皮和核；②按熟甘薯、熟山楂、熟大枣比例为1400～1600克：450～550克：110～130克，分别将上述已蒸熟并去皮、核的甘薯、山楂、大枣加入容器内，如生产量大可加入打浆机内，再加入按上述主料比例所需的蜂蜜90～110克，白糖150克左右，以及常规量的防腐剂和香料搅拌均匀；

③将上述物料取出，在70～100℃下的烘干机内烘1小时左右，再在70℃左右条件下继续烘，直到全部浓缩成带有弹性的半干状为止；④切块、包装。本发明方法以营养丰富的粗粮——甘薯以及营养丰富又有医疗保健作用的山楂、大枣作为主料制成可口的薯类食品。本发明方法原料易得、价廉，制法简易。

502. 甘薯乳生产工艺

申请号：92103199　　公告号：1078098　　申请日：1992.05.07

申请人：赵春德

通信地址：(100038) 北京市海淀区羊坊店新华社宿舍

发明人：赵春德

法律状态：实　审　　法律变更事项：撤回日：1997.09.17

文摘：本发明是一种甘薯乳生产工艺。该甘薯乳的生产工艺程序如下：①选新鲜优质甘薯，用清水冲洗干净；②用手工或是机器脱净除皮；③用手工或是机器切成2～3厘米长的小块蒸熟；④用胶体磨粉碎成细糊状；⑤加自重100%的优质矿泉水和0.05%的蛋白糖(50倍的)用乳化机均质乳化(配料可多种系列化)；⑥用各种包装物体做真空密封包装(必须是无毒耐高温材料)；⑦把包装好的甘薯乳在100℃左右温度下杀菌1小时。

503. 从甘薯叶提取有效成分的方法

申请号：92103783　　公告号：1079369　　申请日：1992.05.25

申请人：王　寒

通信地址：(100080) 北京市中关村26楼134号

发明人：王　寒

法律状态：授　权

文摘：本发明是一种以甘薯叶提取有效成分的方法。这种具有保健作用的甘薯叶提取液的制备方法是：①以京薯2号的干薯叶为原料，通过精选、洗净、加水、煎煮、过滤；滤渣再加水、煎煮、过滤；合并两次滤液、减压浓缩、分装、高压灭菌得营养液；②以京薯2号的鲜薯块为原料，通过精选、清洗、加水粉碎、浆渣分离、自然发酵、沉淀、滤出淀粉；滤液减压浓缩、分装、高压灭菌得营养液。无论是以京薯2号的干叶或鲜块为原料均可通过以水作提取剂，在75～85℃下煎煮、真空浓缩、高压灭菌，制成营养液，再进一步加工，还可制成营养粉、片、冲剂等保健品。这些保健品具有抑制肿瘤细胞、升血小板、降低血糖和通便等作用，服用极为方便。实验证明，京薯2号的产量和品质都优于西蒙1号甘薯，以水作提取剂的比现有用甲醇作提取剂的成本低廉，安全无毒。

504. 有芯甘薯制品

申请号：93115170　　公告号：1102066　　申请日：1993.10.23

申请人：张联懋

通信地址：(250031) 山东省济南市工人新村北村16楼2门501

发明人：张联懋

法律状态：公开/公告　　法律变更事项：视撤日：1996.05.29

文摘：本发明是一种有芯甘薯制品。该有芯甘薯制品包括制品、制品载体、选配、制品成型以及制品保存技术；其制品是用鲜甘薯块茎、熟制后的块茎和甘薯酱为载体，在载体中充填有与载体性味不同的馅料或是以不同于甘薯酱的其他食品酱为载体，在其中充填甘薯酱。该制品所用馅料来源广，可根据人的口味灵活配调，人们吃一种制品可达到享受多口味的效果。

505. 多味红薯干

申请号：93115539　　公告号：1101512　　申请日：1993.10.15

申请人：张国卫

通信地址：(410005) 湖南省长沙市西区活源桥19号北栋602房

发明人：张国卫

法律状态：公开/公告　　法律变更事项：视撤日：1997.02.12

文摘：本发明是一种多味红薯干。它是以新鲜红薯为主料，并加入了胶粘剂的食用多味红薯干。该红薯干在制作中添加了选自食盐、食糖、味精、甘草粉、五香粉、干辣椒粉、芝麻、鸡蛋、牛奶、奶油、蜂蜜、食用色素中的至少4种原料为配料而制成。其配料的含量为多味红薯干总量的1%～40%。其外形可以经模具制成规则的粒状、各种动物状、植物状、建筑物状、武器状、工农业用品状以及生活用品状。它具有多种风味，适合于人们零食用。

506. 红薯方便面

申请号：94102978　　公告号：1109291　　申请日：1994.03.30

申请人：卢志书

通信地址：(072656)河北省定兴县姚村乡李家庄村

发明人：卢志书

法律状态：实　审　　法律变更事项：视撤日：1998.05.20

文摘：本发明是一种红薯方便面。它是以红薯为原料，经洗净去皮、擦片烘干、制成精粉，经高温蒸、炸过程，再加调料而制成，味道纯香，食用方便。能增加食欲。

507. 地瓜五粮粥及其生产方法

申请号：97107919　　公告号：1187950　　申请日：1997.01.16

申请人：颜光昭

通信地址：(421300)湖南省衡山县专用汽车制造厂保卫科

发明人：颜光昭

法律状态：公开/公告

文摘：本发明是一种地瓜五粮粥及其生产方法。其生产方法是：首先将地瓜洗净脱粗皮，并剁碎成0.6～0.8毫米大小的角粒，然后取加工好的地瓜角粒30～70克，糯米25～100克，高粱15～25克，玉米15～20克，粟米25～50克，小麦15～20克，首乌15～25克，人参2～5克和适量水，并加热至100℃煮熟成糊状，再将15～30克食糖加入到糊状物中，搅拌均匀，待冷却后装罐即可。该产品具有口感好、易食等特点，经常食用，能抗癌、强身、美容、延年益寿。

508. 以甘薯为主料的蜜薯粥的制作方法

申请号：94117987　　公告号：1123105　　申请日：1994.11.17

申请人：胡红拴

通信地址：(471023) 河南省洛阳市关林省地矿厅探矿医院

发明人：胡红拴

法律状态：公开/公告　　法律变更事项：视撤日：1998.05.13

文摘：本发明是一种以甘薯为主料的蜜薯粥的制作方法。该蜜薯粥制作的主要原料组成为：甘薯 90～100 千克，山楂 1.5～2.5 千克，蜂蜜 0.8～1.2 千克，蔗糖适量，红枣 0.8～1.2 千克，加水适量，易拉罐包装，每听容重 400 克。其制作工艺步骤如下：①将甘薯洗净去皮，切成小块，加水 5 倍熬煮，至甘薯烂碎；②将山楂、红枣加水熬煮 3 次的滤液加入甘薯粥中浓缩；③加进蜂蜜、蔗糖，搅拌均匀后装罐、消毒、待售。该蜜薯粥具有补虚健脾，益气养心，强肾润肺，清热解毒，消积散瘀，降脂生津，软化血管，缓中止痛等功效，同时还可补充机体必需的多种营养物质。

509. 速冻玫瑰锅炸

申请号：96102097　　公告号：1159888　　申请日：1996.03.15

申请人：袁殿国

通信地址：(154002) 黑龙江省佳木斯市万发材支部东

发明人：袁殿国

法律状态：公开/公告

文摘：本发明是一种可供人们食用的速冻玫瑰锅炸。它的主要配方成分是：鲜红薯 220～240 克，糯米粉 48～52 克，白糖 38～42 克，蛋黄粉 18～22 克，面包糠 9～11 克，玫瑰 2～4 克。然后经过蒸、速冻、冷藏而制成。食用时不需缓冻，投入锅内油炸 3 分钟即可食用，既简单又方便，口味香甜纯正，是酒席餐桌上理想的食品。

510. 甘薯营养全粉的制备方法

申请号：96120408　　公告号：1158703　　申请日：1996.10.24

申请人：四川省农业科学院作物研究所

通信地址：(610066)四川省成都市狮子山路2号

发明人：谢　江、孙光谷

法律状态：公开/公告

文摘：本发明是一种甘薯营养全粉的制备方法。本发明采用的是独特的工艺路线。其制备方法是：以鲜甘薯为原料经过洗净和磨皮以后用切丝机切成厚度为1～1.5毫米见方的、均匀一致的细丝，切好后的丝状物料送入微波炉进行处理，采用传送带式连续出料或厢式间隙出料，微波处理时采用先高湿度后低湿度处理，经过微波处理的物料应立即进入干燥工序，可采用人工或自然干燥，经过干燥的物料立即冷却，先用多功能粉碎机处理1次，再进行超微粉碎处理，经过超微打碎的物料，随即用自动旋振筛处理即为成品。未能过筛的物料则重复粉碎过筛，成品采用40～60微米塑料复合袋封闭包装，在低温干燥处保存。本发明的优点是投资小，产量大，生产成本低，质量好。

511. 一种方便食品——粉肠及其加工方法

申请号：96103629　　公告号：1160498　　申请日：1996.03.27

申请人：符仲敏

通信地址：(471003)河南省洛阳市涧西区符家屯南街52号

发明人：符仲敏

法律状态：公开/公告

文摘：本发明是一种方便食品——粉肠及其加工方法。它是以淀粉，主要是以红薯淀粉和玉米淀粉作为主要成分，添加有调制产品筋度和韧性、调制味感和营养成分的组分，并添加有用以抗氧化、防腐、延长产品保质期的添加剂；将添加的辅料和添加剂加入水中搅拌均匀加入主料搅拌后采用KAP自动真空充填结扎机进行灌装，切断、封口，然后高温蒸煮制成；其中主料红薯淀粉的加入量为30%～40%，玉米淀粉的加入量为5%～15%，水的加入量为50%～60%，余量为辅料和添加剂成分。本发明具有方便性和实用性，具有筋韧性和柔软性，开袋即可切丝、切片、切丁，可油炸、炒、烧、炖、蒸、煮等多种烹调方法。本产品具有较长的保质期。

512. 钙、锌营养保健淀粉制品及其生产工艺

申请号：95116478　　公告号：1116507　　申请日：1995.10.09

申请人：常胜财

通信地址：(154013)黑龙江省佳木斯市大来镇大来粉丝厂

发明人：常秀清、常胜财

法律状态：公开/公告

文摘：本发明是一种钙、锌营养保健淀粉制品及其生产工艺。它的制作过程包括溶解、混合、制粉、陈化、水洗、晾干等工序。其生产方法是：将葡萄糖酸锌、葡萄糖酸钙加热水溶解，然后与过110目筛的淀粉混合搅拌，和成面团送入制粉机内，边挤压边加热，温度为80～100℃，使淀粉变熟，再经螺旋挤压成型，冷却陈化4小时，然后水洗浸泡4小时，水洗时让挤压成型的淀粉分散成细丝或条，放在支架上晾干即为成品。该淀粉制品的组成(重量百分比)为：淀粉45～65，葡萄糖酸钙0.5～5，葡萄糖酸锌0.01～0.02，水30～50。本发明添加的钙、锌制剂为人体容易吸收的可溶性物质，它是维持人体正常生理活动所必需的元素，对预防儿童软骨症和老年骨质疏松症有较好的功效，还是智力低下患者的良好保健食品。

513. 一种非熟化淀粉成型产品

申请号：95102855　　公告号：1133686　　申请日：1995.03.22

申请人：王　奎

通信地址：(100013)北京市东城区和平里六区18号楼1305室

发明人：王　奎

法律状态：公开/公告

文摘：这是一种非熟化淀粉成型产品。它的制作程序是由与一定

量水混合后具有触变性质的淀粉(这类淀粉如红薯淀粉、土豆淀粉、玉米淀粉、高粱淀粉、豆制淀粉等)及其混合物加助成型剂经过混捏揉和，采用挤出或压切等成型方式制备而成。这种成型产品经蒸煮、烹炸后成为可食用食品。

514. 黑珍珠波霸粉圆及其制作方法

申请号：95113374　　公告号：1153015　　申请日：1995.12.29

申请人：何登田

通信地址：(201103)上海市漕宝路1555号大上海国际花园雅典园8号101室

发明人：何登田

法律状态：公开/公告

文摘：本发明是一种黑珍珠波霸粉圆及其制作方法。这种黑珍珠波霸粉圆的制作方法是：以红薯粉为主要原料，其特点在于在红薯粉中加入少量的木薯粉、生粉、红糖、焦糖、盐、水，搅拌后送入滚筒，边翻滚边再逐次加水及红薯粉，使之相互粘附制成黑褐色的生湿粉圆，再将其阴干、晾晒干或烘干后，表面色泽呈白中透黄的生干粉圆，这种生干粉圆为多层结构，形状为圆形或方形。本发明的工艺方法简单，制出的粉圆既保留了红薯的营养价值，又具备糯米汤圆的风味，适合不同层次年龄的人食用。

515. 天然养生果酱

申请号：95108071　　公告号：1124101　　申请日：1995.07.11

申请人：王志毅、程裕祥、张映春

通信地址：(030800)山西省太谷县人大常委会

发明人：王志毅、程裕祥、张映春

法律状态：公开/公告

文摘：本发明是一种天然养生果酱。这种由山楂、红薯、山药、胡萝卜等天然植物果实配制而成的天然养生果酱。其所述的15种天然植物果实的重量百分比为：山楂22%～46%，红薯2.2%～4.6%，山药

2.2%～4.6%，胡萝卜 2.2%～4.6%，红花 0.65%～1.2%，枸杞子 0.9%～2.1%，黄芪 0.9%～2.1%，党参 0.9%～2.1%，茯苓 0.9%～2.1%，马齿苋 0.8%～1.6%，薏苡仁 0.9%～2.1%，芝麻 0.9%～2.1%，生姜 0.3%～0.7%，玉米花粉 0.8%～1.2%，白糖 36%～49%。本果酱集营养、保健、食用为一体，是一种防病型、疗效型的食品。它既可以达到平衡人体营养的效果，又好吃可口、价廉物美；它还可制成汁膏、泡泡茶等食品。

516. 红薯食品的加工方法

申请号：88108161　　公告号：1042822　　申请日：1988.11.21

申请人：解定一

通信地址：(650031) 云南省昆明市云瑞西路 36 号

发明人：解定一

法律状态：实　审　　法律变更事项：视撤日：1993.09.08

文摘：本发明是一种红薯食品的加工方法。其制备方法是：①制作红薯淀粉，将新鲜红薯磨成浆糊状，滤去渣子，把粉滤到水中，晒干制成红薯淀粉；②配制面团，以重量占70%～50%的麦面与 30～50%的红薯淀粉混合。加入食用碱及水揉拌成柔软的面团；③压制成挂面，并晒干。

以本方法制备的红薯面条等食品具有柔韧、耐煮、煮后不变黑色的特点。人们吃后不会产生吃红薯后的胀气、口吐酸水或烧心的不适感，可起到保健食物的效果。

517. 能恢复原状的金薯尖的加工方法

申请号：95113013　　公告号：1146300　　申请日：1995.09.29

申请人：邹光友

通信地址：(621000) 四川省绵阳市临园路东段 59 号

发明人：邹光友

法律状态：公开/公告

文摘：本发明是一种能恢复原状的金薯尖的加工方法。它经过选料、清洗，将鲜金薯尖置于氯化钠水溶液中浸泡，投入含氯化钠、氯化钙、2-羟基丙烷-1,2,3-三羧酸的水溶液中或置于90～100℃下蒸3～6分钟杀青，投入亚硫酸氢钠水溶液中冷却，以及分类包装等工序。本发明加工工艺简单，贮运、食用方便，产品经水泡后可恢复为鲜金薯尖的翠绿色。

518. 一种红薯饮料及其生产方法

申请号：97107918　　公告号：1187957　　申请日：1997.01.16

申请人：颜光昭

通信地址：(421300) 湖南省衡山县专用汽车制造厂保卫科

发明人：颜光昭

法律状态：公开/公告

文摘：本发明是一种红薯饮料及其生产方法。其生产方法是：先将鲜红薯洗净脱粗皮，并绞成泥状，用挤压方法榨取红薯原汁，再用滤网过滤红薯原汁至无明显沉淀物，取100份碳酸水，加入2.5～3份红薯原汁，20～25份柠檬酸，3～5份苯甲酸钠，8～10份甜菊糖甙，3～5份多种维生素或杏仁，15～20份多种氨基酸，25～30份蜂蜜和微量食用色素、食用香精，搅拌均匀，然后装罐即为成品。

采用本发明生产的红薯强力爽饮料，具有口感好、易饮用等特点，经常饮用，能强身健体，延年益寿。

519. 薯类年糕

申请号：93108746　　公告号：1097277　　申请日：1993.07.15

申请人：吕利亚

通信地址：(650021) 云南省昆明市文庙直街102号

发明人：吕利亚

法律状态：公开/公告

文摘：本发明系薯类年糕的制作方法。它的制作方法是：将甘薯、马铃薯、山药，木薯中的1种或多种，配以部分辅料，经蒸或者煮熟后，再配以其余辅料，用机器或手工混合揉制，挤压成型而制成麻辣、甜香、果味3种类型年糕。老少皆宜,四季适用,具有保健作用,还能节约细粮糯米。

520. 香脆麻薯干及其工艺

申请号:92102715　　公告号:1077604　　申请日:1992.04.13

申请人:顾和平

通信地址:(155136)黑龙江省双鸭山市七星镇电一区206号楼

发明人:顾和平

法律状态:公开/公告　　法律变更事项:视撤日:1995.11.22

文摘:本发明是一种香脆麻薯干及其工艺。它是以芝麻和地瓜为原料,经过蒸煮、脱皮、搅拌、整形、砂炒等工序加工成片块状的全天然食品,生产过程中不加入任何防腐剂和人工色素。该食品色、香、味俱全,可以随身携带,食用方便。其工艺也简单易行。

521. 制备金丝薯脯的方法

申请号:92113210　　公告号:1087236　　申请日:1992.11.27

申请人:郭静峰

通信地址:(100035)北京市西城区鼓楼西大街204号

发明人:郭静峰

法律状态:公开/公告　　法律变更事项:视撤日:1996.03.06

文摘:本发明是一种制备金丝薯脯的方法。它包括清洗设备、选料、去皮、切分、配料、糖渍、烘烤等工序。该方法对新鲜马铃薯、木薯、甘薯均适用,其含糖量在60%以上,含水量不超过20%。本发明具有设备和制作工艺简单及薯脯香甜可口等优点。

(二)马铃薯加工技术

522. 薯荃粉挂面生产工艺

申请号:97108415　　公告号:1188606　　申请日:1997.01.23

申请人:代丕有

通信地址:(718400)陕西省子洲县农行

发明人：代丕有

法律状态：公开/公告

文摘：本发明是一种薯茎粉挂面生产工艺。其工艺过程是：将马铃薯洗净、熟化、去皮后与小麦面粉按重量比1：2混合拌匀，然后用挂面机压延、切条、干燥、切断、计量、包装而制成。该生产工艺拓宽了马铃薯的食用范围，使其由副食变为主食。其生产出的薯茎粉挂面韧性大，口感柔嫩、清香，并具有很好的营养和保健功能。

523. 土豆方便食品

申请号：95106786　　公告号：1138957　　申请日：1995.06.29

申请人：江　华

通信地址：(100083) 北京市海淀区花园北路49号北医三院药剂科

发明人：江　华

法律状态：实　审

文摘：本发明是一种彩色土豆方便食品。它的制作方法是：将着色剂涂于土豆制品表面，使其浸润着色或将着色剂直接混入土豆泥中，使其着色后加工成的彩色土豆方便食品。其中所用的着色剂是食用色素或彩色蔬菜。由于着色剂的色彩可以多种多样，因而可使成品带有各种理想的色彩，解决了现有产品色调单一的问题。

524. 方便多用途马铃薯

申请号：93102276　　公告号：1077089　　申请日：1993.03.09

申请人：宋高伦

通信地址：(075200) 河北省张家口市宣化区庞家堡镇电视广播站

发明人：宋高伦

法律状态：公开/公告　　法律变更事项：视撤日：1996.05.22

文摘：本发明是一种应用方便、用途广泛的马铃薯生产方法。它是由鲜马铃薯经制熟、冷冻、烘干3道工序制成。这种制品保持了马铃薯的天然营养成分，既轻便卫生、干燥酥松，又有特殊风味，还适合各种包装，便于运输、贮存和食用。它能够干食，制作小包装“方便马铃薯”，随意烹饪、油炸；还可制作糖果糕点、酱类、灌制火腿肠，或与粮掺和做主食、做饲料，便于食品、化工、轻工业生产利用。

525. 马铃薯软制品及其加工方法

申请号：95116148　　公告号：1129534　　申请日：1995.11.03

申请人：陈云宏

通信地址：(650032) 云南省昆明市金碧路司马巷 20 号

发明人：陈云宏

法律状态：公开/公告

文摘：本发明为一种马铃薯软制品及其加工方法。该马铃薯软制品主要含有马铃薯、小粉、调味料、营养辅料等成分。通过洗净、熟制、去皮、捣碎、混料拌匀，反复冲压或挤压至起筋，最后成型而制得。其主要由下列成分组成：马铃薯 80%～90%，小粉 15%～5%，调味料 4%～1%，营养辅料 0%～3%，食用保鲜剂、防酸剂适量。本制品具有柔软、带筋骨，不易断裂和变形等特点，可按人们的需求烹饪出风味独特、外香脆内软嫩，且含丰富营养的保健食品。

526. 一种土豆食品制备方法

申请号：95118912　　公告号：1130483　　申请日：1995.11.10

申请人：储汝诚、李　洋、张　松、刘体智

通信地址：(650011) 云南省昆明市东风东路 160 号昆明东方康怡食品有限公司

发明人：储汝诚、李　祥

法律状态：公开/公告

文摘：本发明是一种土豆食品制备方法。该食品的制备方法是：以鲜土豆为原料，将选出的优质鲜土豆清洗→放入含氢氧化钠 1%～20%的沸水中洗泡 1～20 分钟，使其去皮→再清洗→完全蒸熟后搅成土豆泥状→按实际重量加入 5%～25%淀粉及各种配料，并混匀→上挤压机成型→切成片、段状→灭菌包装即成。在制品中加入配料后可制成咸味、甜味、奶味、五香味、咖喱味等多种味型。

527. 蛋奶土豆肠

申请号：95109880　　公告号：1144621　　申请日：1995.09.04

申请人：兰州王中王食品企业总公司

通信地址：(730000) 甘肃省兰州市城关区大雁滩 75 号

发明人：魏禄孔

法律状态：公开/公告

文摘：本发明是一种蛋奶土豆肠灌肠系列食品。它采用土豆为基本原料，配加蛋奶为主辅料，再加上其他调味剂、改良剂，经科学工艺流程加工而成。本发明的主辅料可采用鸡蛋、奶油制作成鸡蛋土豆肠和奶油土豆肠及蛋奶土豆肠。该食品既具有丰富的营养成分，又有鲜美的风味；既方便卫生，又有利于存储。

528. 怪味土豆肠

申请号：95109889　　公告号：1144622　　申请日：1995.09.04

申请人：兰州王中王食品企业总公司

通信地址：(730000) 甘肃省兰州市城关区大雁滩 75 号

发明人：魏禄孔

法律状态：公开/公告

文摘：本发明是一种怪味土豆肠灌肠系列食品。它采用土豆为基本原料，配加果仁、豆粉、花椒、辣椒等为主辅料，再加上其他调味剂、改良剂，经科学工艺流程加工制作而成。本发明的主辅料可用不同配比制作五香、海鲜、玫瑰、甘草、绿豆、大豆、花生、杏仁、核桃、芝麻土豆肠和麻辣椒盐土豆肠。该食品既具有丰富的营养成分，又有鲜美的风味；既方便卫生，又有利于存储。

529. 蔬菜土豆肠

申请号：95109890　　公告号：1144623　　申请日：1995.09.04

申请人：兰州王中王食品企业总公司

通信地址：(730000) 甘肃省兰州市城关区雁滩 75 号

发明人：魏禄孔

法律状态：公开/公告

文摘：本发明是一种蔬菜土豆肠灌肠系列食品。采用土豆为基本原料，配加蔬菜为主辅料，再加上其他调味剂、改良剂，经科学工艺流程加工制作而成。本发明的主辅料可采用菠菜、胡萝卜、洋葱、香葱、香菇、香菜、大蒜、百合、灯笼椒。该食品既具有丰富的营养成分，又有鲜美的风味；既方便卫生，又有利于存储。

530. 肉类土豆肠

申请号：95115268　　公告号：1144624　　申请日：1995.09.04

申请人：兰州王中王食品企业总公司

通信地址：(730000) 甘肃省兰州市城关区大雁滩 75 号

发明人：魏禄孔

法律状态：公开/公告

文摘：本发明是一种肉类土豆肠灌肠系列食品。它采用土豆为基本原料，配加肉类为主辅料，再加上其他调味剂、改良剂，经科学工艺流程加工制作而成。本发明的主辅料肉类可采用猪肉、牛肉、羊肉、鸡肉、兔肉、火腿、腊肉。该食品既具有丰富的营养成分，又有鲜美的风味；既方便卫生，又利于存储。

531. 一种强化纤维膨化食品及其制作方法

申请号：96117187　　公告号：1154808　　申请日：1996.11.22

申请人：徐州市医学科学研究所

通信地址：(221006) 江苏省徐州市湖北路 2 号

发明人：杨翼凤、刘大跃、刘德岷、胡　焰

法律状态：公开/公告

文摘：本发明是一种强化纤维膨化食品及其制作方法。它由土豆干泥 1 000 克，麦芽汁 50～100 克，豆渣纤维提取物 300～1 000 克，食盐 20～40 克，砂糖 5～15 克，味素 6～15 克，咖喱粉 1～5 克等制成。其生产工艺简单，原料来源广泛，价格低廉。该食品合理地解决了人体所需纤维素的补充，是一种适于不同性别、不同年龄的人群食用的功能性食品，它与国外流行的土豆小食品相比，外观更均匀更美观，口感更细腻更醇美。

532. 强化土豆片的制法

申请号：90104088　公告号：1056992　申请日：1990.06.01

申请人：长春市工程食品研究所

通信地址：(130031) 吉林省长春市吉林大路 42 号

发明人：李健东、宋长文、宋启文、童明鑫、王宝林、于维国、朱鸿明

法律状态：授　权　　法律变更事项：因费用终止日：1997.07.16

文摘：本发明是一种强化土豆片的制法。该制法主要有 3 道工序：一是将土豆原料加工成土豆泥；二是将大豆原料加工成全脂膨化无腥大豆粉；三是将土豆泥和全脂膨化无腥大豆粉混合搅拌，并通过挤压成型、切断、烘干、油炸、调香而制得成品。其所述的土豆泥的加工是指将土豆清洗后，利用切碎机将其切碎成泥状即可；所述的全脂膨化无腥大豆粉的加工是指先把大豆原料去皮，磨成粉状，并加水搅拌，其加水量为 15%～25%，然后送入内部设有螺杆的挤压机内，通过加温加压使物料从挤压机出口处挤压膨化。膨化后的物料再在 100～120℃的温度下烘干，最后再磨成粉状，即为全脂膨化无腥大豆粉；所述的土豆泥和全脂膨化无腥大豆粉混合搅拌，挤压成型、切断、定型、烘干、油炸及调香工艺是指把所加工好的土豆泥和全脂膨化无腥大豆粉按配量混合，加水搅拌，制成面团状，再将其送入挤压机内，使其从挤压机出口处所设的模具孔内挤出，成为“杆”或“棒”状物料，接着利用切片刀将其切成片状，再通过蒸汽或水煮方式使物料表面糊化定型，然后以热风烘干，最后放入热油中炸制、调香，包装即为成品。

本发明由于其工艺科学、合理，因此可最大限度地添加大豆蛋白质组分。这样不但大大提高了制品的营养价值，同时还可保持土豆片的特有风味。

533. 一种快餐食品配料及制作方法

申请号：98110657　　公告号：1189307　　申请日：1998.02.17

申请人：吴金华

通信地址：(200070) 上海市共和新路 802 弄 50 号 501 室

发明人：吴金华

法律状态：公开/公告

文摘：本发明是一种快餐食品的配料及制作方法。该制品包括马铃薯、山芋、芋艿、茨菇、山药等原料。其各种原料含量为：马铃薯 15%～19%，山芋 15%～19%，芋艿 15%～19%，茨菇 15%～19%，山药 15%～19%，鸡汁 14%～3%，蔬菜汁 0.5%～0.85%，盐 0.02%～0.05%，味精 0.02%～0.05%，五香粉 0.02%～0.05%，笋汁 10%～1%。其制作方法是：将马铃薯、山芋、芋艿、茨菇、山药经清洗、蒸煮、去皮、煮熟、制模，灌入上述含量的汁，再封盖、检测，即为成品。

(三)魔芋加工技术

534. 一种加工鲜魔芋片(角)的方法

申请号：91103890　　公告号：1067361　　申请日：1991.06.04

申请人：云南民族学院

通信地址：(650031) 云南省昆明市莲花池正街 1 号

发明人：汪庆平、张东华

法律状态：公开/公告　　法律变更事项：视撤日：1994.07.06

文摘：本发明是一种干法加工鲜魔芋片(角)的方法。这种加工鲜魔芋片(角)的方法是：将鲜魔芋放入亚硫酸氢钠溶液或亚硫酸氢钠与亚硫酸钠混合溶液中浸泡，能起漂白、抗氧化和防腐作用。同时，魔芋中的单宁成分得到抗氧化保护；在浸泡鲜芋时芋片(角)表面的少量葡萄甘露聚糖糊化形成自身保护层，使芋片(角)整体得到保护；尔后进行搅拌、捞出，利用太阳能而又在鲜芋片(角)不直接接触阳光的条件下干燥而制成。

535. 银耳风味冻魔芋及罐头生产方法

申请号：87102111　　公告号：1032999　　申请日：1987.11.13

申请人：湖南省慈利县武陵食品研制厂

通信地址：(415800) 湖南省慈利县城关镇

发明人：胡　辉、黄俊华、黄振发、李文波、汪海初、朱学斌

法律状态：公开/公告　　法律变更事项：视撤日：1991.04.10

文摘：本发明是一种银耳风味冻魔芋及罐头生产方法。该食品加工保存方法是：用魔芋精粉作原料，用淀粉作减韧剂，经膨润、成型、冷冻、解冷后脱水或密封杀菌保存。这种口感、风味既不像普通魔芋豆腐，又不像咐味魔芋豆腐和改性魔芋豆腐，更不像雪魔芋的新食品。适用于魔芋系列食品开发。

536. 颗粒状魔芋加工方法及其产品应用

申请号：93103773　　公告号：1079620　　申请日：1993.04.21

申请人：西南农业大学

通信地址：(630716) 四川省重庆市北碚区天生路216号

发明人：陈劲枫、刘佩瑛、苏承刚、张盛林、张兴国

法律状态：公开/公告　　法律变更事项：视撤日：1996.09.25

文摘：本发明是一种颗粒状魔芋加工方法及其产品应用。它的加工制作方法是：以魔芋精粉为主料。①将0.1～4份的海藻类物质(如海藻粉、海藻酸钠、海藻酸丙二醇脂)溶解在100份40～65℃温水中，随后加入1～10份魔芋精粉搅拌均匀；②将搅拌均匀的魔芋精粉液经成型器滴入2价或3价金属盐溶液中[如0.5%～15%氯化钙($CaCl_2$)]，使之凝固成球形；③将魔芋粒放在流水中冲洗0.5～2小时，然后放入碱性化合物[如0.01%～0.5%氧化钙(CaO)]溶液中浸泡0.5～3小时；④将浸泡后的魔芋粒放在碱性化合物[如0.01～0.5%氧化钙(CaO)]溶液中，在80～100℃下加热处理0.5～2小时，然后在流水中冲洗，并经过糊化、凝胶而得颗粒状魔芋。利用颗粒状魔芋可做成保健悬浮颗粒饮料、罐头和菜用原料。其工艺流程简单，生产成本低，

市场前景广阔。

537. 魔芋米

申请号：94100346　　公告号：1105529　　申请日：1994.01.13

申请人：董忠蓉、裘建化

通信地址：(550002) 贵州省贵阳市白沙巷24号

发明人：董忠蓉、裘建化

法律状态：授　权

文摘：本发明是一种用魔芋、碎米粉为原料生产的魔芋米。该魔芋米组分所含的重量百分比是：魔芋精粉2%～20%，碎米粉10%～20%，土豆粉35%～50%，红薯粉25%～30%，米糠粉5%～10%，经糊化、搅拌、熟化、挤压成条、制粒、干燥、杀菌、包装即为成品。本制品因不用任何化学添加剂，原辅料粘合紧密、稳定、不断裂、不粗糙、不悬浮，故膨胀率大；蒸煮方法与稻米一样，具有稻米和人造米所不具备的多种保健功能。魔芋人造米集主食、保健、食疗为一体，既节约主粮，又能充分发挥杂粮的有效作用。

538. 方便响皮食品

申请号：96101775　　公告号：1136404　　申请日：1996.03.05

申请人：李贵铭

通信地址：(550001) 贵州省贵阳市城基巷41号

发明人：李贵铭

法律状态：公开/公告

文摘：本发明是一种采用纯天然原料制作的方便响皮食品。它是由魔芋精粉、米粉、脱脂豆粉和食用碱等5种原料经加工制作而成。本食品含热量、含蛋白质和含脂肪均低，并且具有食用方便的优点。食用时，只需将它在水中泡发好后即可食用，并可采用入汤、炖、炒、红烧、杂烩、凉拌等烹调方法加工；此外，它还富含葡萄甘露聚糖和植物膳食纤维及人体所需的多种氨基酸和微量元素，还具有口感好、保质期长、制作成本低等优点。

539. 魔芋减肥功能食品及制作方法

申请号：93117950　　公告号：1086100　　申请日：1993.10.05

申请人：云南省罗平魔力食品有限公司

通信地址：(655800)云南省罗平县县城太液湖

发明人：饶树生、吴慧予

法律状态：授　权

文摘：本发明是一种魔芋减肥功能食品及制作方法。该食品是以魔芋精粉为主要原料，添加山楂、南瓜粉、芹菜、白萝卜、蛋白糖为辅料。它的各种成分的重量比是：魔芋精粉∶山楂∶南瓜粉∶芹菜∶白萝卜∶蛋白糖为10∶1～5∶1～3∶2～4∶3～6∶0.05～0.1。本制品具有良好的减肥和保健功能，风味独特，口感适中，无异味，且携带、保存和食用方便。本发明有效地提高了魔芋开发利用的商品价值，为把山区的资源优势变为商品优势提供了有效途径，具有很好的市场开发前景。

540. 魔芋灌肠制作工艺

申请号：89108580　　公告号：1051849　　申请日：1989.11.18

申请人：贾德增、余志来

通信地址：(100035)北京市西城区新街口光泽胡同28号

发明人：贾德增、余志来

法律状态：实　审　　法律变更事项：视撤日：1993.04.14

文摘：本发明是一种魔芋灌肠制作工艺。它的制作工艺包括原料——魔芋精粉加水混合，加灌肠馅并进行搅拌、灌肠，经蒸或煮后熏制和冷却工序。其所用的原料粉必须是魔芋精粉；在该魔芋精粉中加入70～90℃的热水，使糊化成浆，加入作为固化剂的可食用碱性无机化合物，使其进行搅拌，使该魔芋胶体的pH值为8～11，在魔芋胶体未凝固之前在搅拌下加入各种灌肠馅后进行灌肠。采用本发明的方法制作的魔芋灌肠不仅可节约粮食，营养丰富，而且不掉渣，口感好。

541. 魔芋、绞股蓝锅巴的制作方法

申请号：92109376　　公告号：1082833　　申请日：1992.08.17

申请人：陕西省安康市食品开发公司

通信地址：(725000) 陕西省安康市经委

发明人：马宝增

法律状态：实　审　　法律变更事项：视撤日：1996.07.17

文摘：本发明是一种新型保健食品——魔芋绞股蓝锅巴制作方法。这种以面粉、米粉为原料的锅巴制作方法是：以魔芋粉、绞股蓝粉为主要原料，经过配料、和面、压片、切片、油炸、调料、冷却、包装等工序制成。其组分比例是：将精面粉、魔芋粉、绞股蓝粉、黄豆粉、豌豆粉分别以1∶2.5∶0.25∶0.5∶0.5的比例取料，混匀，并加水和成面团，面团经压面机，压成0.15厘米厚的面带，然后切成长2.5厘米、宽1.5厘米、厚0.15厘米的小面片；将面片放在160～180℃的油锅中炸3～4分钟，捞出，撒上各种口味的调料，冷却包装即成。该锅巴具有医疗保健作用；它可用不同的调味料调成多种口味的锅巴。

542. 从魔芋中提取魔芋精及其保鲜方法

申请号：92100743　　公告号：1064991　　申请日：1992.01.30

申请人：贵州省安顺民族饭店

通信地址：(561000) 贵州省安顺市塔山东路67号

发明人：简七鹏、金　翔、谢恩元

法律状态：公开/公告　　法律变更事项：视撤日：1997.03.19

文摘：本发明是一种从魔芋中提取魔芋精及其保鲜的方法。该食品是从一种从草本植物魔芋中提取魔芋精、魔芋精夹豆腐和魔芋豆腐，并对其进行包括净洗、研磨、熬煮、保鲜的工艺方法。其制作工艺是：将魔芋放在置有以新鲜生石灰和水为原料所配制的溶液容器中的板上研磨成糊状；配制该溶液的生石灰和水的比例为2.5～3.5∶100，而且需将沉淀物去掉。该溶液与魔芋的比例为8～11∶1，板与容器之间须倾斜1°～15°，容器与地面之间须有5°～10°的夹角，研磨时或是顺时针，

或是逆时针，须始终朝着同一方向，研磨后静反应4～8小时，最好是6小时。待静反应后，取其上层的魔芋精和中间层的魔芋精夹豆腐压片，放入清水中浸泡15～25分钟，然后放入水温为15～25℃之间的温水中用铁锅煮，水面要尽量宽，煮至沸点后保持50～90分钟，而对魔芋精夹豆腐的熬煮时间要加长到60～100分钟，得到成型的魔芋精、魔芋精夹豆腐。在熬煮中，魔芋精片之间不能重叠，要勤翻动，千万不能煮煳，对研磨容器中剩下的魔芋豆腐，充分搅拌均匀后，取呈一定形状的放入水中煮，约90～120分钟即成魔芋豆腐。根据需要，将熬煮后的魔芋精、魔芋精夹豆腐和魔芋豆腐加工成所需的形状，注意尽量不要破坏其表面的膜，以延长保鲜期，放入40～60℃的清水中漂洗干净，沥干后装入事先清洗过的包装袋或听内并装入保鲜液，尽量排掉空气封口，尔后以高温灭菌。保鲜液的配制原料亦为水和生石灰，水和生石灰的比例为8～10：1，同样需将沉淀物去掉。它解决了现有技术较粗糙，产品质量、颜色均不稳定，重复性差，所提取的魔芋产品保存期极短的不足，并提供了对魔芋产品的保鲜方法。

543. 魔芋饮料

申请号：93106880　　公告号：1096182　　申请日：1993.06.12

申请人：裴其华

通信地址：(100027)北京市朝阳区三元里北小街1楼2门101号

发明人：裴其华

法律状态：实　审

文摘：本发明是一种魔芋饮料。该魔芋饮料含有魔芋精粉，酸味剂，甜味剂，果、瓜、蔬菜汁，食用香精和水。其制作时的重量比是：魔芋精粉0.5‰～10‰，酸味剂0.1‰～8‰，甜味剂0.1‰～10‰，食用色素0.01‰～0.2‰，果、瓜、蔬菜汁2.5%～10%，食用香精0～0.5‰和水89%～97%。该饮料是一种无热能饮料，很适于解渴，并且最适于肥胖者和糖尿病人饮用。

(四)山药加工技术

544. 山药糊

申请号：92113497　　公告号：1086680　　申请日：1992.11.11

申请人：何汉中、李谷雨、张富霞

通信地址：(224300)江苏省射阳县第二中学

发明人：何汉中、李谷雨、张富霞、周卫权

法律状态：公开/公告　　法律变更事项：视撤日：1996.02.07

文摘：这是一种营养丰富、便于食用的山药糊及其制作方法。它是将草本植物山药的块根加工成干熟的山药粉，根据需要可加入调味佐料，包装而成。

545. 山药超细微粉的生产方法

申请号：94104873　　公告号：1111101　　申请日：1994.05.04

申请人：周有维

通信地址：(136000)吉林省四平市新华大街桥北中北药用植物开发公司

发明人：周有维

法律状态：实　审　　法律变更事项：视撤日：1998.06.17

文摘：本发明是一种用山药作为原料的超细微粉的生产方法。该生产方法是通过选料，浸泡脱皮，切分沥干，预冻分离，冷冻干燥粉碎，包装等工艺步骤完成的。本发明由于采用超低温冷冻干燥，经多级气流磨将山药(鲜)制成超细微粉，不仅保持了山药的色、香、味，而且成为复水性极佳的粉状食品添加剂。采用该超微粉可制成山药晶、山药奶，还可加入面粉做成营养丰富的山药馒头、面包和挂面、方便面。本制品没有毒副作用，又便于长期保存。这种细粉还可广泛应用于医药、饮料、食品等其他领域。

546. 活性山芋粉及其生产方法

申请号：95111902　　公告号：1141737　　申请日：1995.07.28

申请人：新宾满族自治县红庙子活性参加工厂

通信地址：(113205) 辽宁省新宾县红庙子

发明人：夏令德

法律状态：公开/公告

文摘：本发明为一种活性山芋粉及其生产方法。活性山芋粉的生产方法是：将优质山芋刷洗去皮，切成小段，放在冷冻机内速冻2～3小时，山芋温度为－8～－10℃。然后放入真空干燥机内，干燥21～24小时，山芋温度为45～55℃。最后在山芋温度为33℃下粉碎成100～120目，即为活性山芋粉。经计量、装袋、真空封口、微波灭菌、检验，即可出售。活性山芋粉营养丰富，可食用和作食品添加剂。活性山芋粉是与鲜山芋具有同样营养成分的山芋粉。

547. 降糖功能食品

申请号：95101230　　公告号：1144050　　申请日：1995.01.24

申请人：北京恒明技术开发中心

通信地址：(100080) 北京市海淀区中关村东平房5排1号

发明人：高　毅、张志娴、朱国恒

法律状态：公开/公告

文摘：本发明是一种降糖功能食品。它是以纯天然成分山药粉、小麦胚芽粉、黄豆粉、燕麦粉、玉米面、南瓜粉、枸杞子粉等为原料的组合粉。它可加工成窝窝头、面条、夹心面包、饼干、蒸饺、汤圆等系列的降糖食品。用其食品可配合药物治疗糖尿病，临床试验表明：能使病人症状明显改善，如无饥饿感，有力气，精神变好，便秘者恢复正常；具有降血糖、尿糖作用，有效率大于90.5%。它是一种集医疗、保健、营养为一体的食品，是一种无副作用、安全可靠的糖尿病人专用食品。

548. 降糖糊

申请号：94100002　　公告号：1094580　　申请日：1994.01.06

申请人：贾玉海

通信地址：(121001) 辽宁省锦州市锦州医学院第一附属医院

发明人：贾玉海

法律状态：公开/公告　　法律变更事项：视撤日：1998.04.22

文摘：本发明是一种药物性保健食品——降糖糊。它的组分及各组分的重量百分比为：山药(干)0.15%～0.6%，山楂肉(干)0.10%～0.40%，荞麦精粉 0.15%～0.6%，稻米细糠 0.10%～0.40%，甜菊甙 0.0005%～0.002%。各组分的重量之和为 100%。本降糖延年糊集食物与药物为一体，具有降血糖、降血脂、降血压、降胆固醇，改善冠心病症状等功效，是中老年人用的保健食品。

549. 三变一营养保健粉剂

申请号：96104721　　公告号：1137868　　申请日：1996.04.23

申请人：杨锡忠

通信地址：(476900) 河南省睢县杏林中医院

发明人：杨锡忠

法律状态：公开/公告

文摘：本发明是一种以怀山药为主的三变一营养保健粉剂。它是由 60%的怀山药，20%的黑大豆，20%的薏米组成；每 30 克为 1 包，每日服 3 次，每次 1 包。其生产工艺简单，原料丰富，无毒副作用，食用效果好。

550. 补肾培元口服液

申请号：94118067　　公告号：1129112　　申请日：1994.11.19

申请人：林万杰

通信地址：(352200) 福建省古田县印刷厂

发明人：林万杰

法律状态：实　审

文摘：本发明是一种补肾培元口服液。它是由中药人参、黄芪、当归、山药、茯苓、枸杞子、大枣以及鲜猪骨为主要原料制成的。本制品具有补气养血、健脾益肾、宁神益智、提高机体免疫力和耐受力的作用。它是一种可用于保健强身、提高智力、防老抗衰，以及贫血、肿瘤和各种慢性疾病的治疗和辅助治疗的天然营养保健口服液。

551. 一种养生驻颜羹及其制备方法

申请号：5101016　　公告号：1121396　　申请日：1995.01.05

申请人：段光平

通信地址：(300132) 天津市红桥区西于庄纸厂街 33 号

发明人：段光平

法律状态：公开/公告

文摘：本发明是一种养生驻颜羹及其制备方法。它是由人参、珍珠、茯神、山药、何首乌、桃花、莲子、冬瓜子、菱和菊花精制而成。其成分重量百分比如下：人参 1%～5%，珍珠 0.1%～1%，茯神 6%～15%，山药6%～20%，何首乌 6%～30%，桃花 3%～12%，莲子 20%～50%，冬瓜子 6%～15%，菱 2%～20%，菊花 2%～16%。本品调补相兼，具有提高脏腑生理功能、增强免疫力、延缓衰老、保持人体的青春美和健康美等功效，而且味道自然，口感好，无异味，无副作用。

（五）薯类加工技术

552. 薯类粉丝自然分离方法

申请号：87108169　　公告号：1033552　　申请日：1987.12.18

申请人：中国科学院黑龙江农业现代化研究所

通信地址：(150036) 黑龙江省哈尔滨市哈平路 402 信箱

发明人：亢文福、王淑品

法律状态：授　权　　法律变更事项：因费用终止日：1990.02.08

文摘：本发明是一种薯类粉丝自然分离方法。在将纯薯类粉丝先成型后熟化加工过程中，由于未解决自然分离问题，只有在北方冬季或具有冷冻设备条件的厂家才能分离薯类粉丝，限制了开发薯类资源。针对上述问题，本发明采用新工艺、新措施，在湿薯类粉丝表面镀豆类淀粉糊薄膜，隔开薯类粉丝。镀过豆类淀粉糊薄膜后的粉丝可自然分离，确保薯类粉丝常年生产，获得更高的经济效益。

553. 薯类碎短粉丝复原方法

申请号：88107327　　公告号：1041866　　申请日：1988.10.20

申请人：中国科学院黑龙江农业现代化研究所

通信地址：（150036）黑龙江省哈尔滨市哈平路402信箱

发明人：亢文福、王淑品

法律状态：授　权　　法律变更事项：因费用终止日：1995.12.06

文摘：本发明是一种薯类碎短粉丝加工复原成长粉的方法。其将碎短粉丝复原的方法是：清洗碎短粉丝、煮熟、分离表水、搅成粉泥、混合、和面、成型粉丝、入沸水锅、过冷水盆、冷却、分离、剪切、包装。利用该方法可以将加工粉丝过程中各道工序产生的一些碎短粉丝软化制成粉泥，尔后再制成成品粉丝。

554. 一种粉皮和凉粉的加工方法

申请号：92109367　　公告号：1082829　　申请日：1992.08.19

申请人：陈顺志、管代义

通信地址：（121001）辽宁省锦州医学院

发明人：陈顺志、管代义

法律状态：公开/公告　　法律变更事项：视撤日：1997.02.12

文摘：本发明是一种粉皮和凉拌粉的加工方法。其加工过程是在传统粉制品——凉粉和粉皮的制作过程中去除明矾，减低铝元素摄入，加入钙剂、有机酸和其他添加剂，经过调糊、成型、摊晾（或干燥）的生产方法，保证了粉制品的弹性和韧度，经过强化处理生产出多品种系列新食品，特别是采用机械加工出多种形态。这一加工方法使淀粉制品的食用安全性以及在色、香、味方面大有改进。

555. 薯类精白粉丝加工方法

申请号：89100042　　公告号：1043868　　申请日：1988.12.27

申请人：中国科学院黑龙江农业现代化研究所

通信地址：(150040) 黑龙江省哈尔滨市哈平路402信箱

发明人：亢文福、王淑品

法律状态：实　审　　法律变更事项：视撤日：1993.06.16

文摘：这是一种薯类精白粉丝的加工方法。它采用的工艺过程为：煮丝→冷却→钝化处理→失效处理→拨离→漂白→冷冻。采用此工艺生产的薯类精白粉丝，其性能达到了粉丝精白的标准。它还可解决用目前方法生产的杂粮粉丝口感不佳、煮食易碎或成糊状、粘团、外观颜色不正等问题，适合生产薯类粉丝的厂家应用。

556. 纯薯类粉丝的加工方法

申请号：91109211　　公告号：1071059　　申请日：1991.09.21

申请人：宁夏回族自治区固原县南郊乡粉丝厂

通信地址：(756000) 宁夏回族自治区固原县南郊乡

发明人：白保祥、黄秉文、黄　荣、李连成

法律状态：公开/公告　　法律变更事项：视撤日：1995.02.15

文摘：本发明是一种纯薯类粉丝的加工方法。它的加工方法是：以薯类作物为原料，其工艺过程包括：原料处理、淀粉制备、粉丝成型、拨离和晾晒。上述的淀粉制备过程包括处理后原料的粉碎、过滤、反复沉淀、脱水制成湿淀粉。在上述湿淀粉进入成型过程之前配入添加剂；上述的反复沉淀过程中应加入增白剂。本发明工艺过程简单，加工出的粉丝产品洁白透明，煮不碎，煮不粘，口感好。用上述工艺还可加工各种细度的粉条和不同厚薄的粉皮。

557. 精白薯类粉丝的脱色与分离方法

申请号：92106814　　公告号：1074587　　申请日：1992.01.20

申请人：黄文悦

通信地址：(415822) 湖南省慈利县零阳乡万福村颜家岗组

发明人：黄文悦

法律状态：授 权

文摘：本发明是一种精白薯类粉丝的脱色与分离方法。这种精白薯类粉丝的脱色与分离方法是：①脱色：首先制作淀粉时，打浆与沉淀时间要短，15分钟左右完成打浆，淀粉浆沉淀时间约1小时；直接用干淀粉作原料时，可用清水浸泡干淀粉24小时后，倒去多余浸泡水；将上述任一种浆液制成35～60波美度的悬浊液后，快速搅动5分钟左右，去除上清液，再加入清水漂洗2～4天，收取精白淀粉；其次成型分离后的粉丝在清水中漂洗24小时，进一步脱去有色物质；②分离：收取的精白淀粉加入钾、钠中性盐类成型分离。用本法生产的薯类粉丝外观与豆类粉丝一样，呈透明状，无色，无并条现象，而且粉丝柔韧，适口性好，生产成本低，经济效益好，是薯类粉丝加工较为理想的工艺方法。

558. 一种快餐薯类粉丝加工方法

申请号：95102233　　公告号：1116905　　申请日：1995.03.16

申请人：邹光友

通信地址：(621000) 四川省绵阳市临园路东段59号

发明人：邹光友

法律状态：公开/公告

文摘：这是一种快餐薯类粉丝的加工方法。其加工方法包括：①采用市售薯类干淀粉经净化脱色处理，制成精白淀粉，或取鲜薯类经清洗、磨浆分离机加工成淀粉，再经净化脱色处理制成精白淀粉；②取精白淀粉经和面、用粉丝机加工成粉丝或片粉；③粉丝或片粉冷却后搓散；④将粉丝或片粉切割，清洗或浸入无毒保鲜液中浸泡；⑤去水称量，装袋并装入调味料小袋，封口。用以上方法制得的快餐薯类粉丝，开水冲泡即可食用，粉丝洁白透明、柔软滋润、鲜香适口。

559. 甘薯葛根(魔芋)粉丝生产方法

申请号：95109036　　公告号：1142325　　申请日：1995.08.08

申请人：潘希西、康帮辉

通信地址：(442500) 湖北省郧县国营特制粉丝厂

发明人：潘希西、康帮辉

法律状态：公开/公告

文摘：本发明是一种用发酵法代替自然沉淀法生产甘薯葛根(魔芋)粉丝的生产方法。它是用小米、白糖、白酒、米醋、糖化酶、酒曲制成的、用发酵剂发酵、粉碎后的甘薯等溶液，经沉淀、分离、加工而制成的。用本法制成的粉丝具有黑色杂质含量少、粉丝耐煮等优点；此方法还可用于甘薯系列粉丝产品生产。

560. 薯类快餐粉条生产方法

申请号：95110692　　公告号：1132036　　申请日：1995.03.31

申请人：郝健生、黄　亮、黄基义、欧阳树

通信地址：(410007) 湖南省轻工研究所

发明人：郝健生、黄　亮、黄基义、欧阳树

法律状态：公开/公告

文摘：本发明是一种薯类快餐粉条的生产方法。其采用的生产工艺流程如下：①选料：以红薯或马铃薯为原料，洗净泥沙，除去根须、蒂及腐烂部分，马铃薯须除去芽眼；②提粉：用磨薯机将薯块磨细，用振动筛过滤机将淀粉与薯渣分离；③脱色：将淀粉浆收集于沉淀缸内沉淀成淀粉，并添加脱色剂进行脱色；④胚粉：将沉淀缸内的粗粉除去表面1层粉，再除去底层粉取中间粉进行2～4次脱色处理后充分洗涤，再沥干；⑤配料：将胚粉用85～90℃的热水熟化形成浆糊状，再与原粉进行充分均匀混合，并加入魔芋精粉和羧甲基纤维素钠；⑥涂布成型：将配料后的原料粉浆，通过涂布成型机，极薄地、均匀地涂布在布带上，涂布厚度为0.25～0.35毫米；⑦蒸煮：将均匀涂布的原料进行5～8分钟蒸煮，蒸煮温度为95～100℃；⑧干燥和切条：原料蒸煮后稍加冷却，分片剥离布带，放入切条机内切成粉条，切成粉条后继续干燥；⑨整理和包装：将干燥后的粉条进行整理或压成各种形状，然后依形状进行不同包装。食用时，用85～100℃开水浸泡3～5分钟，放入风味不同的调味料，即成为1份风味不同的红薯（或马铃薯）粉条汤，特别适用于出差或旅游人员携带和食用。

561. 一种薯类粉丝加工工艺

申请号：95112474　　公告号：1127086　　申请日：1995.10.09

申请人：湖南农产品加工技术培训中心

通信地址：（410125）湖南省长沙市东郊湖南省原子能所

发明人：王克勤、王学武、何　芬

法律状态：公开/公告

文摘：本发明是一种薯类粉丝的加工工艺。其加工工艺是：在净化的薯类淀粉中，加入薯粉量0.05%～0.2%的以聚丙烯酸钠为主要成分的食品增稠剂，再加入水便可和面；将和好的面加入粉丝机料斗中加工成粉丝即为成品。使用本发明生产的薯粉，透明、久煮不断条、不浑汤、口感较好；与传统工艺相比，省去和芡、打芡两道工序，能节约生产成本，减轻劳动强度。

562. 凉粉干机械加工法

申请号：88104431　　公告号：1039171　　申请日：1988.07.13

申请人：丽江县大研镇建筑工程公司

通信地址：（674100）云南省丽江县大研镇北门街

发明人：和立群、姚灌园

法律状态：实　审　　法律变更事项：视撤日：1992.12.16

文摘：本发明是一种用机械加工凉粉干的方法。即将切成小块的凉粉干放到可控温度的制冷机里冷冻，冷冻后放到解冻槽里用风机解冻吹干，冷冻温度为－3～－15℃。